AWS認定

ソリューション
アーキテクト
－アソシエイト

問題集 第2版

平山 毅／福垣内孝造／鳥谷部昭寛[著・監修]　堀内康弘[監修]
澤田拓也／中根功多朗／村越義親／市川雅也
杉原雄介／中野沙耶／積田優生／星 幸平
山崎まゆみ／榛葉大樹／大西孝高
早川 愛／姜 禮林／前原良美[著]

リックテレコム

はじめに

　本書は、AWS 認定ソリューションアーキテクト－アソシエイト試験に対応した問題集です。

　筆者は、AWS が東京リージョンでサービスを開始する前から、AWS を使ったシステムの設計、構築に関わってきました。初期の頃の AWS のユーザーは、概ね基本的なコンピューティングとストレージのサービスのみでシステムを構築していましたが、今や AWS は毎年のように新しいサービスを展開しており、目覚ましい成長を遂げています。

　現在、多くの企業のシステム部門において、クラウドファーストの考え方が浸透し、既存システムの刷新や新システムの導入にクラウドを活用することが一般的になりつつあります。中でも、企業内で利用するクラウド基盤として、AWS を選択するケースは非常に多いと感じています。AWS 上でシステムを正しく設計、構築するには、AWS サービスの仕様を理解し、システム要件に沿ってどのように AWS サービスを組み合わせればよいかを適切に判断する能力が非常に重要です。

　本書は、2022 年 8 月に改定された新しい試験バージョン（SAA-C03）に対応しています。試験範囲の AWS サービスの概要を踏まえながら、具体的なシステム構成をもとに演習問題を解く形式にしています。また、第 2 章では、SAA-C03 の試験範囲に含まれる主要な AWS サービスを簡潔にまとめています。受験勉強のためだけではなく、実際の業務で AWS を使用する際のリファレンスとしても是非ご活用ください。

　本試験は 3 回目の改定となります。前回の SAA-C02 と比較して、SAA-C03 全体の試験範囲は大きく変わっていませんが、出題率ではセキュリティの割合が増えています。企業では、これまでオンプレミス中心のシステム構成でしたが、ゼロトラストの技術に代表されるように、今後は、セキュリティを施したパブリッククラウドの活用が一層増えることが予想されます。実際のところ、高度なクラウドセキュリティに対応できる技術が必要になっています。試験について補足すると、スケーラブル、高パフォーマンス、コスト最適化のアーキテクチャ設計は引き続き出題されており、AWS の新サービスを活用する機会が増えてきても、従来からある技術を使った基本的な設計方法の理解も重要です。

本書を通して、読者の皆様がAWS認定ソリューションアーキテクト－アソシエイト試験に合格し、AWSエンジニアとして更なる高みを目指す契機にして頂けたら幸いです。

著者を代表して

福垣内 孝造

目次

第3章　試験で問われるシナリオの特性　　69

第4章　セキュアなアーキテクチャの設計　　95

第5章　弾力性に優れたアーキテクチャの設計　143

第1章

AWS 認定ソリューション アーキテクト－アソシエイト 試験の概要と特徴

　本章では、AWS 認定ソリューションアーキテクト－アソシエイト 試験の概要と、試験の出題分野について説明します。なお、本書の 内容は、2023 年 6 月時点の情報にもとづいています。

1.1 試験の概要

■ AWS 認定試験の体系

　AWS 認定ソリューションアーキテクト－アソシエイト試験は、図 1.1-1 に示すとおり、AWS 認定クラウドプラクティショナー試験の上位に位置します。1 年程度の実務経験を想定しているため、AWS 認定クラウドプラクティショナー試験のようなクラウドのコンセプトや AWS サービスの基本知識だけではなく、AWS サービスを活用したソリューションの内容まで幅広く出題されます。

　また、新しい AWS サービスが次々とリリースされ、ソリューションのパターンが増えたことから、AWS 認定ソリューションアーキテクト－アソシエイト試験は、2022 年 8 月末にバージョン改訂が行われ、従来の SAA-C02 から SAA-C03 へ更新されました。本書は、その新バージョンである SAA-C03 に対応しています。AWS 認定ソリューションアーキテクト－アソシエイト試験の合格後の認定有効期限は、以前は 2 年でしたが、現在は 3 年に延長されており、受験者にとって再認定の負荷が軽減されています。

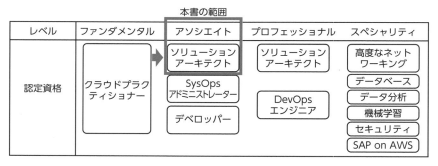

図 1.1-1　AWS 認定試験ステップ

　AWS 認定ソリューションアーキテクト－アソシエイト試験は、「AWS Well-Architected フレームワークにもとづくソリューション設計時に AWS のテクノロジーを使用する」「現在のビジネス要件と将来予測されるニーズを満たすように AWS のサービスを組み込んだソリューションを設計する」「安全性、耐障害性、高

パフォーマンス、コスト最適化を実現したアーキテクチャを設計する」「既存のソリューションをレビューし、改善点を判断する」[1] 能力を確認する試験です。そのため、AWSを使ったソリューションの基本を網羅する内容になっています。

　近年、システム開発の案件がAWS標準で進められるケースが多くなっています。AWS認定ソリューションアーキテクト－アソシエイト試験の内容は、実際にAWSを使用した案件での提案や要件定義において最低限必要な知識となってきており、資格のニーズもますます高まっています。

◤ AWS認定ソリューションアーキテクト－アソシエイト（SAA-C03）試験の概要

　AWS認定ソリューションアーキテクト－アソシエイト（SAA-C03）試験の概要を、AWS認定クラウドプラクティショナー試験と対比した形で、表1.1-1に示します。

表1.1-1　AWS認定ソリューションアーキテクト－アソシエイト試験の概要（出典：AWS公式ガイド）

試験	ソリューションアーキテクト－アソシエイト (Solutions Architect – Associate (SAA-C03))	クラウドプラクティショナー (Cloud Practitioner) [2]
試験問題の形式	・択一選択問題（4つの選択肢のうち、正解を1つ選択） ・複数選択問題（5つ以上の選択肢のうち、正解を2つ以上選択）	・択一選択問題（4つの選択肢のうち、正解を1つ選択） ・複数選択問題（5つ以上の選択肢のうち、正解を2つ以上選択）
試験時間	130分間	90分間
使用言語	英語、フランス語（フランス）、ドイツ語、イタリア語、ポルトガル語(ブラジル)、スペイン語（スペイン、ラテンアメリカ）、日本語、韓国語、中国語（簡体字、繁体字）	英語、フランス語（フランス）、ドイツ語、バハサ語（インドネシア語）、イタリア語、ポルトガル語（ブラジル）、スペイン語（スペイン、ラテンアメリカ）、日本語、韓国語、中国語（簡体字、繁体字）
受験料(日本語版)	15,000円（税別）	11,000円（税別）
合格基準	100～1,000点のスコアで評価され、720点以上で合格	100～1,000点のスコアで評価され、700点以上で合格

　アソシエイト試験は、クラウドプラクティショナー試験に比べて試験時間が40分も長く（130分間）、合格基準も高く設定されています。また、試験問題の難易度も

---

[1] 「AWS Certified Solutions Architect – Associate (SAA-C03) 試験ガイド」(https://d1.awsstatic.com/ja_JP/training-and-certification/docs-sa-assoc/AWS-Certified-Solutions-Architect-Associate_Exam-Guide.pdf) より引用。

[2] クラウドプラクティショナーについては、2023年9月18日にCLF-C01試験が終了し、同年9月19日からCLF-C02試験となる予定です。
https://aws.amazon.com/jp/certification/certified-cloud-practitioner/

異なります。アソシエイト試験では、AWS の知識だけではなく、顧客の課題を読み取り、最適な AWS サービスを組み合わせたソリューションを意識して解答する内容になっているため、ソリューションの経験が少なければ、その分、考える時間も必要になってきます。

　AWS では、認定試験を受ける前に力試しをすることができる模擬試験が用意されています。この模擬試験は、AWS のクラウド技術学習用のトレーニングや教材を提供する AWS Skill Builder というサービスにアカウントを登録すると受験できます。

　ここで紹介した試験概要は、2023 年 6 月時点のものであり、今後、変更される可能性があります。最新情報は必ず AWS 公式サイト（https://aws.amazon.com/jp/certification/）でご確認ください。

- **AWS 認定**
  https://aws.amazon.com/jp/certification/

- **AWS 認定ソリューションアーキテクト-アソシエイト資格**
  https://aws.amazon.com/jp/certification/certified-solutions-architect-associate

- **AWS 認定を受けた個人の利点**
  https://aws.amazon.com/jp/certification/benefits

- **AWS 資格再認定**
  https://aws.amazon.com/jp/certification/recertification/

- **AWS 認定資格のよくある質問**
  https://aws.amazon.com/jp/certification/faqs/

1.2 ソリューションアーキテクト - アソシエイト（SAA-C03）試験で問われるシナリオカテゴリ

1

　AWS 認定ソリューションアーキテクト－アソシエイト試験で出題されるシナリオ（設問）のカテゴリを表 1.2-1 に示します。本書では、このシナリオカテゴリに合わせて章を構成しています。

表 1.2-1　シナリオのカテゴリと本書の対応関係

本書	シナリオのカテゴリ（出題分野） ※ SAA-C02 でのカテゴリ名称を カッコ内に付記しています。	SAA-C03 における比重	SAA-C02 における比重
第 4 章	セキュアなアーキテクチャの設計 （セキュアなアプリケーションとアーキテクチャの設計）	30%	24%
第 5 章	弾力性に優れたアーキテクチャの設計 （レジリエントアーキテクチャの設計）	26%	30%
第 6 章	高パフォーマンスなアーキテクチャの設計 （高パフォーマンスアーキテクチャの設計）	24%	28%
第 7 章	コストを最適化したアーキテクチャの設計 （コスト最適化アーキテクチャの設計）	20%	18%
	合計	100%	100%

　SAA-C02 から SAA-C03 への改訂における大きな変更点は、次のとおりです。

① 「セキュアなアプリケーションとアーキテクチャの設計」の強化

② 「コスト最適化アーキテクチャの設計」の強化

③ AWS 新サービスへの対応

　SAA-C02 では「レジリエントアーキテクチャの設計」と「高パフォーマンスアーキテクチャの設計」に重点が置かれていましたが、SAA-C03 ではセキュリティとコスト最適化の比重が増えています。特にセキュリティの比重が SAA-C02 から 6% も増加しているのが特筆すべき点になります。

　また、SAA-C03 では試験対象の AWS サービスが大幅に増加しました。一方で開発ツールのサービスがかなり減少し、インフラストラクチャや実行アーキテクチャにより重点が置かれた形になっています。

　①について述べると、クラウドの活用にともないセキュリティの重要性が増してきました。AWS では、さまざまなセキュリティ対策のサービスを提供しています。システムへの攻撃を防御するために必要なセキュリティ対策を理解し、適切な AWSサービスを選定するのはもちろんのこと、クラウド利用の検討段階からセキュリティを意識するために、AWS でのセキュアなアーキテクチャの設計知識が重要になっています。

　②のコスト最適化アーキテクチャは、システムで必要なときだけ AWS リソースを使うようにするために、サーバーレスのサービスを利用して、処理時間やトランザクション量に応じた適切なコストでシステムを稼働させることが重要になってきました。AWS ではコスト管理機能が強化されており、さまざまなメトリクスからコスト関連の情報を収集し、コスト最適な構成を実現する必要性が高まっています。

　③の AWS 新サービスについては、SAA-C03 から機械学習が新たに加わりました。AWS は、機械学習をはじめ新しいサービスを次々とリリースしています。これらの基本的な機能の仕様を理解しておく必要があります。

　AWS の初期の頃から提供されているネットワーク、仮想サーバー、ストレージ、データベースなどもサービスの拡張や新サービスの提供を続けており、これらのサービスを用いて、より高い性能要件や高可用性を実現するための構成を設計・構築することを問う問題が増えています。

　さらに、「AWS Well-Architected フレームワーク」の信頼性の柱の設計原則にもとづき、大量トランザクションのピーク特性に応じて必要なリソースを動的に確保するオートスケーリングや、障害から素早く自動復旧するためにコンテナやサーバーレスのサービスを活用した問題も増えています。

　SAA-C03 のシナリオカテゴリの詳細は次のとおりです。

1.セキュアなアーキテクチャの設計
- AWS リソースへのセキュアなアクセスを設計する
- セキュアなワークロードとアプリケーションを設計する
- 適切なデータセキュリティ管理を判断する

2.弾力性に優れたアーキテクチャの設計
- スケーラブルで疎結合なアーキテクチャを設計する
- 高可用性、フォールトトレラントなアーキテクチャを設計する

3.高パフォーマンスなアーキテクチャの設計

- 高パフォーマンスでスケーラブルなストレージソリューションを選択する
- 高パフォーマンスで伸縮性があるコンピューティングソリューションを設計する
- 高パフォーマンスなデータベースソリューションを選択する
- 高パフォーマンスでスケーラブルなネットワークアーキテクチャを選択する
- 高パフォーマンスなデータ取り込みと変換のソリューションを選択する

4.コストを最適化したアーキテクチャの設計

- コストを最適化したストレージソリューションを設計する
- コストを最適化したコンピューティングソリューションを設計する
- コストを最適化したデータベースソリューションを設計する
- コストを最適化したネットワークアーキテクチャを設計する

第 2 章

各種サービスの概要

　「AWS 認定ソリューションアーキテクト－アソシエイト」試験では、AWS のサービス仕様をきちんと理解した上で、シナリオに沿って適切なソリューションを選択する必要があります。本章では、試験でよく問われるサービスや機能の概要等について説明します。

2.1 押さえておくべき AWS サービス・機能の全体像

　試験に合格するためには、前章で説明したとおり、AWS のさまざまなサービスを組み合わせたシステムの設計・構築・テスト・運用の豊富な経験が必要になります。

　AWS のサービスは多岐に渡り、初心者の方が全サービスを理解するのは困難です。ポイントは、AWS サービスが出てきた順にサービスカテゴリを理解していくことです。近年は特にアプリケーション寄りのサービスがたくさん出てきていますが、AWS の発祥および基本は IaaS であり、その基盤を軸に新サービスがリリースされていきます。そのため、「コンピューティング」「ネットワークとコンテンツ配信」「ストレージ」「データベース」が基盤になります。具体的には、EC2、VPC、S3、RDS、およびこれらに関連する AWS サービス群を中心として基本知識を確実に理解していくとよいでしょう。

　図 2.1-1 は、本章で紹介する AWS サービスの一覧です。

2

コンピューティング	
· EC2	· Serverless Application
· EC2 Auto Scaling	Repository
· Batch	· VMWare Cloud on
· Elastic Beanstalk	AWS
· Outposts	· Wavelength

ストレージ	
· Backup	· S3
· EBS	· S3 Glacier
· EFS	· Storage Gateway
· FSx	

データベース	
· Aurora	· Neptune
· Aurora Serverless	· QLDB
· DocumentDB	· RDS
· DynamoDB	· Redshift
· ElastiCache	· Timestream
· Keyspaces	

ネットワークとコンテンツ配信	
· CloudFront	· ELB
· VPC	· Global Accelerator
· Transit Gateway	· PrivateLink
· VPN	· Route 53
· Direct Connect	

コンテナ	
· ECR	· EKS
· ECS	· EKS Distro
· ECS Anywhere	· EKS Anywhere

サーバーレス	
· Fargate	· Lambda

デベロッパーツール
· X Ray

フロントエンドの Web とモバイル	
· Amplify	· Device Farm
· API Gateway	· Pinpoint

分析	
· Athena	· Lake Formation
· Data Exchange	· Managed Streaming
· Data Pipeline	for Apache Kafka
· EMR	· OpenSearch Service
· Glue	· QuickSight
· Kinesis	

マネジメントとガバナンス	
· Auto Scaling	· Managed Service for
· CloudFormation	Prometheus
· CloudTrail	· Management Console
· CloudWatch	· Organizations
· Command Line	· Personal Health
Interface (AWS CLI)	Dashboard
· Compute Optimizer	· Proton
· Config	· Service Catalog
· Control Tower	· Systems Manager
· License Manager	· Trusted Advisor
· Managed Grafana	· Well Architected Tool

アプリケーション統合	
· AppFlow	· SNS
· AppSync	· SQS
· EventBridge	· Step Functions
· MQ	

機械学習	
· Comprehend	· Rekognition
· Forecast	· SageMaker
· Fraud Detector	· Textract
· Kendra	· Transcribe
· Lex	· Translate
· Polly	

セキュリティ、アイデンティティ、コンプライアンス	
· Artifact	· KMS
· Audit Manager	· Macie
· Certificate Manager	· Network Firewall
· CloudHSM	· RAM
· Cognito	· Secrets Manager
· Detective	· Security Hub
· Directory Service	· Shield
· Firewall Manager	· IAM Identity Center
· GuardDuty	· AWS WAF
· IAM	· STS
· Inspector	

AWS コスト管理	
· Budgets	· Cost Explorer
· Cost and Usage	· Savings Plans
Report	

移行と転送	
· Application Discovery	· DataSync
Service	· Migration Hub
· Application Migration	· Snow Family
Service	· Transfer Family
· DMS	

メディアサービス	
· Elastic Transcoder	· Kinesis Video Streams

図 2.1-1　本章で紹介する AWS サービスの一覧

　従来から AWS を利用しているユーザーや、オンプレミスのプライベートクラウド環境の経験が長いエンジニアは、下記の観点を重視するとキャッチアップが進むでしょう。

① クラウドネイティブ（マイクロサービス）技術の浸透にともない、ECS やKubernetes を中心としたコンテナ基盤のサービス拡張が続き、それに関連したコンピューティング、ネットワーク、開発者支援ツール、管理ツールが強化されている。
   EKS、Fargate 等。
② 仮想サーバーを利用しないサーバーレスの構成で利用するサービスが強化されている。
   Lambda、EventBridge、Step Functions、Fargate、Batch 等。
③ 機械学習に関するサービスが試験範囲に含まれている。
   Polly、Rekognition、SageMaker、Textract 等。
④ 大規模な移行案件や移行後の管理が複雑なシステムに対応し、マイグレーションを支援するサービスや管理を最適化するサービスが拡張されている。
   AWS Migration Hub 等。
⑤ 「コンピューティング」「ネットワークとコンテンツ配信」「ストレージ」「データベース」等の AWS の基本サービスの機能および性能が強化されている。

　SAA-C03 は、2022 年 8 月に出た試験バージョンなので、AWS の新しいサービスとしては、その直近の 3～4 年の間に登場した新サービスを中心に出題されると思われるかもしれませんが、基本的な試験の方針は、従来の SAA-C02 と変わっていません。試験で強化された内容はどちらかというと上記の⑤であり、新サービスよりも、機能強化された既存サービスのほうが重要といえます。従来は AWS の機能制約のため対応できなかった要件が、AWS の機能拡張によって、AWS 機能標準で対応できるようになった、というものです。そのため、新サービスに関する基本的な内容を押さえながら、既存サービスの細かい機能拡張をしっかり把握することが重要です。

2.2 コンピューティング

▶ EC2【Amazon Elastic Compute Cloud（Amazon EC2）】

EC2 は、AWS が提供する仮想サーバーです。IaaS（Infrastructure as a Service）型のサービスであり、AWS 上に仮想サーバーと OS（Linux／Windows／macOS）を起動します。比較的安く利用できる小さいサイズのものから、大規模な基幹システム向けの高速プロセッサを搭載したもの、ベアメタルといわれる物理サーバー、機械学習用の GPU インスタンスなど、さまざまな種類のサーバーが提供されています。

▶ EC2 Auto Scaling【Amazon EC2 Auto Scaling】

EC2 Auto Scaling は、EC2 で組まれたシステムのトランザクション量と利用者が定義する条件にもとづいて、EC2 インスタンスをスケールアウト／スケールインするフルマネージドサービスです。負荷に応じて EC2 インスタンスの台数を増やしたり減らしたりすることができます。

▶ Batch【AWS Batch】

Batch は、バッチ処理を実行するために必要な機能を含む AWS のフルマネージドサービスです。バッチ処理に必要なジョブ管理や、リソースの動的なプロビジョニングおよびスケーリングを AWS が提供します。実行環境として EC2 や Fargate、スポットインスタンス等を選べます。

▶ Elastic Beanstalk【AWS Elastic Beanstalk】

Elastic Beanstalk は、Java、.NET、PHP、Node.js、Docker などを使用して開発された Web アプリケーションを稼働させることができる PaaS（Platform as a Service）です。Web アプリケーションの稼働に必要な環境が用意されており、ユーザーは開発したコードをデプロイするだけで、Web アプリケーションを稼働させることができ、プロビジョニングや、ロードバランシング、Auto Scaling、アプリケーションのモニタリングも行えます。

▶ Outposts【AWS Outposts】

　Outposts は、AWS がクラウドで提供しているサービスをオンプレミスでも実現可能にしたフルマネージドサービスです。Outposts を使用すれば、セキュリティやシステムの特性上、データセンター内でしか稼働させることができないシステムでも、AWS サービスを利用できるようになります。

▶ Serverless Application Repository【AWS Serverless Application Repository】

　Serverless Application Repository は、サーバーレスアプリケーションの検索、デプロイ、および公開を管理するマネージド型のリポジトリです。Lambda と密接に統合されていて、Lambda 関数で開発された AWS 上のサーバーレスアプリケーションを参照することができます。

▶ VMware Cloud on AWS

　以前から仮想サーバーで使われているソフトウェア「VMware」の環境を AWS のベアメタル環境で稼働するサービスです。オンプレミスの仮想サーバーとして VMware が使われている場合、イメージを変更することなく、そのまま AWS 上にリフト＆シフトすることが可能です。

▶ Wavelength【AWS Wavelength】

　Wavelength は、モバイルアプリケーションのエッジコンピューティング用の 5G デバイス向けに超低レイテンシーを実現する AWS インフラストラクチャです。超低レイテンシーが求められるアプリケーションを 5G ネットワークのエッジ部分に展開します。

2.3 ストレージ

▶ Backup【AWS Backup】

AWS Backup は、フルマネージド型のバックアップサービスです。AWS サービスで必要となるデータのバックアップを簡単に一元化し、またバックアップの取得を自動化することができます。AWS Backup は、いつ、どのようにバックアップを取得するかを定義したバックアッププランおよびスケジュールの設定にもとづき、各 AWS リソースに対して、バックアップジョブを実行します。

▶ EBS【Amazon Elastic Block Store（Amazon EBS）】

EBS は、EC2 にアタッチして利用する高性能なブロックストレージです。SSDベースと HDD ベースに大別され、性能を重視する場合は SSD、スループットを重視する場合は HDD を利用します。SSD タイプには、汎用 SSD と、高い I/O 性能を設定できるプロビジョンド IOPS の 2 種類があります。汎用 SSD ではシステム要件の最大 IOPS を実現できないケースで、プロビジョンド IOPS を利用します。なお、汎用 SSD では gp3 というタイプが提供されており、これまでの gp2 と同等の性能であれば, gp3 を利用するほうがコストは安くなります。

▶ EFS【Amazon Elastic File System（Amazon EFS）】

EFS は、フルマネージド型の共有ファイルシステムサービスです。EFS を利用すると、OS が Linux である複数の EC2 インスタンスから、NFS（Network File System）を使って同じファイルシステムをマウントすることができます。これまで EC2 や EBS ではできなかった複数 EC2 でのファイル共有を実現できます。なお、EFS は、Linux のみサポートしており、Windows で利用されるファイル共有（SMB）形式はサポートしていません。

▶ FSx【Amazon FSx】

FSx は、AWS が提供するフルマネージド型のファイルストレージサービスです。FSx にはファイルシステムのタイプとして、FSx for Lustre や FSx for Windows

File Server などがあります。

　FSx for Lustre は、スーパーコンピュータでも使われている高性能かつスケーラブルな分散ファイルシステム「Lustre」を提供します。機械学習やシミュレーションなど、ミリ秒未満のレイテンシーや、1 秒あたり数百ギガバイトのスループットが求められる処理に適しています。

　一方、FSx for Windows File Server は、Windows Server で標準のメッセージブロック（SMB）プロトコルに対応したスケーラブルな共有ファイルストレージサービスです。

▶ S3【Amazon Simple Storage Service（Amazon S3）】

　S3 は、オブジェクトストレージサービスです。EBS 等のストレージサービスとは異なり、ユーザーは容量の上限を気にせずに、データを S3 上に保存し、利用できます。S3 にはさまざまなストレージクラスがあり、たとえば「Standard（標準）」を利用すると、データは複数の AZ（アベイラビリティーゾーン）をまたいで保存され、99.999999999%（9 × 11）の耐久性が担保されます。また、「Standard-IA（低頻度アクセス）」を利用すると、データは 1 つの AZ のみに保存されます。

　S3 のデータを別のリージョンに転送する場合、通常、インターネット経由となりますが、S3 Transfer Acceleration 機能を有効にすれば、AWS 内部のネットワーク経由で通信が行われるため、S3 間のデータ転送を高速化できます。なお、S3 でリージョン間のレプリケーションをとりたい場合は、「クロスリージョンレプリケーション」というサービスを利用します。これにより DR 構成でデータを他のリージョンに格納することができます。

▶ S3 Glacier【Amazon S3 Glacier】

　S3 Glacier は、アクセスする頻度は低いが長期間保存が必要なデータについて、安価なアーカイブ手段を提供するオンラインストレージサービスです。S3 と比べて、大容量のデータを低コストで保存することができます。S3 Glacier には、アーカイブされたデータの取得にかかる時間によって、S3 Glacier Instant Retrieval、S3 Glacier Flexible Retrieval、S3 Glacier Deep Archive の 3 つのアーカイブストレージクラスがあります。

　S3 Glacier Instant Retrieval は、Glacier にあるストレージからミリ秒単位でデータを取得する必要がある場合に使います。

　S3 Glacier Flexible Retrieval は、以前の S3 Glacier ストレージクラスと同じで、

迅速（Expedited）取り出しはファイルの取得に1〜5分、標準（Standard）取り出し
は3〜5時間、大容量（Bulk）取り出しは5〜12時間かかります。

　S3 Glacier Deep Archive は、ファイルの取得に最も時間がかかるサービスです。
標準取り出しは最大12時間、大容量取り出しは最大48時間かかりますが、より安
価にデータを保存できます。Glacier Instant Retrieval と Glacier Flexible Retrieval
の最小のストレージ保存期間は90日ですが、Glacier Deep Archive は180日です。

▶ Storage Gateway【AWS Storage Gateway】

　Storage Gateway は、オンプレミスに仮想アプライアンス（VMware 等で稼働）を
配置し、仮想アプライアンス経由で S3 にデータを転送することで、バックアップを
実現するサービスです。オンプレミス環境のサーバーは残しておいて、データをス
トレージにバックアップする部分のみを AWS 側で実施します。

　Storage Gateway には、NFS および SMB インターフェイスの「ファイルゲート
ウェイ」、iSCSI ブロックインターフェイスの「ボリュームゲートウェイ」、iSCSI 仮
想テープライブラリ（VTL）インターフェイスの「テープゲートウェイ」という3つ
のタイプがあります。さらに、ボリュームゲートウェイには、バックアップ対象の
データのすべてをオンプレミス側に保持し、オンプレミス側のデータを S3 にバック
アップする「Gateway-Stored Volumes」と、バックアップ対象のデータは S3 側に保
持し、ユーザーアクセスが頻繁なデータのみオンプレミス側にキャッシュとして保
持する「Gateway-Cached Volumes」という2つの方式があり、いずれかを選択する
ことができます。

2.4 データベース

▶ Aurora【Amazon Aurora】

Aurora は、オープンソースデータベースの MySQL および PostgreSQL と互換性のあるフルマネージド型のリレーショナルデータベースサービスです。Aurora のクラスターは 1 つのプライマリと 3 つの AZ に配置されたリードレプリカで構成され、クラスターには最大 15 個のレプリカを追加可能です。ストレージの複製は 3 つの AZ にまたがり 6 つ作成されます。また、ストレージは自動で拡張され、障害時にはレプリカの 1 つに自動でフェイルオーバーします。インスタンスのバックアップは自動で取得されており、保持期間内の任意の時点で PITR（ポイントインタイムリカバリ）が可能です。

▶ Aurora Serverless【Amazon Aurora Serverless】

Aurora Serverless は、Aurora の Auto Scaling を提供するサービスです。データベースのメンテナンスや、負荷に応じたインスタンスの管理が不要で、リクエストの量に合わせて Aurora のデータベースを柔軟にスケールさせることができます。

Aurora Serverless には v1 と v2 の 2 つのバージョンがあります。v2 では、v1 にはなかったマルチ AZ 機能が利用可能となっています。

▶ DocumentDB【Amazon DocumentDB】

DocumentDB は、オープンソースの MongoDB と互換性のある JSON データを管理する、フルマネージド型のドキュメントデータベースサービスです。クラスターの使用量に応じて、10GB 単位で最大 128TB まで拡張することができます。さらに、グローバルクラスターを作成し、リージョン障害時のリカバリや複数拠点からのアクセス高速化に対応可能です。なお、グローバルクラスターを設定する際は、プライマリクラスターとは別のリージョンにセカンダリクラスターを作成します。

▶ DynamoDB【Amazon DynamoDB】

DynamoDB は、Key-Value（キーバリュー）およびドキュメント型のフルマネージド NoSQL データベースサービスです。インターネットに公開されるアプリケーションを構成するため、1 日あたり 10 兆件を超えるリクエストを処理可能で、ペタバイトのストレージを備えています。DynamoDB はミリ秒単位の応答時間を実現可能ですが、マイクロ秒の応答時間が要求される場合は DynamoDB Accelerator（DAX）を利用します。

DynamoDB のデータの読み込み整合性には、最近の書き込み結果が反映されないことがある「結果整合性のある読み込み」と、成功したすべての書き込みの更新が反映された最新データを返す「強力な整合性のある読み込み」の 2 つのモードがあります。また、テーブルで読み込みと書き込みを処理する容量については、テーブルごとにオンデマンドモードまたはプロビジョンドキャパシティモードを選択可能です。プロビジョンドキャパシティモードでは、ユーザー定義のスループット容量でテーブルを作成します。なお、DynamoDB Auto Scaling を利用すると、容量を自動で増減させることができます。

▶ ElastiCache【Amazon ElastiCache】

ElastiCache は、オープンソースの Redis や Memcached と互換性のある、フルマネージド型のインメモリキャッシングサービスです。他のデータベースまたはデータストア上のデータをキャッシュし、マイクロ秒のレイテンシーを実現します。シンプルなモデルを扱う場合は Memcached を利用することが推奨されています。なお、Redis を利用すると、スナップショットの取得や、読み取り専用レプリカの作成と自動フェイルオーバー、Pub/Sub メッセージングなどが可能になります。Redis と互換性があるデータベースサービスとして、MemoryDB for Redis も提供されています。MemoryDB for Redis は耐久性のあるフルマネージド型のインメモリデータベースサービスであり、キャッシュとデータベースの役割を兼ねたプライマリデータベースを作成できます。

▶ Keyspaces【Amazon Keyspaces】

Keyspaces は、オープンソースの Apache Cassandra と互換性のある、サーバーレスのマネージドデータベースサービスであり、ミリ秒単位の応答時間を実現します。読み込みと書き込みのスループットに関しては、オンデマンドキャパシティモードとプロビジョンドスループット性能モードがあります。これらのうちプロビジョ

ンドスループット性能モードでは、ユーザーがスループット容量を指定します。なお、Application Auto Scaling を利用すれば、スループット容量を自動的に増減させることができます。

▶ Neptune【Amazon Neptune】

Neptune は、フルマネージドグラフデータベースサービスです。グラフデータベースは、データエンティティを格納するノード（頂点）や、エンティティ間の関係を表すエッジ（辺）、プロパティ（属性）などのグラフ構造を使ってデータを表現します。たとえば、通信ネットワークや、経路案内、ゲノム（遺伝子）の分析などに使われています。

Neptune では、グラフデータベースのモデルで主に使われているプロパティモデルと RDF（Resource Description Framework）モデルを利用できます。また、Apache Gremlin、W3C SPARQL、openCypher といった一般的なグラフクエリ言語をサポートしています。

Neptune はマネージドサービスなので、拡張のためのリードレプリカや、ポイントインタイムリカバリ、S3 へのバックアップ、AZ 間のレプリケーション機能を備えています。データベースのエンジンを設定する際に Serverless を選択するとオンデマンドでの利用になり、クラスターの管理が不要になります。Neptune のグラフデータを分析する際には、Neptune ML 機能を使用して機械学習モデルを構築、トレーニングできます。

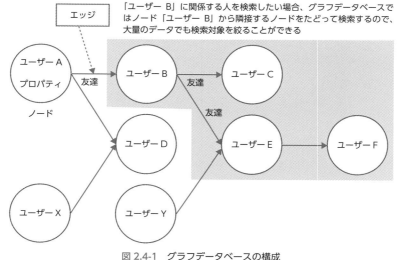

図 2.4-1　グラフデータベースの構成

2

▶ QLDB【Amazon Quantum Ledger Database（Amazon QLDB）】

　QLDB は、拡張性のあるフルマネージド型の台帳データベースサービスです。データの変更履歴を発生順序通りに管理します。また、追記のみ可能とし、ユーザーによる変更履歴の削除や上書きを不可能とすることで、改ざん耐性を実現しています。さらに、暗号ハッシュ関数で変更履歴のダイジェストを作成することで、データが変更されたことを検証できるようになっています。これらにより、完全かつ検証可能な変更履歴を長期間にわたって信頼性の高い状態で保持することが可能です。

▶ RDS【Amazon Relational Database Service（Amazon RDS）】

　RDS は、マネージド型のリレーショナルデータベースです。データベースエンジンとして、MySQL、MariaDB、Oracle、SQL Server、PostgreSQL などを選択可能です。ストレージは汎用 SSD またはプロビジョンド IOPS から選択できます。

　また、マルチ AZ の対応については、マルチ AZ のインスタンス配置またはマルチ AZ のクラスター配置の 2 通りのデプロイ方法があります。これらのうちマルチ AZ のインスタンス配置では、1 つ以上のスタンバイのインスタンスがプライマリインスタンスとは別の AZ に作成されます。1 つのスタンバイを備えた構成では、スタンバイインスタンスに対して読み取り操作はできないため、リードレプリカが必要な場合は別途作成します。2 つの読み込み可能なスタンバイを備えた構成では、リードレプリカスタンバイインスタンスを作成することができ、3 つの AZ にインスタンスが配置されます。なお、この構成がサポートされているエンジンは MySQL と PostgreSQL のみです。

▶ Redshift【Amazon Redshift】

　Redshift は、フルマネージド型のデータウェアハウスサービスです。RDS や Aurora のクエリ、Kinesis Data Streams や Amazon MSK からのストリーミングデータの取り込みの他、外部サービスからのデータの取り込みも可能です。Redshift の拡張機能である Redshift Spectrum を利用すると、Redshift へのロードを行わず直接 S3 でクエリを実行できます。また、Concurrency Scaling 機能を利用すると、ピーク時に Redshift のクラスターを自動的に拡張し、並列処理を負荷分散できます。Redshift には Cross-AZ cluster recovery と呼ばれる機能もあり、これを使えば、障害発生時に自動で別の AZ にクラスターが再配置されます。なお、Redshift Serverless を使用するとオンデマンドでの利用になり、クラスターの管理が不要になります。

▶ Timestream【Amazon Timestream】

　Timestream は、高速でスケーラブルなサーバーレスの時系列データベースサービスです。AWS IoT Core、Apache Flink 向けの Amazon Kinesis Data Anatytics、AWS IoT Greengrass、Amazon MSK やオープンソースの Telegraf を利用してデータを取り込めます。また、Timestream に保存されたデータを Amazon QuickSight で可視化したり、Amazon SageMaker で機械学習アルゴリズムを時系列データに適用したりすることができます。Timestream はデータ取り込み層、ストレージ層、クエリ層から構成され、それぞれの層が独自にアプリケーションのニーズに応じて自動でスケーリングします。

2.5　ネットワークとコンテンツ配信

▶ CloudFront【Amazon CloudFront】

　CloudFront は、AWS が提供する CDN（Content Delivery Network）サービスであり、ユーザーが Web システムで利用する HTML、CSS、イメージファイル等の静的および動的コンテンツを高速に配信します。CloudFront は、エッジロケーションというデータセンターからグローバルなネットワークを経由してコンテンツを配信します。

　CloudFront には、アプリケーションのユーザーに近いロケーションで Lambda 関数のコードを実行できる Lambda@Edge というサービスがあります。これによりエッジロケーションでプログラムを実行することが可能になります。

▶ VPC【Amazon Virtual Private Cloud（Amazon VPC）】

　VPC は、AWS 上で構築される仮想ネットワークであり、論理的に切り離されていて、EC2 や RDS といったリソースを起動することができます。VPC で利用する IP アドレスの範囲を CIDR で指定してサブネットを追加します。そして、ルートテーブルやセキュリティグループを設定することで通信を制御します。

▶ Transit Gateway【AWS Transit Gateway】

　Transit Gateway は、AWS 内の VPC や、オンプレミスネットワークを接続するサービスです。VPC はリージョン間でも接続することが可能です。

　VPC 間を接続するサービスとしては VPC ピアリング（次ページの図 2.5-1）もありますが、この方式では、接続したい VPC 間すべてに VPC ピアリングを設定することになります。一方、Transit Gateway では、図 2.5-2 のように中央のハブ方式でルーティングするため、複雑なピア接続を行う必要がなく、ネットワークやルーティング設定が簡素化されます。

VPC-A と VPC-C 間でピアリング

VPC-A と VPC-B でピアリング、VPC-B と VPC-C でピアリングしても、
VPC-A から VPC-C への通信はできない。VPC-A と VPC-C 間で通信し
たい場合、VPC-A と VPC-C 間でもピアリングが必要

図 2.5-1　ピアリングによる VPC 間通信

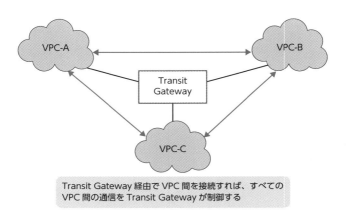

Transit Gateway 経由で VPC 間を接続すれば、すべての
VPC 間の通信を Transit Gateway が制御する

図 2.5-2　Transit Gateway による VPC 間通信

▶ VPN【AWS VPN】

　AWS VPN は、AWS が提供する VPN サービスです。具体的には、オンプレミス
と AWS 上の VPC 間を VPN 接続する仕組みです。インターネット上に仮想のネッ
トワーク環境を構築し、セキュアな通信を実現します。

　AWS Client VPN は、VPC 上の AWS サービスや VPC を経由したシステムへ
の安全な通信を提供するクライアントベースのマネージド VPN サービスです。
OpenVPN ベースの VPN クライアントを利用することで、どこからでも AWS サー
ビスやシステムにアクセスできます。

　AWS Site-to-Site VPN は、オンプレミス側に Customer Gateway（CGW）と呼
ばれるアプライアンス（物理またはソフトウェア）を設置して、各デバイス固有の
設定ファイルを使って接続情報を設定します。一方、AWS 側には Virtual Private
Gateway（VGW）を作成します。そして、CGW と VGW を連携してオンプレミスと
AWS 間の VPN 接続を確立します。

▶ Direct Connect【AWS Direct Connect】

Direct Connect は、オンプレミス環境と AWS の VPC 上に構築したシステムを専用線で接続するサービスです（オンプレミスから DX ロケーションまでは利用者側でネットワークを用意します）。Direct Connect は、VPN 接続と比べて広い通信帯域を確保し、閉域網でアクセスすることでセキュリティを担保します。高可用性を実現するためにネットワークを冗長化したい場合、専用線を二重化する必要があります。しかし、コストの観点から、通常使う回線に専用線を利用して、バックアップ回線に VPN 接続を利用するケースもあります。

▶ ELB【Elastic Load Balancing】

ELB は、AWS が提供するマネージド型の負荷分散サービスです。EC2 インスタンス、Lambda、ECS、または EKS 上で稼働しているコンテナアプリケーションへのトラフィックを自動的に分散することができます。

ELB には、HTTP/HTTPS のプロトコルで負荷分散する「Application Load Balancer（以下、ALB）」、レイヤー4 のプロトコルで負荷分散する「Network Load Balancer（以下、NLB）」、セキュリティ製品などの仮想アプライアンスのデプロイ、スケーリング、管理を容易に行える「Gateway Load Balancer（以下、GWLB）」、従来の「Classic Load Balancer（以下、CLB）」という 4 種類のサービスがあります。

▶ Global Accelerator【AWS Global Accelerator】

Global Accelerator は、グローバルのユーザーに提供するアプリケーションの可用性およびパフォーマンスを改善するフルマネージドサービスです。AWS のグローバルネットワークを利用して、ユーザーからアプリケーションまでのパスを最適化します。また、ELB や EC2 のアプリケーションエンドポイントなどに対して、固定エントリポイントとして機能する静的 IP アドレスを提供します。

▶ PrivateLink【AWS PrivateLink】

PrivateLink は、インターネットを経由せずにプライベート接続で AWS サービスを提供するためのフルマネージドサービスです。PrivateLink に対応した AWS サービスを操作する場合、VPC 内に PrivateLink を作成すると、専用の ENI（Elastic Network Interface）が作成されてプライベート IP アドレスが割り当てられます。これによりユーザーは、AWS の各サービスへアクセスする際、インターネットを介さずに、PrivateLink を経由して当該サービスにアクセスできるようになります。

▶ Route 53【Amazon Route 53】

　Route 53 は、AWS が提供するマネージド型のドメインネームシステム（DNS）サービスです。インターネットや VPC 内における FQDN の名前解決、および AWS が払い出すサービスの名前解決に利用します。Route 53 の主な機能として、ドメイン登録や DNS ルーティング、ヘルスチェックがあります。ルーティングでは、応答時間によってルーティング先を決める「レイテンシーベースルーティング」、ルーティングしたいサイトを比重で分けて分散する「加重ラウンドロビン」、アクセス元の位置情報に応じて距離的に最も近い位置の IP アドレスを返す「位置情報ルーティング」等を利用できます。

2

2.6　コンテナ

▶ ECR【Amazon Elastic Container Registry（Amazon ECR）】

ECR は、コンテナランタイム上で動作するコンテナイメージを保存、管理、および共有することができるフルマネージド型のコンテナレジストリです。AWS 上でのコンテナサービスである EKS、ECS や、Lambda と連携し、デプロイを簡単に行えます。

▶ ECS【Amazon Elastic Container Service（Amazon ECS）】

ECS は、コンテナ型アプリケーションを稼働させることができるフルマネージドのコンテナオーケストレーションサービスです。ECS では、API（Application Programming Interface）を利用してコンテナベースのアプリケーションの起動および停止を行うことができます。コンテナを実行させるためには、コンピューティングリソースを利用してクラスターを構築する必要がありますが、その際、ECS のコンピューティングリソースとして、EC2 または Fargate を使用します。

▶ ECS Anywhere【Amazon ECS Anywhere】

ECS Anywhere は、ユーザーが所有するオンプレミスのインフラ環境でも、ECS の機能を利用したコンテナの実行・管理を可能にする機能です。これまでの ECS は ECS on EC2 や ECS on Fargate のように AWS が提供するリソース上でのみ実行可能でしたが、本サービスにより、オンプレミスの環境でも ECS を利用できるようになります。

▶ EKS【Amazon Elastic Kubernetes Service（Amazon EKS）】

EKS は、AWS 上で Kubernetes クラスター構成を提供するフルマネージドサービスです。Kubernetes はコンテナオーケストレーションツールのデファクトスタンダードであり、EKS を利用すると、Kubernetes に必要なマスターノードとワーカーノードによるクラスター構成を簡単に構築できます。また、コンテナのスケーリングやオートヒーリング機能も利用できます。

▶ EKS Distro【Amazon EKS Distro】

　EKS Distro は、AWS が EKS で使用している Kubernetes の機能をオープンソースとして提供するディストリビューションです。

▶ EKS Anywhere【Amazon EKS Anywhere】

　EKS Anywhere は、EKS Distro をオンプレミスの環境でも利用できるようにしたオープンソースのデプロイメントオプションです。これを使用すれば、ユーザーが所有するインフラ環境で EKS Distro が提供する Kubernetes 環境を、オンプレミスでも構築することが可能になります。

2.7　サーバーレス

▶ Fargate【AWS Fargate】

　Fargate は、ECS と EKS の両方で動作するコンテナ用のクラスターを構築し、コンテナを実行するためのマネージド型サーバーレスエンジンです。EC2 とは異なり、インスタンスの選択やクラスター容量のスケーリングを行うことなく、適切なコンピューティングリソースが割り当てられます。また、OS の管理や OS のパッチ更新が不要です。Fargate の利用料金はコンテナの実行に必要なリソース分のみとなるため、コスト削減を図れます。

▶ Lambda【AWS Lambda】

　Lambda は、FaaS（Function as a Service）サービスの 1 つであり、アプリケーションのコードをサーバーレスで実行するのに必要なプログラム言語のフレームワークを提供します。ユーザーが、実行したいアプリケーションコードを Lambda 関数で開発し、Lambda 上にデプロイすると、アプリケーションが実行される状態になります。通常、Lambda では、S3 にファイルが置かれたタイミングや DynamoDB にデータが書き込まれたタイミングをトリガーとして Lambda 関数が処理されます。Lambda は、関数が実行された時間だけ課金されるのでコスト効率に優れたサービスです。

2.8 デベロッパーツール

▶ X-Ray【AWS X-Ray】

　X-Ray は、本番環境やマイクロサービスアーキテクチャ基盤で実行されているアプリケーションの実行状況を把握し、エラーの原因やパフォーマンスのボトルネックを特定してデバッグを行える分散トレーシングサービスです。AWS サービスやアプリケーション間で転送されているリクエストを追跡することが可能です。

2.9 フロントエンドの Web とモバイル

2

▶ Amplify【AWS Amplify】

　Amplify は、Web アプリケーションのフロントエンドやモバイルアプリケーションの開発を効率的に行うために作られたプラットフォームです。Web のフロントエンド用アプリケーションやモバイルアプリケーションと、サーバー側で処理されるバックエンドのアプリケーションを素早くシームレスに接続するために、さまざまなフレームワークやサービス、開発ツールを提供しています。

▶ API Gateway【Amazon API Gateway】

　Amazon API Gateway は、API の作成、公開、保守、モニタリング、および保護を行うためのフルマネージドサービスです。API Gateway では、フロントエンドのモバイルアプリケーションや Web アプリケーションが REST API および WebSocket API でバックエンドにあるビジネスロジックをコールして、処理結果を返却するための API を作成、公開します。その際、セキュリティ面で AWS WAF と連携したり、認証として Cognito サービスと連携したりすることができます。API Gateway のエンドポイントタイプには、エッジロケーション（CloudFront ディストリビューション）にルーティングする「エッジ最適化」、リージョンに直接ルーティングする「リージョン」、VPC 内から VPC エンドポイント経由でアクセスする「プライベート」があります。

　API Gateway は、外部からのデータを受け取ったことをトリガーとして Lambda 関数を呼び出して処理し、処理結果を返却するような Web アプリケーションを容易に構築することができます。

▶ Device Farm【AWS Device Farm】

　Device Farm は、Android デバイスや iOS デバイス等で稼働するアプリケーションを実機でテストできるサービスです。モバイルアプリケーションおよび Web アプリケーションのテストを自動化し、テストの効率化とアプリケーションの品質向上を図ります。

▶ Pinpoint【Amazon Pinpoint】

　Pinpoint は、インバウンドおよびアウトバウンドのマーケティングコミュニケーションサービスであり、メールや SMS、音声などで顧客とやりとりすることができます。マーケティング活動などにおいて、ユーザーを細かくセグメントに分けて、各セグメントのユーザーに合わせて個別にメッセージを通知したり、メトリクスを用いて効果測定を行ったりすることができます。

2.10 分析

▶ Athena【Amazon Athena】

Athena は、S3 に保存されたデータに対してスキーマを定義し、標準 SQL を実行して分析処理を簡単に行えるサービスです。標準 SQL を使用して、大型のデータセットを素早くかつ容易に分析することができます。

▶ Data Exchange【AWS Data Exchange】

Data Exchange は、世界中にある大量のサードパーティのデータを検索し、それらをサブスクリプション形式で使用できるサービスです。AWS では、特定の企業を認定データプロバイダーとして認定し、それらの企業から、さまざまなデータを収集しています。

▶ Data Pipeline【AWS Data Pipeline】

Data Pipeline は、AWS 内のコンピューティングサービス、ストレージサービス、およびオンプレミスのデータソース間におけるデータの移動や変換を自動化するマネージドサービスです。データソースにあるデータにアクセスして、データの抽出・変換処理を行い、その結果を S3 や RDS、DynamoDB などの AWS サービスに格納する一連のワークフローを提供しています。

▶ EMR【Amazon Elastic MapReduce（Amazon EMR）】

EMR は、ビッグデータの集計で用いられるフレームワーク（Apache Hadoop、Apache Spark 等）を使用して大量データを処理および分析するためのマネージド型のデータ分散処理基盤です。Hadoop で利用するクラスター用の EC2 インスタンスのタイプとノード数を指定すると、数分で Hadoop クラスターを構築します。S3 や DynamoDB などの AWS サービスと連携して、EMR で計算するためのデータを抽出したり、EMR で計算した結果を S3 などに格納したりすることができます。

▶ Glue【AWS Glue】

データ分析基盤を構築する際、データソースからのデータの抽出（Extract）、データ形式の変換（Transform）、データ分析基盤へのデータの取り込み（Load）を行います。Glue は、こうした一連の流れ（ETL 処理）をフルマネージド型で提供するサービスです。Glue の構成要素の 1 つである Glue クローラーを使用すると、S3 のデータからデータベースやテーブルスキーマを自動的に推測し、関連するメタデータを Glue データカタログに保存できます。

▶ Kinesis【Amazon Kinesis】

Kinesis は、IoT 等のデバイスから送られてきた数千万〜数億件のストリーミングデータをリアルタイムで処理するためのフルマネージドサービスです。

Kinesis には、Kinesis Data Streams、Kinesis Data Firehose、Kinesis Data Analytics、Kinesis Video Streams という 4 つのプラットフォームがあります（Kinesis Video Streams については、P.67 をご参照ください）。Kinesis Data Streams は、送られてくるストリーミングデータに対して、独自アプリケーションによる処理を加えるなどして、AWS の他のサービスへ高速に転送するサービスです。Kinesis Data Firehose は、ストリーミングデータを S3 や Redshift、OpenSearch Service などに転送するサービスです。クライアントにあるアプリケーションログなど、送られてきた大量データを一気に S3 に格納したい場合に利用します。Kinesis Data Analytics は、標準 SQL を使用してストリーミングデータをリアルタイムに分析するサービスです。

▶ Lake Formation【AWS Lake Formation】

Lake Formation は、データレイクの構築、セキュリティ保護、および管理を容易にするフルマネージドサービスです。データレイクとは、情報を選んで収集し、それを格納したリポジトリであり、すべてのデータが、元の形式と分析用に処理された形式の両方で保存されます。Lake Formation は、データレイクを構築し、データレイクに格納するデータの収集、クレンジング、移動、カタログ化といった一連のプロセスを簡素化かつ自動化し、データアクセスの権限を管理します。

▶ Managed Streaming for Apache Kafka【Amazon Managed Streaming for Apache Kafka（Amazon MSK）】

Amazon MSK は、オープンソースのデータストリーミングプラットフォーム

「Apache Kafka」の構築と実行を容易にするフルマネージドサービスです。Apache Kafka を使って、データソースから送られてくるデータをストリーミングで処理するアプリケーションの実行や、Apache Kafka のクラスター構成を容易に行うことができます。

▶ OpenSearch Service【Amazon OpenSearch Service】

OpenSearch Service は、AWS 上でログ分析や、リアルタイムのアプリケーションモニタリング、クリックストリーム分析、Web サイト検索等を行うための OpenSearch クラスターを、簡単にデプロイ、運用、およびスケールすることができるフルマネージドサービスです。OpenSearch Service に保存されたデータを用いてデータを分析したり、OpenSearch Dashboards により可視化を行うことができます。

▶ QuickSight【Amazon QuickSight】

QuickSight は、フルマネージド型のビジネスインテリジェンス（BI）サービスです。ユーザーは、QuickSight がグラフ表示するためのデータが保持されているデータソース、すなわち、S3、RDS、Redshift、Athena 等の AWS サービスや、オンプレミス環境にあるデータベース、Excel や CSV といったファイルを指定できます。QuickSight では、データソースから取得したデータに対してインタラクティブな BI ダッシュボードを簡単に作成し、公開することができます。ダッシュボードはアプリケーション、ポータル、Web サイトにシームレスに埋め込むことが可能です。

2.11 マネジメントとガバナンス

▶ Auto Scaling【AWS Auto Scaling】

Auto Scaling は、システムに対する処理負荷に応じて、システムのパフォーマンスを維持し安定稼働させるために必要なリソースのスケーリング設定を容易に行えるサービスです。EC2 Auto Scaling グループ、スポットフリート（ECS タスク、スポットインスタンスのセット）、DynamoDB のテーブルとインデックス、Aurora レプリカのスケーリングプランを設定できます。

▶ CloudFormation【AWS CloudFormation】

CloudFormation は、AWS サービスによる基盤構成を JSON または YAML 形式のスクリプトで記述し、環境を自動構築するためのマネージドサービスです。スクリプト化することで、基盤の再構築や、構築した環境の一括削除も行えます。

▶ CloudTrail【AWS CloudTrail】

CloudTrail は、マネジメントコンソールや CLI、SDK から呼ばれた AWS サービスの API アクセスを、ログ形式で記録するサービスです。AWS が提供するサービスはすべて API を介して連携する仕組みになっており、誰が、どのサービスに、どのような API をコールしたかをログに残すことができます。これは、後で問題が生じたときに監査ログとして参照することを目的としています。

▶ CloudWatch【Amazon CloudWatch】

CloudWatch は、AWS サービスのメトリクスやログの収集・監視、およびイベントの監視を行うためのフルマネージドサービスです。AWS 上で稼働するシステムの死活監視、性能監視、キャパシティ監視を行う「CloudWatch」、ログ管理のプラットフォームサービスである「CloudWatch Logs」、AWS リソースに対するイベントをトリガーとしてアクションを実行する「CloudWatch Events」があります。また、CloudWatch で収集しているログやメトリクスが閾値を超えた場合にアラートを通知する機能として、「CloudWatch Alarm」があります。たとえば、EC2 の CPU 使用

率が 85% を超えたらアラートを通知するといった使い方ができます。

▶ Command Line Interface【AWS CLI】

AWS CLI は、AWS 上のサービスをコマンドラインで利用するツールです。クライアント PC に AWS CLI をインストールし、コマンドラインから AWS の複数のサービスを制御するためのスクリプトを記述することができます。

▶ Compute Optimizer【AWS Compute Optimizer】

Compute Optimizer は、AWS ユーザーが使用している EC2 インスタンス、EBS ボリューム、EC2 Auto Scaling グループ、Lambda 関数、ECS や Fargate のメトリクスデータと設定データを機械学習で分析して、コスト削減とパフォーマンス向上のために最適な AWS リソースを推奨するサービスです。

▶ Config【AWS Config】

AWS Config は、AWS リソースの構成情報を管理するサービスです。構成情報をもとに、現状の AWS リソースの設定が、定義された状態と同じかどうかを調べるとともに、AWS リソースに対する構成変更について、どのリソースを、誰が、いつ、どう変更したかを記録し、そのログを指定された S3 バケットに保存します。また、AWS Config Rules というルールを設定することも可能です。設定したルールに違反する構成変更がなされた場合に、ダッシュボードや管理者へ通知できます。

▶ Control Tower【AWS Control Tower】

Control Tower は、マルチアカウントの AWS 環境をセットアップし、管理するために利用するサービスです。Control Tower では、AWS のベストプラクティスにもとづいて、AWS の新規アカウントをセキュアな状態でセットアップし、そのアカウントを安全に使用するために、ガードレールという機能を利用します。これは、セキュリティ、運用、およびコンプライアンスに対するガバナンスルールです。ガードレールには、好ましくない設定を制限する予防的ガードレールと、特定のイベントが発生したときにそれを検知する発見的ガードレールの 2 種類があります。

▶ License Manager【AWS License Manager】

License Manager は、Microsoft や SAP 等のベンダーが提供するライセンスの管理を AWS とオンプレミス環境で行うことができるサービスです。管理者は、この

サービスを利用して、ライセンス契約の条件を反映したライセンスルールを作成することができます。

▶ Managed Grafana【Amazon Managed Grafana】

Managed Grafana は、オープンソースの分析プラットフォーム「Grafana」のフルマネージドサービスです。さまざまなサービスやツール、アプリケーションから出力されるメトリクス、ログ、およびトレースを収集・蓄積し、ダッシュボードでグラフを表示して可視化します。

▶ Managed Service for Prometheus【Amazon Managed Service for Prometheus】

Managed Service for Prometheus は、EKS や ECS、AWS Distro for OpenTelemetry（AWS がメンテナンスし、アプリケーションのログ、メトリクス、トレースなど、多様な入出力に対応するための収集エージェント）と統合して、コンテナ環境のアプリケーションおよびインフラをモニタリングしアラートを提供する Prometheus 互換のマネージドサービスです。Prometheus のクエリ言語（PromQL）を利用して、コンテナ環境のメトリクスをフィルタリングし、エラーの検出やアラートを行います。また、Managed Grafana と連携して、ダッシュボードでデータを可視化することができます。

▶ Management Console【AWS Management Console】

AWS Management Console（マネジメントコンソール）は、AWS の全サービスに対するアクセスと操作を 1 つの Web インターフェイスで行えるサービスです。マネジメントコンソールを利用して、ユーザーが所有する AWS 環境での操作を Web ベースで行うことができます。

▶ Organizations【AWS Organizations】

AWS Organizations は、複数の AWS アカウントの組織を作成し、一元管理するマネージドサービスです。たとえば、AWS アカウントを新規に作成してリソースを割り当てたり、複数のアカウントをまとめてグループ化したりすることができます。また、アカウントやグループに対してポリシーを適用することも可能です。

2

▶ Personal Health Dashboard【AWS Personal Health Dashboard】

Personal Health Dashboard は、組織内のアカウントに影響を与えているメンテナンスイベント、セキュリティの脆弱性、および AWS サービスの障害等の情報を把握できるダッシュボードです。このダッシュボードで、世界各地のリージョンで発生した AWS の障害やパフォーマンスイシューも確認できます。利用中の AWS 環境で異常が確認された場合、リージョンや AZ レベルで障害が発生しているのか、利用者自身の環境でのみ障害が発生しているのかを切り分ける際に役立ちます。

▶ Proton【AWS Proton】

Proton は、コンテナおよびサーバーレスアプリケーションのインフラ環境の管理、サービスの管理、デプロイメント、そして監視を行えるフルマネージドサービスです。Proton では、Fargate や Lambda、DynamoDB 向けのサンプルテンプレートが用意されています。これを利用するなどしてクラウドリソース、CI（Continuous Integration：継続的インテグレーション）/CD（Continuous Delivery：継続的デリバリー）やモニタリングの定義を含めたテンプレートを作成し、コンテナ環境を一元管理することができます。

▶ Service Catalog【AWS Service Catalog】

Service Catalog は、AWS 上での使用が承認されたさまざまな IT サービス（ソフトウェア、サーバー、データベース、仮想マシンイメージなど）のカタログを作成し、管理するサービスです。

▶ Systems Manager【AWS Systems Manager（AWS SSM）】

Systems Manager（SSM）は、AWS やオンプレミスのサーバーに導入された SSM Agent を経由して、SSM 自身にサーバーの情報を集約し、リソースや、定型的な運用作業を一元的に管理するサービスです。AWS 上の OS 設定情報やインストールされているソフトウェア一覧などを収集し、EC2 インスタンスまたは RDS インスタンスのバックアップやパッチ当てといった定型的な運用作業を自動で行うことができます。

▶ Trusted Advisor【AWS Trusted Advisor】

Trusted Advisor は、現在利用している AWS 環境の設定やリソースについて、その状況をチェックし、改善が可能なアクションを提案してくれるサービスです。

チェック対象は 5 つのカテゴリ（コスト最適化、パフォーマンス、セキュリティ、フォールトトレランス、サービス制限）に大別され、カテゴリごとに改善のための推奨事項が提案されます。

▶ Well-Architected Tool【AWS Well-Architected Tool】

　Well-Architected Tool は、ユーザーが AWS 上で構築したシステムのアーキテクチャが、セキュアかつ高パフォーマンスを実現可能で、耐障害性も備えた効率的なインフラストラクチャであるかを確認し、ベストプラクティスなアーキテクチャ構築をサポートするツールです。実際のアーキテクチャと最新の AWS アーキテクチャのベストプラクティスを比較して、アーキテクチャ上の問題点を発見することが可能です。

2.12 アプリケーション統合

2

▶ AppFlow【Amazon AppFlow】

AppFlow は、Salesforce や ServiceNow などの SaaS サービスと S3 や Redshift などの AWS サービスの間で、データを安全に転送してデータフローを実行するフルマネージド型の統合サービスです。AppFlow は、動作中のデータを暗号化します。また、PrivateLink と連携して SaaS サービスのデータをプライベートネットワーク経由で転送することにより、セキュア通信を実現します。

▶ AppSync【AWS AppSync】

AppSync は、アプリケーションがサーバーからデータを取得・操作できるようにした GraphQL という言語の仕様を用いて、アプリケーション開発を容易にするフルマネージドサービスです。AppSync は、Single Page Application（SPA）などのフロントアプリケーションから GraphQL のリクエストを受け取った後、DynamoDB などの AWS 上のデータソースからデータを取得し、フロントに返却します。AppSync は、パフォーマンス改善のためのキャッシュ機能や、リアルタイム更新ができるサブスクリプション機能を備えています。

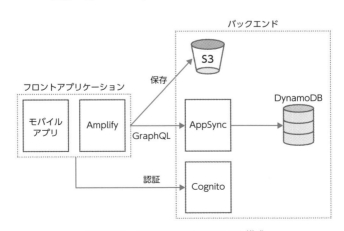

図 2.12-1　AppSync によるシステム構成

▶ EventBridge【Amazon EventBridge】

　Web でのリクエスト受信や、ファイルが保存されたタイミングをトリガーとして、非同期で別のアプリケーションを実行することを、イベント処理といいます。EventBridge は、さまざまなアプリケーションや AWS サービスから送られてきたイベントをターゲットとなる別のアプリケーションや AWS サービスなどに配信できるサーバーレスのイベントバスサービスです。イベントが発生したソースから送られてきたデータを受信すると、Lambda や Kinesis といった AWS サービスや、EventBridge API の送信先にある HTTP エンドポイントなどにルーティングします。

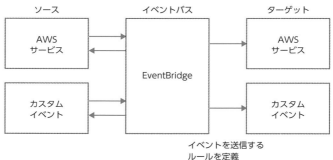

図 2.12-2　EventBridge の概要

▶ MQ【Amazon MQ】

　MQ は、Apache ActiveMQ や RabbitMQ といったオープンソースメッセージブローカーの設定および運用を簡単に行えるマネージド型メッセージブローカーサービスです。業界標準の API とプロトコルを使用して既存アプリケーションに接続するので、コードを書き直すことなく AWS に簡単に移行できます。

▶ SNS【Amazon Simple Notification Service（Amazon SNS）】

　SNS は、フルマネージド型のメッセージ通知サービスです。アプリケーションやシステムで発生した情報を通知したい場合、プッシュベースでメッセージを通知します。メッセージを通知する方法として、E メールによる通知、HTTP/HTTPS による POST、モバイル端末への Push 通知の他、後述する SQS へのメッセージの登録や、Lambda ファンクションの実行等があります。通知を送信する側は Publisher（パブリッシャー）、受信する側は Subscriber（サブスクライバー）と呼ばれています。

2

▶ SQS 【Amazon Simple Queue Service (Amazon SQS)】

SQS はフルマネージド型のメッセージキューイングサービスであり、ソフトウェアコンポーネント間でメッセージの送受信および保存ができます。AWS 上でアプリケーションやサービス間を疎結合な状態に保つために、この SQS を活用することができます。

SQS では、標準キューと SQS FIFO キューという 2 種類のメッセージキューを利用できます。標準キュー方式では、配信は少なくとも 1 回行われ、配信順序はベストエフォート型となっています。そのため、送られてきた順序とは異なる順序で処理したり、同じメッセージを 2 回処理するケースがあり得ます。確実に 1 回だけ、送られてきた順序通りに処理するようにしたものが SQS FIFO です。SQS FIFO 方式は、SQS に保存されているキューの量（Queue Length）を監視できるので、Auto Scaling と連携し、キューの量に応じて EC2 インスタンスを増やすことも可能です。

▶ Step Functions 【AWS Step Functions】

Step Functions は、一連の処理フローをステートマシンとして、ASL（Amazon States Language）という JSON ベースの定義ファイルで定義し、処理を実行する基盤を提供します。定義された処理フローはマネジメントコンソール上で可視化されるので、ユーザーはそれをビジュアルに確認できます。Step Functions を使って一連の処理を定義する場合、Step Functions から呼び出される実際の処理は、Lambda、DynamoDB、SNS、SQS などの AWS サービスや ECS 上で稼働しているアプリケーションが行います。Step Functions では、ステップ内の各アプリケーションの処理結果を確認しながら一連の処理を進めます。また、分岐やループの処理を記述することも可能です。

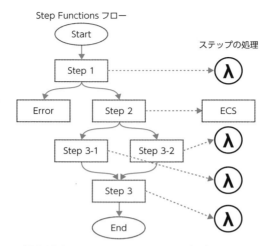

図 2.12-3　Step Functions による一連の処理フロー

2

2.13　機械学習

▶ Comprehend【Amazon Comprehend】

　Comprehend は、機械学習を使用して非構造データやドキュメント内のテキストを分析し、人物や場所などのエンティティの検出、キーフレーズの検出、感情の分析などを行うことができる自然言語処理（NLP：Natural Language Processing）サービスです。

▶ Forecast【Amazon Forecast】

　Forecast は、Amazon.com で採用されている機械学習の予測技術にもとづいた、フルマネージド型の時系列予測サービスです。時系列データから統計アルゴリズムや機械学習アルゴリズムを使用して、たとえば、ある店舗での 1 日あたりの商品売上金額や来客数などを予測します。

▶ Fraud Detector【Amazon Fraud Detector】

　Fraud Detector は、機械学習などを活用して、疑わしいオンライン決済や、偽アカウント作成といった不正行為の可能性があるオンラインアクティビティを識別、特定するフルマネージドサービスです。

▶ Kendra【Amazon Kendra】

　Kendra は、機械学習を活用して、データから目的のコンテンツを高精度で検索することができるサービスです。たとえば、「EC2 の起動方法は？」のような自然言語での質問に対して回答を得ることができます。

▶ Lex【Amazon Lex】

　Lex は、音声やテキストを使用して、会話のような対話型インターフェイスを構築するためのフルマネージドサービスです。Amazon Alexa で使われている深層学習技術を利用して、自然言語での対話ボットを簡単に構築できます。

▶ Polly【Amazon Polly】

Polly は、高度な深層学習技術を使用したテキスト読み上げサービスです。文章を
リアルな音声に変換してくれます。数十の言語に対応しており、テキストを読み上
げるアプリケーションやサービスに利用されます。

▶ Rekognition【Amazon Rekognition】

Rekognition は、深層学習を利用して画像と動画を分析することができるフルマ
ネージドサービスです。Rekognition の API に画像や動画のデータを送信すると、ラ
ベルといわれる物体や人物、テキスト、イベント、シーン、アクティビティの検出、
顔検出といった情報をデータから抽出します。このサービスは、不適切な画像・動画
コンテンツの検出や、オンラインで本人確認を行うアプリケーションで利用されます。

▶ SageMaker【Amazon SageMaker】

SageMaker は、トレーニングデータの前処理や、教師データの作成、機械学習モデ
ルの作成・学習・デプロイといった一連のプロセスを行う機能を提供するフルマネー
ジドサービスです。機械学習ライブラリや Jupyter Notebook を利用でき、Web ブラ
ウザで Python のプログラムを記述、実行しながらモデリングすることができます。

▶ Textract【Amazon Textract】

Textract は、印刷されたテキストや手書きの文書をスキャンしたドキュメントか
ら、文字を抽出するサービスです。光学文字認識（OCR）、PDF、画像などを読み取っ
て処理し、情報を抽出します。

▶ Transcribe【Amazon Transcribe】

Transcribe は、音声から文字を起こしてくれるフルマネージドサービスです。自
動音声認識（ASR：Automatic Speech Recognition）の技術を使って高精度に音声を
テキストに変換します。

▶ Translate【Amazon Translate】

Translate は、自動言語翻訳サービスです。深層学習技術を適用したニューラル機
械翻訳を使用しており、自然で正確な翻訳が可能です。リアルタイムの言語翻訳の
他、テキストファイルや Office ドキュメントの翻訳にも活用できます。

2.14 セキュリティ、アイデンティティ、コンプライアンス

▶ Artifact【AWS Artifact】

Artifactは、AWSのセキュリティやコンプライアンスに関するレポートにアクセスできるサービスです。AWSに対するコンプライアンス管理を効率的に行えます。たとえば、第三者の監査レポートを確認したり、AWS上の全アカウントとの契約を確認、管理する他、事業提携契約を管理できます。ISO認定、PCI DSS（Payment Card Industry Data Security Standard）やSOC（System and Organization Control）などにもとづいたアセスメントのレポートなどがArtifactに集約されています。

▶ Audit Manager【AWS Audit Manager】

Audit Managerは、監査用の証跡収集を自動で行うサービスです。CIS Benchmark for CIS Amazon Web Services Foundations BenchmarkやGDPR（General Data Protection Regulation：EU一般データ保護規則）などに則したフレームワークが準備されている他、ユーザー側でカスタムフレームワークを作成することも可能です。

▶ Certificate Manager【AWS Certificate Manager（ACM）】

Certificate Managerは、サーバー証明書の取得、更新、および展開を行うサービスです。パブリック証明書のリクエストや、AWS Private CA（Private Certificate Authority）で作成したCAへのプライベート証明書のリクエストが可能です。この他、AWS外で取得した証明書のインポートも可能です。

Certificate Managerでリクエストした証明書は有効期限が近づくと自動で更新することができます。また、Certificate Managerで管理する証明書は、ELB、CloudFront、Cognito、Amazon API Gatewayなど特定のAWSサービスにインストールできます。

▶ CloudHSM【AWS CloudHSM】

CloudHSMは、VPC内に専用のハードウェアセキュリティモジュール（HSM：Hardware Security Module）インスタンスを作成し、暗号鍵の生成・管理を行う

マネージドサービスです。専用の物理インスタンスが割り当てられるため、鍵へのアクセス管理をよりセキュアにできます。FIPS 140-2 のレベル 3 までの対応が求められる場合や、暗号鍵を保管するハードウェアを専有する必要がある場合にCloudHSM を利用します。なお、CloudHSM で生成した鍵を他の AWS サービスで利用する場合は、KMS でカスタムキーストアを作成します。

▶ Cognito【Amazon Cognito】

Cognito は、Web アプリケーションやモバイルアプリケーション、AWS サービスにアクセスするユーザーの認証・認可を行うためのフルマネージドサービスです。Cognito のユーザーディレクトリは「ユーザープール」と呼ばれ、認証するユーザーの管理を行う際に利用します。このとき、ユーザープールの管理者がユーザーを作成したり、ユーザー自身がサインアップしたりすることも可能です。また、ソーシャル ID プロバイダー（IdP）や、OpenID Connect、SAML などの外部の認証サービスと連携したサインインをユーザーに提供することもできます。一方、認可機能としては、ALB、Amazon API Gateway、S3、DynamoDB などの AWS サービスへのアクセス権限を「ID プール」で管理します。ID プールでは、Cognito のユーザープールまたは外部の ID プロバイダーで認証されたユーザーと、それらのユーザーに割り当てる IAM ロールのマッピングを行います。

▶ Detective【Amazon Detective】

Detective は、AWS サービスのログを収集し、AWS 環境における不審なアクティビティの原因を効率的に分析および調査するためのマネージドサービスです。AWS アカウントの CloudTrail ログ、VPC フローログ、EKS 監査ログ、Security Hub およびGuardDuty の検出結果を自動で収集します。また、GuardDuty や Security Hub の検出結果の詳細画面から Detective のコンソールに移り、実行ユーザーや通信の詳細を調査することもできます。

Detective を活用することで、複数のアカウントまたはサービスのコンソールを行き来することなく、セキュリティインシデントの調査を進めることができます。なお、Detective を有効にするためには、GuardDuty を有効化してから 48 時間以上経過している必要があります。

▶ Directory Service【AWS Directory Service】

Directory Service は、AWS 上でマネージド型のディレクトリサービスを利用できるサービスです。Directory Service では複数のディレクトリタイプが用意されており、たとえば AD Connector は、オンプレミス環境や AWS 上の既存のディレクトリサービスに接続するための認証プロキシの役割を担っています。

▶ Firewall Manager【AWS Firewall Manager】

Firewall Manager は、AWS Organizations で管理するアカウントのファイアウォールルールの設定を一元管理するサービスです。AWS では WAF、Shield Advanced、VPC セキュリティグループ、Network Firewall、Route 53 Resolver DNS Firewall、外部サービスなど複数のサービスでファイアウォールルールを設定する際、それぞれのサービスで適用すべきルールを Firewall Manager のポリシーとして定義できます。特定の OU（Organizational Unit）・アカウントのみを対象としたり、ポリシーに反する場合は自動で修正したりすることも可能です。なお、Firewall Manager を利用するためには、AWS Organizations と AWS Config が有効化されている必要があります。

▶ GuardDuty【Amazon GuardDuty】

GuardDuty は、AWS アカウントについて CloudTrail、VPC フローログ、EKS 監査ログ、DNS クエリログ、EBS ボリュームなどを分析し、アクティビティの異常やマルウェア等の脅威を検出するサービスです。検出結果タイプはリソースタイプごとに定義されています。検出対象となるリソースは、EC2、IAM、Kubernetes、Malware Protection、S3 です。

GuardDuty とあわせて Security Hub や Detective を利用することで、セキュリティインシデントの検知から調査までを効率化できます。また、AWS Organizations と統合するか、AWS Organizations とは無関係に他の AWS アカウントをメンバーとして招待することにより、複数のアカウントの分析結果を1つのアカウントで参照できるようになります。

▶ IAM【AWS Identity and Access Management（AWS IAM）】

IAM は、誰が、どの AWS サービスやリソースにアクセス可能（または不可能）かを管理するマネージドサービスです。

AWS アカウントを作成すると、最初はルートユーザーしか存在しません。ルート

ユーザーは権限がとても強いので、普段の操作は IAM ユーザーで実施することが推奨されています。また、アカウント所有者以外が AWS アカウントにアクセスする場合も IAM ユーザーを作成します。IAM ユーザーをグルーピング化した「IAM グループ」を作成すると、各 IAM ユーザーへの権限付与を効率化できます。

　EC2 や Lambda などの AWS サービスまたはアプリケーションに権限を付与したい場合は、IAM ロールを作成します。IAM ロールを使用すると、一時的な認証情報が都度取得されるため、IAM ユーザーの認証情報を EC2 などに保管する必要がなくなります。

　IAM ユーザー、IAM ロールといった操作の主体（アイデンティティ）にアクセス権を付与するためには、IAM ポリシーを各アイデンティティに適用します。IAMポリシーとは、許可または拒否するアクセスの条件を JSON 形式で定義したものです。IAM ポリシーは、S3 バケットや KMS キーのアクセス制御にも用いられており、IAM ではなく各サービスのコンソールから設定します。また、IAM では、各 IAMポリシーが文法・セキュリティ面で適切か否かを分析する Access analyzer という機能も提供されています。

▶ Inspector【Amazon Inspector】

　Inspector は、EC2 や ECR イメージ、Lambda 関数・レイヤーをスキャンして、CVE（共通脆弱性識別子）に登録された脆弱性を検出するサービスです。EC2 のみネットワークの到達性の検出も可能です。また、EC2 の脆弱性以外は、エージェントなしでスキャンできます。

　Inspector を有効にすると、リソースの新規作成・更新や CVE の追加をトリガーに再スキャンが行われます。また、EventBridge のルールを設定すれば、脆弱性の検出通知や自動修復の仕組みを構築することができます。Security Hub を有効化して、Security Hub から自動修復のフローを開始することも可能です。この自動修復フローでは、Systems Manager からパッチを適用できます。さらに、AWS Organizations と統合すると、複数アカウントの脆弱性検出結果を 1 つのアカウントで参照可能になります。

▶ KMS【AWS Key Management Service（AWS KMS）】

　KMS は、データの暗号化に用いられる暗号鍵を生成・管理するマネージドサービスです。KMS では、AWS が管理する鍵とユーザーが管理する鍵があります。ユーザーは対称、非対称どちらの鍵も作成できますが、AWS サービスで利用可能なのは

2

対称鍵のみです。

S3、DynamoDB、Certificate Manager、Secrets Manager、その他多くの AWS サービスで、KMS の鍵を用いてデータを暗号化できます。鍵へのアクセス管理は、鍵に適用するリソースベースの IAM ポリシー（キーポリシー）、IAM ユーザーやロールに付与する IAM ポリシー、コマンドラインからアクセス許可のみを付与する Grant の 3 つの方法があります。これらのうち Grant によって、鍵への一時的なアクセスを許可することができます。

▶ Macie【Amazon Macie】

Macie は、S3 バケットに保管されているデータを分析し、機密データが保管されるべきではないバケットでの機密データの保管や、機密データを保管するバケットのセキュリティレベル低下を検出するサービスです。バケットに保管されている個人を特定できる情報や、GDPR（EU 一般データ保護規則）などデータ取り扱いに関する法令に抵触する情報を、機械学習とパターンマッチングで検出します。検出を開始するには、対象となる S3 バケットを指定して機密データ検出ジョブを作成するか、自動検出を設定します。検出結果は、Policy findings（バケットの設定やバケットポリシーに関する検出）または Sensitive data findings（保管データの機密性に関する検出）の 2 つに分類されます。Sensitive data findings の結果は Security Hub に送信することも可能です。

また、GuardDuty と同様、AWS Organizations と統合するか、AWS Organizations とは無関係に他の AWS アカウントをメンバーとして招待することで、複数のアカウントの分析結果を 1 つのアカウントで参照できるようになります。

▶ Network Firewall【AWS Network Firewall】

Network Firewall は、VPC のファイアウォールを作成・管理するマネージドサービスです。ファイアウォールには、AWS が管理するルールと、ユーザーが作成するルールを設定できます。ステートフルルールには IPS（Intrusion Prevention System）ルールも含まれ、AWS が管理する IPS ルールも提供されています。

Network Firewall を作成すると、サブネットにファイアウォールのエンドポイントが作成されます。ユーザーは、ファイアウォールで検査したい通信の要件に応じて、各サブネットのルートテーブルを自身で変更する必要があります。なお、VPC 内のすべてのトラフィックを検査するために、Network Firewall 専用のサブネットを作成することが推奨されています。

▶ RAM【AWS Resource Access Manager（AWS RAM）】

RAM は、AWS アカウント間でリソースを共有するサービスです。共有できるリソースは、Aurora DB クラスター、Private CA、CodeBuild プロジェクト、Network Firewall ファイアウォールポリシー、VPC サブネットなど約 20 のサービスに限られます。

AWS Organizations を利用している場合は、OU 間または組織全体でリソースを共有することも可能です。RAM によって、アカウントごとにリソースを作成する必要がなくなり、複数アカウントで同様のリソースを所有する際に生じるメンテナンス工数や利用料金を削減できます。

▶ Secrets Manager【AWS Secrets Manager】

Secrets Manager は、データベースの認証情報や API キーなどのシークレットを管理するサービスであり、シークレットの自動ローテーション機能も備えています。

各シークレットは、KMS で管理されている鍵で暗号化されます。また、各シークレットにはリソースベースの IAM ポリシーを適用可能です。RDS や Transfer Family など、30 以上の AWS サービスで Secrets Manager のシークレットを利用することができます。

▶ Security Hub【AWS Security Hub】

Security Hub は、AWS アカウントのリソースのセキュリティチェックを継続的に行い、アカウント内のあらゆるセキュリティ関連の問題を集約するサービスです。CIS AWS Foundations Benchmark、PCI DSS、および AWS Foundational Security Best Practices への準拠状態を Config ルールでチェックした結果を表示する他、Inspector、GuardDuty、IAM アクセスアナライザー、Firewall Manager、Macie を有効化している場合は、それらの検出結果も参照可能になります。さらに、パートナーソリューションの検出結果を統合することも可能です。Security Hub に集約された検出結果は正規化されているので、検出元によらず、すべての結果を横断して検索したり、アクションを設定したりすることができます。

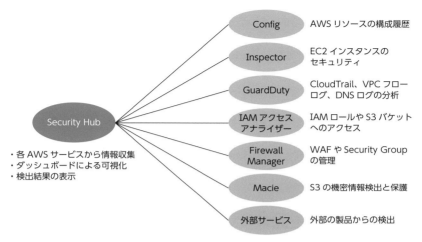

図 2.14-1　Security Hub の構成

▶ Shield【AWS Shield】

　AWS Shield は、DDoS（Distributed Denial of Service）攻撃からの保護機能を提供するマネージドサービスで、Standard と Advanced の 2 つのタイプがあります。Standard は Route 53、CloudFront、Global Accelerator ではデフォルトで有効になっており、レイヤー 3 およびレイヤー 4 の DDoS 攻撃に対して防御します。一方、有料の Advanced では AWS WAF を活用した、レイヤー7 の DDoS 攻撃の自動緩和機能、AWS の DDoS Response Team のサポート、Firewall Manager での一元管理が利用可能です。Advanced では、Standard で保護可能な 3 つのサービスに加えて、EC2 や ELB も保護できます。

▶ IAM Identity Center【AWS IAM Identity Center】

　AWS 環境でシングルサインオン（SSO）を実現するには、AWS IAM Identity Center というマネージドサービスが役立ちます。AWS IAM Identity Center は、AWS Organizations とサービス統合されています。そのため、AWS Organizations で管理されている AWS アカウント間の SSO を簡単に実現できます。

▶ AWS WAF【AWS Web Application Firewall】

　AWS WAF は、CloudFront、ALB、Amazon API Gateway、AppSync、Cognito に WAF 機能を提供するサービスです。AWS が管理するルールまたはユーザーで定義したルールを Web ACL（Access Control List）に追加し、Web ACL を AWS リソー

スに適用します。

　ルールはルールグループにまとめることも可能です。また、ルールの条件として、リクエスト元の国や IP、悪意のある SQL コードやスクリプト、リクエストコンポーネントのサイズや正規表現、リクエストヘッダのラベル、同一 IP からのリクエストレートなどを利用できます。条件に一致した際のアクションは、カウント、許可、ブロック、キャプチャ、またはチャレンジから選択します。

▶ STS【AWS Security Token Service（AWS STS）】

　STS は、IAM ユーザーの Credential を発行せずに、AWS の各サービスにアクセスするための一時的な認証情報を発行するサービスです。ID フェデレーション、クロスアカウントアクセス、そして各サービスでの IAM ロールの利用の際に一時的な認証情報を発行しています。

　一時的に AWS リソースへのアクセス権限を得る仕組みを AssumeRole と呼びます。STS で AssumeRole の API を実行すると、AWS を利用するための一時認証情報を取得します。

　多要素認証（MFA：Multi-Factor Authentication）を利用する場合や、外部システムで認証したユーザーに IAM ユーザーを利用させる場合にも、STS で一時的な認証情報を発行します。

2.15　AWS コスト管理

▶ Budgets【AWS Budgets】

　AWS Budgets は、AWS 上で稼働しているリソースの使用状況を監視して、AWSのコスト（利用料）あるいは使用量が事前に設定しておいた値を超えたとき、もしくは超えることが予測されたときに、アラートを発信するサービスです。

▶ Cost and Usage Report【AWS Cost and Usage Report】

　AWS のコストと使用状況に関するデータ（サービス、料金、リザーブドインスタンス、Savings Plans などに関するメタデータを含むデータ）を提供します。

▶ Cost Explorer【AWS Cost Explorer】

　Cost Explorer は、AWS のコスト（利用料）および使用量を可視化します。カスタムレポートを作成して、コストと使用量のデータを分析することができ、さらには全体的な傾向や異常なども把握できます。

▶ Savings Plans

　Savings Plans は、1 年間または 3 年間で、1 時間につき何ドル分 AWS を使うかを事前に決めて契約することで、対象サービスの利用料金が割引になる料金体系の仕組みです。

　Savings Plans には、Compute Savings Plans、EC2 Instance Savings Plans、Amazon SageMaker Savings Plans の 3 種類があります。Compute Savings Plans は、EC2 に加えて、Fargate や Lambda にも適用されます。

2.16　移行と転送

▶ Application Discovery Service【AWS Application Discovery Service】

Application Discovery Service は、AWS への移行の準備段階として、オンプレミスにあるシステムのアプリケーションやインフラの情報を収集するためのサービスです。

▶ Application Migration Service【AWS Application Migration Service（AWS MGN）】

Application Migration Service は、AWS へのリフト＆シフト移行において、その利用が推奨されている移行サービスです。物理サーバー、仮想サーバー、およびクラウド上のサーバーから変更を加えることなく AWS に移行することにより、エラーが生じやすい手動処理を最小限に抑えることが可能です。

▶ DMS【AWS Database Migration Service（AWS DMS）】

DMS は、同じ種類のデータベースエンジン間の移行（同種 DB 移行）だけではなく、異なる種類のデータベースエンジン間の移行（異種 DB 移行）もサポートするサービスです。

データソースとして、リレーショナルデータベースに加えて NoSQL の MongoDB や S3 もサポートしています。

▶ DataSync【AWS DataSync】

DataSync は、オンラインデータ転送サービスです。AWS ストレージサービスとオンプレミスのストレージシステム間や、AWS 上のストレージサービス間におけるデータの移動を自動的かつ高速に行います。

▶ Migration Hub【AWS Migration Hub】

Migration Hub を使用して、オンプレミスにある既存サーバーの情報を収集し、仮想サーバーやアプリケーションの情報をインポートして移行を計画したり、移行時に移行ステータスを確認したりすることができます。ユーザーは、AWS が提供する Database Migration Service（DMS）や Application Migration Service（MGN）といった移行サービスや、サードパーティベンダーが提供する CloudEndure などの移行サービスから収集した情報にもとづいて、移行を計画、実行したり、移行ステータスを追跡したりします。

さて、ここでは CloudEndure についても説明します。CloudEndure Migration は、オンプレミスにある仮想サーバーをリフト＆シフトでクラウドに移行するソリューションを提供します。また、CloudEndure Disaster Recovery は、レプリケーション機能を利用して災害対策を行うマネージドサービスです。この CloudEndure Disaster Recovery を使って、オンプレミスや AWS 上にあるサーバー、データベースをレプリケーションし続けておきます。そして、災害発生時に、レプリケーションしたデータから災対環境ですぐに自動で復旧できるようにします。このようにクラウドサービスを使ってディザスタリカバリを実現する手段を、「DRaaS（Disaster Recovery as a Service）」といいます。

▶ Snow Family【AWS Snow Family】

Snow Family にはいくつか種類があります。それらのうち Snowball は、テラバイト級のデータ移行を実現するサービスです。ハードウェアアプライアンスを利用して、オンプレミスと AWS 間の大容量データの移行を高速に行います。

Snow Family には、この他、物理デバイスにより移行を行う Snowball Edge や、輸送トラクタトレーラーを利用してエクサバイト級のデータを移行する Snowmobile、一番コンパクトでエッジコンピューティングにおいてデータ転送が行える Snowcone があります。

▶ Transfer Family【AWS Transfer Family】

Transfer Family は、S3 または EFS との間で直接ファイルを転送するためのサポートを提供します。

具体的には、Secure File Transfer Protocol（SFTP）、File Transfer Protocol over SSL（FTPS）、File Transfer Protocol（FTP）、および AS2（Applicability Statement 2）をサポートしています。

　Transfer Family では、エンドポイントのカスタム名に Route 53 の DNS を使った
ルーティングや、API Gateway、Lambda などの AWS サービスと連携した認証によ
り、クライアントにあるサーバーからのファイル転送処理を AWS 側でシームレスに
実行できます。

2.17 メディアサービス

▶ Elastic Transcoder【Amazon Elastic Transcoder】

Elastic Transcoder は、AWS 上で、動画ファイルや音声ファイルを PC、スマートフォン、タブレットなどで再生可能なフォーマットに変換するフルマネージドサービスです。デバイスごとに出力フォーマットを最適化できる他、サムネイルの作成も可能です。

▶ Kinesis Video Streams【Amazon Kinesis Video Streams】

Kinesis Video Streams は、さまざまなデバイスから動画のストリーミングデータを取り込んで、動画の分析および再生を行うフルマネージドサービスです。動画の収集・保存や、ライブやオンデマンドでの動画の再生、動画ファイルのダウンロード機能などを提供します。

第 3 章

試験で問われる
シナリオの特性

　AWS 認定ソリューションアーキテクト−アソシエイト試験は、
AWS における分散システムの可用性、コスト効率、高耐障害性お
よびスケーラビリティの設計に関する 1 年以上の実務経験を持つ
ソリューションアーキテクト担当者を対象に設計されており、シス
テム構築の現場でも設計要素として押さえるべき、実践的な内容が
問われます。

　試験では、AWS のベストプラクティスに沿った解答を選択する
必要があります。そのためには、試験の出題分野のカテゴリ単位
（本章では「シナリオ」と呼びます）で重要ポイントを把握すること
が大切です。

3.1 「セキュアなアーキテクチャの設計」分野で問われるシナリオ

　AWS の試験ガイド[1] では、AWS Well-Architected フレームワークにもとづいた設計のスキルを求めています。したがって、この AWS Well-Architected フレームワークの中で推奨されているアーキテクチャを押さえることが試験対策として有効です。

● **AWS Well-Architected フレームワーク**
　https://aws.amazon.com/jp/architecture/well-architected/

　AWS Well-Architected フレームワークは、AWS とその利用者の長年の経験にもとづいてシステム設計・運用の "大局的な" 考え方とベストプラクティスをまとめたもので、ホワイトペーパーとして公開されています。このフレームワークでは、以下の 6 つの柱の観点で、クラウド上でワークロードを設計および実行するための主要な概念、設計原則、アーキテクチャのベストプラクティスについて説明しています。

- **優れた運用効率**
- **セキュリティ**
- **信頼性**
- **パフォーマンス効率**
- **コスト最適化**
- **持続可能性**

　AWS 利用時のセキュリティ対策においては、AWS が責任を持つ範囲と AWS 利用者が責任を持つ範囲を理解し、それぞれの責任範囲において必要な対策を実施することでシステム全体のセキュリティを担保します（**責任共有モデル**）。AWS 利用者側の責任範囲では、どこまでの対策が必要なのか、どこからのリスクを保有する

※ 1　https://d1.awsstatic.com/ja_JP/training-and-certification/docs-sa-assoc/AWS-Certified-Solutions-Architect-Associate_Exam-Guide.pdf

のかは、利用者の責任において判断が必要です。

セキュリティ対策として、「ID管理とアクセス管理」「インシデントの検出」「インフラストラクチャの保護」「データ保護」「インシデント対応」について検討する必要があります。その際に、システムの重要度に合わせてリスク管理策を策定する**リスクベースアプローチ**の考え方を適用し、何をどこまで対策すべきかを決めることが重要です。

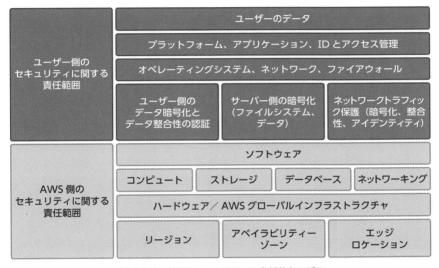

図 3.1-1　AWS セキュリティの責任共有モデル

AWS リソースへのセキュアなアクセスの設計

AWS上で設計を行う際のベストプラクティスとして、最小権限の原則が存在します。この原則に従うためには、AWSへアクセスする各ユーザーに、その役割に応じて、必要なAWSリソースへのアクセス権限のみを付与します。試験では、複数のAWSアカウントと、それぞれにアクセスする各ユーザーを、セキュアかつ効率的に管理する方法が問われます。

▶ Organizations による AWS アカウントの統合管理

異なる部門が管轄しているシステムや、開発環境と本番環境など、ワークロードの重要度やセキュリティレベル、統制レベルが異なるシステムは、AWSアカウントレベルで環境を分けることが強く推奨されています。そのため、特にエンタープラ

イズ企業では AWS アカウント数が数百にまで増えていくこともあり、これらをバラバラに管理していると効率が悪く、作業ミスの原因にもなり得ます。

　Organizations を使用することで、増大した複数の AWS アカウントを本番環境や開発環境といった用途ごとにグループ化し、ポリシーベースで階層的に管理することができます。AWS アカウントは、組織単位（OU）というグループ単位で管理されます。そのグループに対してサービスコントロールポリシー（SCP）を適用することにより、組織全体、OU といった階層ごとにアクセス権限を管理できます。たとえば、SCP を適用して、特定の OU 配下のアカウントについて、特定のサービスの使用を制限するといった管理ができます。

　また、**AWS Control Tower** をあわせて利用することで、AWS のベストプラクティスにもとづいて、複数の AWS アカウント環境に対してガードレールと呼ばれるルールを自動設定したり、セキュリティログを一元管理したりすることができます。

▶ IAM によるユーザー管理

　IAM は、AWS のサービスやリソースへのアクセスを管理するためのサービスです。AWS アカウントを作成すると、すべての操作権限を持つルートユーザーが自動で用意されます。これを用いて AWS アカウントを操作することは最小権限の原則に反するため、IAM を用いてユーザーの権限を制限する必要があります。

　具体的には、アクセスが必要な個人ごとに **IAM ユーザー**を作成し、**IAM グループ**に所属させます。このときセキュリティを高めるために、ユーザーに対して多要素認証（MFA）を設定します。**MFA** は IAM ユーザーだけでなく、ルートユーザーにも設定することが推奨されています。

　アクセス権限は **IAM ポリシー**で定義され、IAM グループに IAM ポリシーをアタッチすることにより、グループ単位で権限を管理します。このとき、**ポリシー定義は、許可定義（Allow）よりも拒否定義（Deny）のほうが優先**されます。この特徴を利用して、セキュリティ上ユーザーに対して禁止すべき操作（監査ログの改ざんなど）が行われないよう、拒否定義で明示的に禁止するポリシーをアタッチするといった使い方をします。

　AWS では、タグを AWS リソースに付与し、そのタグを条件にしてアクセス許可を適用することができます。「Env=TEST」といったタグ付けのルールを定めておくと、TEST というタグが付与されたテスト環境にのみアクセス許可を付与することができます。ルール通りにタグが付与されているかどうかのチェックには **Config Rules** を活用できます。

▶ **IAM ロールによる一時的認証情報の発行**

IAM ロールは、AWS サービスやアプリケーションに対して AWS の操作権限を付与するための仕組みです。たとえば、EC2 から S3 にアクセスする場合などに、IAMロールを利用して EC2 に権限を付与します。IAM ロールの権限の定義には、IAMポリシーを用います。IAM ロールを活用することで、プログラム内での認証情報（アクセスキー）の保存が不要になり、認証情報の漏えいを防ぐことができます。

また、複数の AWS アカウントを持つと、アカウントをまたぐアクセス権限を必要とする IAM ユーザーが生じることがあります。たとえば、本番と開発の両方のAWS アカウントへのログインが必要な開発者がいたとします。このような場合、IAM ロールを使った**クロスアカウントアクセス**（スイッチロール）を許可することで、アカウントごとに IAM ユーザーを作成する必要がなくなります。

なお、IAM ユーザーの数が多い場合は、**AWS IAM Identity Center（AWS Single Sign-On の後継サービス）**、**AD Connector**、**SAML 連携**によりオンプレミスの Active Directory などの ID プロバイダーと統合し、ID を一元管理することが推奨されています。

■ セキュアなワークロードとアプリケーションの設計

VPC は、AWS 上で論理的に分離されたユーザー専用の仮想ネットワークです。VPC 内で動作する AWS リソースについては、ネットワークレイヤーで VPC の外部環境と分離することができます。このように VPC 内部のリソースとのネットワーク接続を保護する方法や、外部からの不正侵入、情報漏えいリスクに対応する方法が試験で問われます。

▶ **VPC のネットワークアクセス制御**

ネットワーク間の通信制御には**セキュリティグループ**を用います。たとえば、Web サーバー、データベースサーバー（RDS）という 2 種類のサーバーがある場合、それぞれに対してセキュリティグループを作成し、サーバーの役割に応じてセキュリティグループを関連付けます。

この他、サブネットに対するネットワークアクセス制御の機能として、**ネットワーク ACL（NACL）**があります。NACL はステートレスなファイアウォールであるため、インバウンドルールとアウトバウンドルールの両方を定義する必要があります。**明示的に通信の拒否を定義できる点が、セキュリティグループとの違い**です。

▶ インターネットとの接続

VPC 内のリソースとインターネット間の通信を許可するためには、**インターネットゲートウェイ**を VPC にアタッチし、インターネットへのルーティング情報を追加します。ルーティングでは、インターネット向けのトラフィックをインターネットゲートウェイに転送する定義をルートテーブルに追加します。

サブネットは、インターネット接続が可能な**パブリックサブネット**と、VPC 内のみ通信が可能な**プライベートサブネット**に分割します。この 2 つのサブネットの違いは、インターネットゲートウェイへのルートを持つかどうかです。RDS のように、インターネット接続を必要としないサービスはプライベートサブネットに配置することで、意図しないアクセスを許可してしまうリスクを低減します。

プライベートサブネットに配置された AWS リソースも、パッチ取得や他の AWS サービスの API 呼び出しを行うためにインターネットとのアウトバウンド通信が必要になることがあります。その場合は、パブリックサブネットに **NAT ゲートウェイ**をデプロイし、インターネット向けのトラフィックを NAT ゲートウェイに転送するルートを、プライベートサブネットのルートテーブルに追加します。

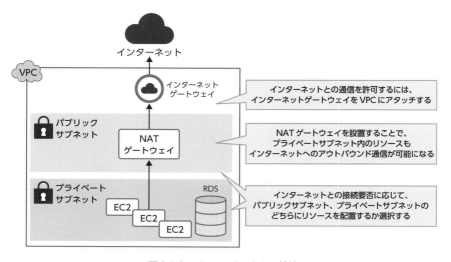

図 3.1-2　インターネットとの接続

▶ AWS サービスとの接続

PrivateLink（VPC エンドポイント）[※2] を使うと、VPC 内のリソースはインターネットを介さずに AWS リソースにアクセスすることができます。このとき、**エンドポイントポリシー**と組み合わせて、接続先のサービスへのアクセスを特定の VPC からの接続に制限し、インターネットからはアクセス不可にするといった制御が可能です。

▶ 外部攻撃からの保護

B to C の Web サイトなど、不特定多数からアクセスされる可能性があるサービスについては、外部からの攻撃への対策も必要です。

AWS Shield は、UDP リフレクション攻撃、SYN フラッド攻撃、HTTP フラッド攻撃といった DDoS 攻撃から AWS リソースを保護します。デフォルトですべての AWS アカウントに対して Standard レベルの保護が有効になっています。Shield Advanced では、EC2、CloudFront、Route 53、Global Accelerator、ELB、ALB で実行中のアプリケーションを標的とする高度な DDoS 攻撃からの保護が提供されます。

AWS WAF は、Amazon API Gateway、CloudFront、ALB と関連付けることで、これらのサービス上の HTTP/HTTPS トラフィックを双方向で監視し、SQL インジェクション、クロスサイトスクリプティング、セッションハイジャックなどの一般的な Web ベースの攻撃から Web アプリケーションを保護します。

■ 適切なデータセキュリティ管理

データ漏えいのリスクに対しては、暗号化が有効です。まず、データの重要度と機密性に着目してデータを分類し、それぞれに適した方法でデータを管理します。その上で、データの暗号化をどのように行うか、開発者に暗号化を強制するにはどうするか、暗号化のための鍵をセキュアに管理するにはどうするか、といった不正なアクセスからデータを保護するための知識が問われます。

▶ サーバーサイド暗号化とクライアントサイド暗号化

暗号化のモデルには、AWS の機能を用いてサーバー側で暗号化する**サーバーサイド暗号化**と、ユーザー側のアプリケーションで暗号化する**クライアントサイド暗号**

[※2] VPC エンドポイントにはインターフェイス型とゲートウェイ型の 2 種類があり、インターフェイス型を PrivateLink、ゲートウェイ型を VPC エンドポイントと呼ぶことが多いです。ゲートウェイ型の VPC エンドポイントは、S3 と DynamoDB に対応しています。

化があります。どちらのモデルを採用するかはデータの分類結果に応じて決めます。

表 3.1-1　サーバーサイド暗号化とクライアントサイド暗号化

	サーバーサイド暗号化	クライアントサイド暗号化
特徴	AWS の機能を用いてサーバー側で暗号化する	ユーザーのアプリケーションで暗号化する
メリット	アプリケーションは暗号化を意識する必要がない	AWS がデータを受信するときにすでに暗号化されているため、ユーザーの管理下で確実なデータ保護が実現できる
鍵管理	KMS/CloudHSM	KMS/CloudHSM/ 独自に管理

▶ 保管中のデータ保護（AWS のサーバーサイド暗号化）

　AWS のサービスには、KMS と統合された暗号化の仕組みが提供されています。S3 では、バケットのデフォルト暗号化を設定することで、新しいオブジェクトが自動的に暗号化されます。また、EC2 では、リージョンに対してデフォルトで暗号化を行う設定を有効にすることで、新しく作成した EBS ボリュームとスナップショットコピーの暗号化を強制します。

　暗号化されていない EBS ボリュームを暗号化するには、一度スナップショットを取得します。これにより、スナップショットからボリュームを復元する際、あるいはスナップショットのコピーを作成する際に暗号化が可能になります。RDS の場合も同様に、スナップショットを経由して暗号化が可能です。

▶ 暗号化キー（暗号鍵）の管理

　KMS は多くの AWS サービスと統合されており、暗号化キー（暗号鍵）の保存、ローテーション、アクセス制御を管理することができます。暗号化キーは KMS キーと呼ばれます。これには、AWS サービスごとにデフォルトで作成される KMS キーや、ユーザーが作成する KMS キーの他、インポートされたキーマテリアルを使用して作成するキーがあり、ユーザーがコントロールできる範囲はそれぞれ異なっています。KMS で管理された KMS キーにアクセスするには、**キーポリシー**でアクセスを許可します。

　クライアントサイド暗号化の鍵管理で用いられる **CloudHSM** は、クラウドベースの FIPS 140-2 のレベル 3 認証済みのハードウェアセキュリティモジュール（HSM）です。業界規制によりハードウェアを他アカウントと共有することが許容されていないなど、より高いレベルのコンプライアンスへの対応が可能です。

▶ 転送中のデータ保護

　AWS のサービスでは、通信に TLS を使用し、HTTPS の API エンドポイントが用意されています。HTTP リクエストは CloudFront または ALB で HTTPS に自動的にリダイレクトできます。なお、TLS 証明書は、**AWS Certificate Manager** を使うことで ELB、CloudFront、Amazon API Gateway と統合管理が可能です。

3

3.2 「弾力性に優れたアーキテクチャの設計」分野で問われるシナリオ

　弾力性に優れたアーキテクチャとは、サービスの中断から自律的に素早く復旧できる能力を備えたアーキテクチャのことをいいます。あらゆるものは壊れる宿命にあることを前提に、AZやリージョン全体での障害発生といった予期せぬサービスの停止を想定した設計を行う「Design for Failure」という考え方を基本としています。ビジネスのニーズと重要度に応じて、アプリケーションのサービスレベル目標（SLO）を設定し、適切な設計を選択します。

　AWSは障害に備えるためのさまざまなサービスを提供しており、試験では、それらを活用するための知識が要求されます。

スケーラブルで疎結合なアーキテクチャの設計

　サービスは時間が経つにつれて成長していき、トラフィックも増加していきます。トラフィックが増加しても安定して処理を続けるためには、サービスの設計時に、スケーラブルなアーキテクチャの構成を検討する必要があります。

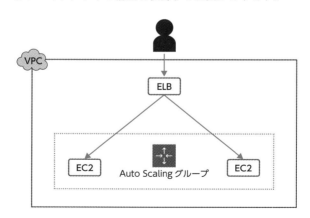

図 3.2-1　簡単なスケーラブル構成

　図3.2-1のように、**Auto Scaling**と**ELB**を組み合わせてスケーラブルな環境を作成することができます。Auto Scalingは事前に最小、最大のインスタンス数を設定

しておくことで、トラフィック状況によって柔軟にインスタンスをスケールイン、スケールアウトします。そこに ELB を加えるとトラフィックを複数のインスタンスに分散させることができ、特定のインスタンスにトラフィックが集中することを防げます。

　一方、複数のサービスを連携させて逐次的な処理を行う場合は、1 つのコンポーネントで起きた障害が他のコンポーネントに影響を与えないよう、できるだけ疎結合（マイクロサービス）にします。これにより可用性が向上します。また、1 つのコンポーネントに変更を加えたときの影響範囲が限定されることから、アジリティも高まります。マイクロサービスはイベントをトリガーとして各コンポーネント間を通信するようにします。これをイベント駆動型アーキテクチャといいます。一例として、コンポーネント間を **SQS キュー**でつなぎ、メッセージを直接送受信することを避けるという方法があります。可能な限りコンポーネント間のやりとりを非同期にすることで、メッセージを受信して処理する側は並列処理ができるようになるため、スケーラビリティが向上します（図 3.2-2）。疎結合なアーキテクチャを実現するために、SQS のようなメッセージングサービスに加えて、**Kinesis** のようなストリーミングサービスや、**Step Functions** のようなワークフローサービスを活用することもできます。

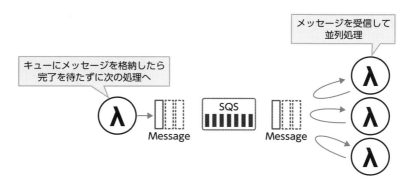

図 3.2-2　イベント駆動型アーキテクチャ

　また、マイクロサービスでは、サービスのスケーラビリティやデプロイ容易性を考慮して、コンテナサービスを用いるケースも多いです。

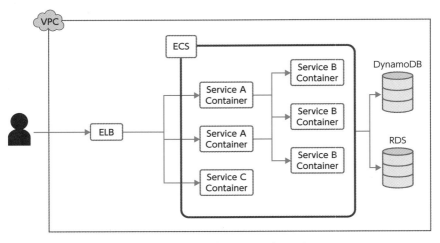

図 3.2-3　コンテナを用いたアーキテクチャ

　たとえば、図 3.2-3 のようにコンテナを利用することで、特定のサービスのみを変更したり拡張したりすることが可能です。

　コンテナを管理する主要サービスとしては、AWS が独自に提供する **ECS (Elastic Container Service)** と、Kubernetes を用いて管理できる **EKS（Elastic Kubernetes Service)** があります。

表 3.2-1　ECS と EKS の比較

	ECS	EKS
概要	AWS が開発した Docker オーケストレーションサービス	Kubernetes を AWS 上で管理できるサービス
最小実行単位	Task	Pod
価格	ECS の利用自体は無料。EC2 や Fargate の料金が発生	クラスターごとに、1 時間あたり 0.10 USD。EC2 や Fargate の料金が発生
可用性	99.99%	99.95%
他クラウドへ マイグレーション	不可能	可能

　ECS と EKS では、コンピューティングエンジン（データプレーン）として EC2 と Fargate を選択できます。**Fargate** はサーバーレスで動作するコンピューティングエンジンであり、インスタンスのプロビジョニングやスケールを AWS が適切に管理してくれます。これによりインスタンスの運用は容易になりますが、AWS にイン

スタンスの管理を委ねるため、細かな制御ができなくなります。したがって、運用管理の要件や負荷、コストを考慮して最適なサービスを選択する必要があります。

高可用性・耐障害性のアーキテクチャの設計

データセンターの設備障害など、AZ 全体が影響を受ける障害が発生した場合の対策を検討します。このような障害に対して、短時間で復旧できるように設計することは非常に重要です。

図 3.2-4 の構成例のように、EC2 を複数の AZ に配置し、**ELB** を利用してリクエストを複数の AZ に分散して**マルチ AZ 構成**にすることで、耐障害性が高くなります。

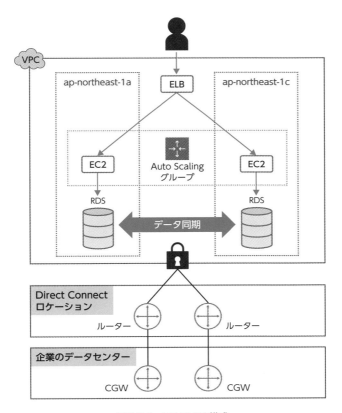

図 3.2-4　マルチ AZ 構成

ELB にはヘルスチェック機能があるため、正常に稼働していない EC2 には処理を振り分けません。さらに **Auto Scaling** と組み合わせれば、ELB のヘルスチェック

に失敗したサーバーは自動的に削除され、正常なインスタンスに置き換えられるため、システムを自動復旧させることができます。Web サーバーの背後にあるデータベースサーバーについても、RDS などマネージドサービスを活用し、AZ 間でデータを同期しておき、障害発生時にセカンダリ AZ に切り替えることができます。

　なお、既存のシステムと連携するために AWS 環境とオンプレミス環境のネットワークを Direct Connect や VPN で接続している場合は、データセンターごとにオンプレミス側の接続経路を冗長化することも忘れないようにしましょう。

　地震やハリケーンなどの広域障害への対策についても、ビジネス継続要件やコストとのトレードオフを勘案しながら、アーキテクチャを検討する必要があります。このようなリージョン全体に影響を及ぼす障害に対して、業務を継続するためのアーキテクチャに関する知識が試験で問われます。

　図 3.2-5 の構成例のように、複数リージョンに同一構成のシステムを構築し、**Route 53** を利用してリクエストをルーティングする**マルチリージョン構成**にすることで高い可用性を実現します。Route 53 の**ヘルスチェック**と**ルーティングポリシー**の設定により、リージョン障害時には自動でセカンダリリージョンにフェイルオーバーさせることもできます。また、データを保持するサービスについては、リージョン間でのデータコピー方式も覚えておくとよいでしょう。たとえば、EC2 は AMI（Amazon マシンイメージ）を取得し、リージョン間でコピーしておきます。RDS の場合は、クロスリージョンリードレプリカを作成してデータを同期しておき、障害発生時には、正常に稼働しているリージョンにあるリードレプリカを昇格させます。さらに、Direct Connect を利用する場合は、東京や大阪といった**複数の Direct Connect ロケーション**の利用も検討する必要があります。

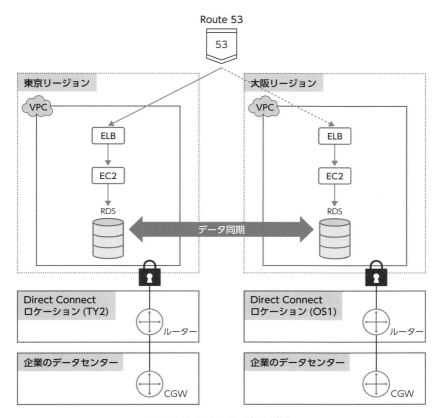

図 3.2-5　マルチリージョン構成

　高可用性・耐障害性のアーキテクチャでは、目標復旧時間（RTO）と目標復旧時点（RPO）に合わせて、データやアプリケーションなどのバックアップを取得することも重要です。データのバックアップ方法や、誤ってデータを削除することがないようデータを保護する仕組みについて理解しておきましょう。

▶ S3

　S3 は、さまざまなサービスのバックアップ先として使用できます。**バージョニング設定**を有効化することで、S3 に格納されたデータの履歴データを保護できます。バージョニングの設定で **MFA Delete** が有効になっている場合は、バージョニング状態の変更やオブジェクトバージョンの削除を行う際、MFA デバイスによる追加の認証が要求され、セキュリティを強化することができます。**ライフサイクルポリシー**

を設定すると、S3 Glacier Flexible Retrieval または S3 Glacier Deep Archive にデータがアーカイブされるので、バックアップデータの保存にかかるコストを削減できます。

▶ AWS Backup

　AWS のサービスには EBS スナップショット、RDS スナップショット、DynamoDB バックアップなど、データを保護するためのバックアップを作成する機能が提供されています。バックアップは、RPO に合わせて継続的に取得されるよう自動化することが推奨されています。AWS Backup というフルマネージド型のバックアップサービスを活用すれば、バックアップの自動化と履歴の一元管理を行うことができます。

▶ Storage Gateway

　Storage Gateway を利用すると、オンプレミスで作成されたデータのバックアップを AWS 上に自動で取得することができます。Storage Gateway には、**ファイルゲートウェイ**、**ボリュームゲートウェイ**、**テープゲートウェイ**という 3 つのゲートウェイタイプがあるので、それぞれが想定しているユースケース[3] についても確認しておきましょう。

※ 3 　AWS Storage Gateway のドキュメント
　　　https://docs.aws.amazon.com/ja_jp/storagegateway/latest/userguide/WhatIsStorage
　　　Gateway.html

3.3 「高パフォーマンスなアーキテクチャの設計」分野で問われるシナリオ

　AWS を活用してアプリケーションを開発・運用する場合、システム全体としてのパフォーマンス目標を達成するためには、システムのワークロードに合うサービスを選択する必要があります。さらに、システムのパフォーマンスを監視し、ボトルネック、または過剰なキャパシティとなっているリソースがないか把握することが重要です。そして、スケールアウトやスケールアップが柔軟に行えるという AWS の特徴を生かし、問題が起きているリソースに応じた対策を実施することでパフォーマンスを最適化します。

■ ストレージソリューション

　ストレージサービスは、アクセス方法、アクセスパターン、アクセス頻度などに応じて最適なものを選択します。表 3.3-1 に代表的なストレージサービスをまとめましたので、それぞれのサービスの用途や、パフォーマンスに影響する特徴を覚えておきましょう。

表 3.3-1 　主なストレージサービス

分類	サービス	用途・パフォーマンス考慮点
ブロックストレージ	EBS	・低レイテンシー ・**用途に応じたボリュームタイプ** (SSD、HDD) が提供される[4]
	インスタンスストア	・EC2 が稼働するホストコンピュータにアタッチされた一時ストレージ ・**EBS よりも低レイテンシー** ・インスタンスを停止、休止、終了するとデータが消える
ファイルストレージ	EFS	・ストレージ容量が無制限 ・多数のクライアントで共有できる
	FSx	・多数のクライアントで共有できる ・NetApp ONTAP、OpenZFS、Windows File Server、および HPC (Lustre) ワークロード向け

(表 3.3-1 は次ページに続きます。)

※ 4　Amazon EBS ボリュームの種類
　　　https://docs.aws.amazon.com/ja_jp/AWSEC2/latest/UserGuide/ebs-volume-types.html

分類	サービス	用途・パフォーマンス考慮点
オブジェクト ストレージ	S3	・ストレージ容量が無制限 ・多数のクライアントで共有できる ・**静的 Web サイトホスティング**により、静的コンテンツを S3 から直接配信することでパフォーマンスが向上 ・マルチパートアップロードでスループットを最大化 ・**S3 Transfer Acceleration** により、エッジロケーションから AWS のグローバルネットワーク経由でデータを転送できる
	S3 Glacier	・**アーカイブ用** ・データの取り出しに数分〜数十時間かかる

■ コンピューティングソリューション

代表的なコンピューティングサービスのパフォーマンス向上策を以下に紹介します。

▶ EC2

EC2 にはさまざまなワークロードに対応したインスタンスファミリーおよびサイズが用意されており、GPU や SSD など、パフォーマンス向上に役立つ機能を提供します。EC2 を利用するにあたっては、ワークロードに応じて、表 3.3-2 にあるようなインスタンスタイプやネットワーキングオプションの他、ストレージオプションから最適なオプションを選択します（ストレージオプションについては前項をご参照ください）。

表 3.3-2　EC2 の主なパフォーマンスオプション

分類	オプション	用途・パフォーマンス考慮点
インスタンス タイプ	t2.micro や c5.xlarge など。詳細は公式ドキュメントを参照[5]	汎用、CPU 最適化、メモリ最適化、ストレージ最適化、GPU 搭載など、多様なインスタンスタイプが用意されている
ネットワーキング オプション	プレイスメントグループ	単一の AZ 内でインスタンスを論理的にグループ化し、ネットワーク的に近くに配置することで、低レイテンシーおよび高スループットを実現する
	拡張ネットワーキング	SR-IOV を使用して、高性能ネットワーキング機能が提供される

▶ Lambda

Lambda は、1つのリクエストを処理している間に再度呼び出されると別のイン

※ 5　Amazon EC2 インスタンスタイプ
　　　https://aws.amazon.com/jp/ec2/instance-types/

スタンスが割り当てられ、同時実行数の上限までは自動でスケールアウトします。CPU リソースについては、メモリ容量に比例して割り当てられるので、スケールアップしたい場合はメモリ容量を追加します。たとえば、256MB のメモリ容量を設定した Lambda は、128MB のメモリ容量を設定した Lambda の約 2 倍の CPU パワーが割り当てられます。

データベースソリューション

データベースサービスは、クエリパターン、クエリ頻度、パフォーマンス要件などに応じて最適なものを選択します。表 3.3-3 に代表的なデータベースサービスをまとめましたので、それぞれのサービスの用途や、パフォーマンスに影響する特徴を覚えておきましょう。

表 3.3-3　主なデータベースサービス

分類	サービス	用途・パフォーマンス考慮点
リレーショナル	RDS/Aurora	・**トランザクション**をサポート ・汎用的にどのワークロードにも対応できる ・**リードレプリカ**により読み取りパフォーマンスが向上する ・スナップショットをリードレプリカから取得することで性能を維持できる
NoSQL	DynamoDB	・Key-Value ストアであるため key が一意に定まるクエリを特に高速に処理できる ・クエリパターンに合わせた**インデックス設定**、**パーティションキー分散**、**ソートキー設定**でパフォーマンスを向上できる ・**キャパシティユニット（RCU/WCU）**で読み込み / 書き込みクエリキャパシティを指定する ・**DynamoDB Accelerator（DAX）**という組み込みのインメモリキャッシュ機能を持つ
データ分析	Redshift	・トランザクションをサポート ・**バッチデータ分析**で高い性能を発揮する（リアルタイムにクエリする用途には向かない）
インメモリ	ElastiCache	・**インメモリキャッシュ** ・他のデータベースと組み合わせて読み取りパフォーマンスを向上できる ・**Memcached と Redis のキャッシュエンジンをサポート**しており、バックアップ機能の有無などに違いがある[6] ・デフォルトではデータはメモリにのみ存在し、再起動などでデータが消失する

※ 6　Memcached と Redis の比較
　　https://docs.aws.amazon.com/ja_jp/AmazonElastiCache/latest/red-ug/SelectEngine.html

ネットワーキングソリューション

　ネットワークサービスは、レイテンシー、スループット要件、ジッターに応じて最適なものを選択します。表 3.3-4 に代表的なネットワークサービスを示します。それぞれのサービスの用途や、パフォーマンスに影響する特徴を押さえることが重要です。

表 3.3-4　主なネットワークサービス

分類	サービス	用途・パフォーマンス考慮点
CDN	CloudFront	・グローバルに配置されたエッジロケーションからコンテンツを配信する ・画像や動画などのコンテンツをキャッシュし、よりユーザーに近いロケーションでリクエストを処理し、レイテンシーを低減する
DNS	Route 53	・ルーティングポリシーで、レイテンシーベースルーティングを設定することで、エンドユーザーの最寄りのリージョンでリクエストを処理し、レイテンシーを低減する
ネットワーク経路	Global Accelerator	・ユーザーは、グローバルに配置されたエッジロケーションから AWS グローバルネットワーク経由でシステムに接続できる ・NLB、ALB、EC2 と組み合わせて利用可能
オンプレミス接続	Direct Connect	・専用線で AWS 環境とネットワーク接続することで、一定の帯域幅が確保され、スループットが安定する ・VPN では、インターネットのジッターの影響でスループットが安定しない可能性がある

データ取り込みおよび変換ソリューション

　データ取り込みおよび変換ソリューションサービスは、リアルタイム処理の必要有無やデータ取り込み元といった要件に応じて選択します。表 3.3-5 に代表的なデータ取り込みおよび変換サービスをまとめましたので、それぞれのサービスの用途を把握しておきましょう。

表 3.3-5　主なデータ取り込みおよび変換サービス

分類	サービス	用途
データ収集	Kinesis Video Streams	・接続元のデバイスから動画を取得し、ストリーミング再生や保存、分析ができる
	Kinesis Data Streams	・ログやセンサーデータ、ストリーミングデータをリアルタイムに取得する ・取得したデータは Lambda や Kinesis Data Firehose、Kinesis Data Analytics へ連携できる
	Kinesis Data Firehose	・ストリーミングデータを S3 や Redshift といったストレージやデータベースサービスへリアルタイムに連携できる
データ転送	DataSync	・S3 や EFS といったストレージサービスへオンプレミスのデータを転送できる ・オンプレミスのデータを AWS 上へ移行する際に有用である
	Storage Gateway	・S3 や EBS といったストレージサービスへオンプレミスのデータを転送できる ・オンプレミスのファイルのバックアップを定期的に行う際に有用である
データ分析	Athena	・S3 内のデータを SQL を用いて分析できる
	Kinesis Data Analytics	・ストリーミングデータを SQL を用いてリアルタイムで分析できる

3

3.4 「コストを最適化したアーキテクチャの設計」分野で問われるシナリオ

　AWSリソースは従量課金モデルであるため、利用した分のサービス利用料を毎月支払うことになります。構成変更を容易に行うことができる反面、コストの管理が疎かになると、必要以上に大きいインスタンスタイプを利用し続けてリソースが余ったり、使用されなくなったリソースがずっと残っていたり、といった無駄が生じかねません。試験では、システムのライフサイクル全体にわたって、コストを継続的に監視し、コスト効率に優れたアーキテクチャや料金モデルを選択する能力が問われます。

■ ストレージソリューションのコスト最適化

　3.3節でパフォーマンス向上に最適なストレージソリューションを紹介しましたが、用途に合ったストレージソリューションを選択することは、コスト最適化でも同じです。主なストレージソリューションの特徴を再度確認しておきましょう。たとえば、ストレージとしてS3を利用する場合、アーカイブ用のS3 Glacier Flexible Retrieval（旧S3 Glacier）では保存しているデータ容量に対するコストがS3 Standardに比べて最大80%安くなります。S3のライフサイクルポリシーを活用することで、オブジェクトがS3に格納されてから、その経過時間に応じて保存するストレージクラスをS3 Glacier Flexible Retrievalに変更したり、オブジェクトを削除することが可能になるので、コスト最適化を図れます。アクセスパターンが予測できないデータに対しては、**S3 Intelligent-Tiering**を活用することで、使用パターンにもとづいて高頻度アクセスと低頻度アクセスという2つのアクセスティア間でデータを自動的に移動できます。

■ コンピューティングサービスのコスト最適化

　AWSには、表3.4-1のような複数の料金モデルがあります。ワークロードの特性に合った料金モデルを選択することでコスト最適化が図れます。また、**Cost Explorer**のレコメンデーションツールを使用して、現在の利用状況からどれくらいのコミットメントでコスト削減が見込めるかを確認することができます。さらに、**コストと使用**

状況レポート（CUR）データを使って高度な分析を行うことも可能です。

表 3.4-1　料金モデル

購入オプション	特徴
オンデマンドインスタンス	・**デフォルト**の従量課金オプション ・利用期間のコミットなし
リザーブドインスタンス (RI)	・**常時起動している、キャパシティ予測のしやすいワークロード向け** ・長期（1 年または 3 年）利用のコミットにより、オンデマンド料金に比べて大幅な割引価格（最大 72% 割引）が適用される ・**インスタンスタイプやリージョンなどを指定**し、それを利用する必要がある ・途中でインスタンスタイプや OS などの交換ができる「コンバーチブル」と交換できない「スタンダード」プランがある ・支払いオプションには「前払いなし」「一部前払い」「全額前払い」がある
スポットインスタンス	・**中断可能なスケールをするワークロード向け** ・AWS クラウド内の使用されていない EC2 を低価格で利用できる（オンデマンド料金に比べて最大 90% 割引） ・落札価格を指定し、スポット価格が指定した価格帯であれば利用できるオークションのようなモデル ・AWS クラウド内のリソース状況により強制終了されるリスクがある ・スポットフリート、スポットブロックなどのオプションがある
Savings Plans	・長期（1 年または 3 年）利用のコミットにより、オンデマンド料金に比べて大幅な割引価格（最大 72% 割引）が適用される ・**時間あたりの利用料をコミットする** ・EC2、Fargate、Lambda に適用できる「Compute Savings Plans」、EC2 に特化した「EC2 Instance Savings Plans」、SageMaker に特化した「Amazon SageMaker Savings Plans」がある ・支払いオプションには「前払いなし」「一部前払い」「全額前払い」がある

　また、クラウドの伸縮自在な性質を活用して、必要な時間帯に必要な分のリソースのみを起動することでコストを削減することを検討します。このようなコスト最適化では、リクエスト数の増加や CPU 使用率の増加などの需要の変化に応じて Auto Scaling によりキャパシティを調整します。

　次ページの表 3.4-2 のように、Auto Scaling では**手動スケーリング**、**スケジュールにもとづくスケーリング**、**動的スケーリング**が可能です。

表 3.4-2　スケーリングポリシー

Scaling Plan	解説	
手動スケーリング	・手動でインスタンス数を変更する	
スケジュールにもとづく スケーリング	・事前に定義したスケジュールにもとづくスケーリング ・予測可能なワークロード向け（日時指定、繰り返し実行）	
動的スケーリング	・メトリクス値にもとづくスケーリング ・以下のスケーリングポリシーにもとづく 　1. 簡易スケーリング 　　1 つのメトリクスにもとづく 　　（例：CPU 使用率 80% 以上で 2 台追加） 　2. ステップスケーリング 　　変動する一連のメトリクスにもとづく 　　（例：CPU 使用率 60% 以上で 1 台、80% 以上でもう 1 台追加） 　3. ターゲット追跡スケーリング 　　指定したメトリクスを一定に保つ 　　（例：平均 CPU 使用率を 60% に維持する）	

■ データベースサービスのコスト最適化

　他カテゴリのサービスと同様に、データベースサービスでもユースケースに合わせたサービスの選択が重要です。主なデータベースサービスの特徴を確認し、各利用料の構成についても軽く押さえておきましょう。たとえば、**Aurora** は既存のデータベースよりも優れた性能を持つサービスですが、I/O のリクエストの数に応じた料金が発生します。システム要件によっては、リクエスト単位で I/O 料金が発生しない **RDS** がコストを最適化できる場合もあるでしょう。また、**DynamoDB** の**キャパシティモード**にはオンデマンドとプロビジョニングがあり、予測できないアクセスにはオンデマンドモードを利用することでコストを効率的に抑えることができます。さらに、一部サービスでは、リザーブドインスタンス（RI）を購入してサービス料金を節約することも可能です。

■ ネットワークアーキテクチャのコスト最適化

　ネットワークサービスは、データ転送が発生する場所や、転送先、データ転送量に応じて利用料が異なります。

　NAT ゲートウェイは作成しておくだけでも 1 時間単位で費用が発生するため、1 つの NAT ゲートウェイを共用で利用するか、AZ ごとに NAT ゲートウェイを利用するかをコストや可用性などを考慮して検討する必要があります。

　CloudFront は、ユーザーの近くにデータをキャッシュするので、データ転送量の削減に役立ちます。また、**VPC エンドポイント**を利用することにより、VPC 内の

リソースはインターネットを介さずに AWS サービスへの接続が可能になり、パブリックデータ転送コストと NAT ゲートウェイのコストを削減できます。

　オンプレミスとの接続においては、**Direct Connect** が有用です。Direct Connect は複数の VPC で共有することによりコストを最適化でき、インターネット経由の接続よりも安定したネットワーク接続が可能になります。一方、**VPN** は、より迅速にオンプレミスと AWS 間をセキュアなネットワークで接続することができます。複数のアカウントや VPC との接続が必要な場合は、**Direct Connect Gateway** や **Transit Gateway** により接続を一元的に管理し、構成変更のコストを抑えます。

第 **4** 章

セキュアな
アーキテクチャの設計

　「セキュアなアーキテクチャの設計」分野では、AWS のリソースへのセキュアなアクセスの設計、安全なワークロードとアプリケーションの設計、適切なデータセキュリティ管理の判断について、ベストプラクティスが問われます。

　本章では、AWS が提供するセキュリティ機能とツールを十分に理解し、AWS 上でセキュアなアプリケーションおよびアーキテクチャを設計する際のソリューションを選択する演習を行います。

【AWS のサービス名の表記について】
　AWS の各サービスの正式名称には、「Amazon」もしくは「AWS」という文言が付記されていますが、本書に掲載している演習問題（模擬試験を含む）とその解説では、一部を除き概ね、これらの文言の記載を省略しています。（例）「Amazon S3」の場合、「S3」と表記。

4.1　AWS リソースへの セキュアなアクセスを 設計する

問 1

あなたは、AWS アカウントを新規作成しました。作成後、ルートユーザーに対して実施すべき正しい保護設定はどれですか。（1 つ選択してください）

A. ルートユーザーに多要素認証（MFA）を設定する。ルートユーザーのアクセスキーとシークレットキーを作成する。

B. ルートユーザーに多要素認証（MFA）を設定する。ルートユーザーのアクセスキーとシークレットキーが存在する場合は削除する。必要な権限に絞った IAM ユーザーを作成する。

C. ルートユーザーのアクセスキーとシークレットキーを作成する。適切なパスワードポリシーを設定する。

D. ルートユーザーを削除してログインを無効にする。必要な権限に絞った IAM ユーザーを作成する。

解説

ルートユーザーは、デフォルトではメールアドレスとパスワードのみで認証されます。セキュリティを強化するために多要素認証（MFA）で認証情報を追加できるようになっていますが、ルートユーザーのアクセスキーとシークレットキーの使用は、特別な理由がない限りセキュリティ上推奨されていません。最小権限の原則にもとづく IAM の使用が適切とされているため、B が正解です。

A. ルートユーザーのキーを使用しているので不適切です。

C. A と同様、ルートユーザーのキーを使用しているので不適切です。ルートユーザーのパスワードポリシーを変更することはできません。なお、IAM のパスワードポリシーについては文字数、要求文字列、有効期限等を設定できます。

D. ルートユーザーを削除することはできません。

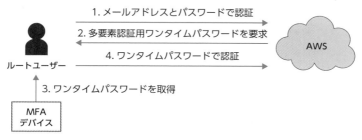

図 4.1-1　ルートユーザーの多要素認証

[答] B

問 2

あなたの会社では、VPC 内の EC2 から、S3 上の databucket に格納された
データにインターネット経由でアクセスしています。通信経路のセキュリティを高
めるために実施する方法として、正しいものはどれですか。(1つ選択してください)

A. S3 上のデータを暗号化する。
B. Direct Connect 経由で S3 にアクセスする。
C. VPC エンドポイント経由で S3 にアクセスする。
D. databucket にアクセス可能なユーザーを限定する。

解説

ゲートウェイ VPC エンドポイントを作成し、接続先のサービスに S3 を選択す
ることで、VPC 内の EC2 から AWS 内のネットワークを経由して S3 にアクセスす
ることが可能になります。その際、アクセスすることができるのは、ゲートウェイ
VPC エンドポイントと同じリージョンにある S3 に限られます。したがって、C が正
解です。

ゲートウェイ VPC エンドポイントでは、接続先のサービスに S3 と DynamoDB
を選択することができます。

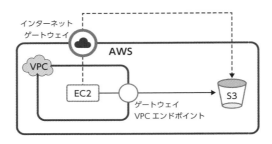

図 4.1-2　EC2 から S3 へのアクセス経路

A、D. 通信経路のセキュリティを高める方法とはいえません。A はデータの内容
を保護する方法であり、D はデータに対するアクセス制御の方法です。

B. Direct Connect は拠点と AWS との間を専用ネットワークで接続する方法で
あり、EC2 と S3 間の通信のセキュリティを高めることはできません。

[答] C

問 3

　あなたの会社は、セミナーの開催を検討しています。セミナーの資料を期間限定
で参加者に配布しようと考えています。AWS ユーザーではない参加者が S3 上の
資料をダウンロードできるようにするには、どうすればよいですか。（1つ選択し
てください）

A. S3 上に配置したファイルに一時的に public-read を付与し、リンクを共有
する。一定期間後、オブジェクトの ACL を private に戻す。

B. S3 にアクセスするための IAM ユーザーを作成し、資料をダウンロードして
もらう。

C. S3 上に配置したファイルの署名付き URL を生成して参加者に知らせる。

D. バケットポリシーの Principal エレメントでユーザーを限定してアクセスを
許可する。

4

解説

　署名付き URL を作成し、オブジェクトにアクセスするための許可を期限付きで相手に付与することができます。署名付き URL を受け取った参加者は、期限内であればプライベートなオブジェクトにアクセスできるようになります。したがって、C が正解です。

　A. オブジェクトに対して public-read を付与している間、すべてのユーザーがアクセス可能な状態となってしまいます。

　B. セミナー参加者が一時的に S3 にアクセスする目的で IAM ユーザーを作成・削除する方法は、管理上の観点から適切な運用ではありません。

　D. Principal エレメントで指定できるのは AWS の IAM ユーザー、アカウント、サービスです。参加者は AWS ユーザーではないので、この方法は不適切です。

[答] C

問 4

　あなたは、バケット内のすべてのオブジェクトに対して、他のアカウントの IAM ユーザーから読み書きできるようにしたいと考えています。どの設定を利用すればよいですか。（1つ選択してください）

　A. バケット ACL

　B. バケットポリシー

　C. オブジェクト ACL

　D. IAM ユーザーポリシー

解説

　他アカウントの IAM ユーザーを指定してアクセス許可を与えることができる設定は、バケットポリシーのみです。よって、B が正解です。

　A、C. バケット ACL やオブジェクト ACL では、アクセス許可を与える対象者として、AWS アカウント、もしくは事前定義済みの S3 グループのいずれかを

選択できます。IAM ユーザーを指定することはできません。

D. 他アカウントの IAM ユーザーポリシーを自アカウント内で設定することはできません。

S3 へのアクセス制御方式の比較を表 4.1-1 に示します。

表 4.1-1　S3 へのアクセス制御方式の比較

アクセス制御方式　比較項目	IAM ユーザーポリシー	バケットポリシー	アクセスコントロールリスト（ACL）
制御対象リソース	・バケット ・オブジェクト	・バケット ・オブジェクト	・バケット（バケット ACL） ・オブジェクト（オブジェクト ACL）
権限付与先	・IAM ユーザー・ロール・グループ	・AWS アカウント ・IAM ユーザー・ロール ・AWS サービス ・匿名	・AWS アカウント ・事前定義済み S3 グループ ・匿名
制御方法	許可および拒否	許可および拒否	許可のみ

[答] B

問 5

チームリーダーは、S3 上に team-data-bucket を作成し、チームのメンバーが読み取り可能なように設定しようとしています。メンバーの IAM ユーザーとチーム用のグループを作成し、以下のバケットポリシーを設定しました。

追加で実施する必要があるものはどれですか。（複数選択してください）

```
{
    "Version":"2012-10-17",
    "Statement":{
        "Sid":"TeamBucketReadAccess",
        "Effect":"Allow",
        "Principal": {"AWS": "arn:aws:iam::AccountA-ID:user/Dave"},
        "Action":["s3:GetObject", "s3:GetObjectVersion"],
        "Resource":{"arn:aws:s3:::team-data-bucket/"},
    }
}
```

A. Principal: 読み取り許可がユーザーDave のみのため、"＊"に修正する。

B. Principal: 読み取り許可がユーザーDave のみのため、チームメンバーの IAM ユーザーを追記する。ユーザーポリシーでのアクセス許可設定は不要である。

C. Principal: バケットポリシーから削除する。代わりにチームメンバーのグループに team-data-bucket へのアクセスを許可するポリシーを設定する。

D. Resource: "arn:aws:s3:::team-data-bucket/*" にポリシーを修正し、オブジェクトにもアクセスできるようにする。

E. アクセスコントロールリストの設定を行う。

解説

　バケットポリシーでは、Principal を指定せずに、ユーザーポリシーに team-data-bucket へのアクセス許可をアタッチする制御も可能です。したがって、C が正解です。また、バケットポリシーで Resource にバケットのみが指定されていると、バケット内のオブジェクトへはアクセスできません。＜バケット名＞/* とすることで、オブジェクトへのアクセスを許可することができます。よって、D も正解です。

　ここで設問のコードについて補足して説明します。s3:GetObject、s3:GetObjectVersion は、直接 URL を指定してオブジェクトにアクセスすることを許可する設定です。マネジメントコンソールを操作してオブジェクトにアクセスするためには、追加でバケットに対する s3:ListAllMyBuckets、s3:GetBucketLocation、および s3:ListBucket の許可が必要です。

A. バケットポリシーで Principal を "＊" とすると、匿名アクセスを許可してしまいます。

B. チームメンバー全員に対して読み取り可能とするためには、バケットポリシーだけではなく、ユーザーポリシーでも team-data-bucket にアクセス可能な設定がされている必要があります。

E. アクセスコントロールリストでは、IAM ユーザーを指定してアクセスを許可することができません。

[答] C、D

問6

　VPC 上の Web サーバーに、インターネット上の Windows10 クライアント
からのリクエストがあります。セキュリティグループおよびカスタムネットワーク
ACL に以下の設定を追加しましたが、アクセスしても Web サーバーからの応答が
ありません。どのような設定を追加する必要がありますか。(1つ選択してください)

【セキュリティグループ】
インバウンドルール

プロトコルのタイプ	ポート番号	送信元 IP
TCP	80 (HTTP)	0.0.0.0/0

【ネットワーク ACL】
インバウンドルール

番号	タイプ	プロトコル	ポート範囲	送信元	許可 / 拒否
100	HTTP	TCP	80	0.0.0.0/0	許可

A. セキュリティグループのアウトバウンドルールに、すべてのポート番号の送
　信先 0.0.0.0/0 の通信を許可するルールを追加する。

B. セキュリティグループのアウトバウンドルールに、ポート番号 49152～
　65535 の送信先 0.0.0.0/0 の通信を許可するルールを追加する。

C. ネットワーク ACL のアウトバウンドルールで、ルール番号がアスタリスク
　のデフォルトの拒否ルールを削除する。

D. ネットワーク ACL のアウトバウンドルールで、ポート番号 49152～
　65535、送信先 0.0.0.0/0 の通信を許可するルールを、ルール番号がアス
　タリスクのデフォルトの拒否ルールの上に追加する。

解説

　セキュリティグループおよびネットワーク ACL ともに、インターネットから
Web サーバーに対するインバウンドトラフィックは許可されています。ここでは
Web サーバーから Windows クライアントへの応答について、アウトバウンドルー
ルを設定する必要があります。具体的には、Windows 10 クライアントへの応答に利
用されるエフェメラルポートの範囲を指定して、アウトバウンドの許可ルールを追
加します。ネットワーク ACL はステートレスであり、アウトバウンドトラフィック

を許可する設定が必要です。したがって、D が正解です。

A、B. セキュリティグループはステートフルであり、許可されたインバウンドト
ラフィックに対する応答についてアウトバウンドルールを設定する必要はあ
りません。

C. 前述のように、ネットワーク ACL はステートレスであり、アウトバウンドト
ラフィックを許可する設定が必要です。ただし、ルール番号がアスタリスク
のデフォルトルールを変更・削除することはできません。

[答] D

問7

　あなたの会社は VPC 内で複数の EC2 インスタンスを稼働させており、同じ用
途のEC2 インスタンス群に同一のセキュリティグループを設定しています。これ
らの EC2 インスタンスに対する接続要件を見直したところ、不要なアクセス許可
が付与されていることが判明し、セキュリティグループのインバウンドルールの
1つを変更することになりました。セキュリティグループの変更内容が EC2 イン
スタンスに反映されるタイミングとして正しいのはどれですか。（1つ選択してく
ださい）

A. ルール変更後、EC2 インスタンスを再起動したタイミングで反映される。

B. ルール変更後、関連付けるセキュリティグループの再設定を行ったタイミン
グで、対象の EC2 に反映される。

C. ルール変更後直ちに、セキュリティグループが関連付けられているすべての
EC2 に反映される。

D. ルール変更後、新たに作成され、新たにセキュリティグループを関連付けら
れた EC2 にのみ反映される。

解説

　セキュリティグループのルールを変更すると、セキュリティグループが関連付け
られている EC2 インスタンスに変更内容が直ちに反映されます。したがって、C が
正解です。

セキュリティグループのルール変更を行った後、インスタンスへの再設定やインスタンスの再起動、再作成は不要です。

[答] C

問8

あなたは、S3へのアクセス権限を設定するためのIAMポリシーを作成しています。あなたの所属する会社のガイドラインに従い、以下のようにポリシーを作成しました。このポリシーに関する説明として正しい内容はどれですか。（2つ選択してください）

```
{
  "Version": "2012-10-17",
  "Statement": [
    {
      "Sid": "VisualEditor0",
      "Effect": "Allow",
      "Action": "s3:ListAllMyBuckets",
      "Resource": "*",
      "Condition": {
        "ForAnyValue:IpAddress": {
          "aws:SourceIp": [
            "135.101.0.0/16"
          ]
        }
      }
    },
    {
      "Sid": "VisualEditor1",
      "Effect": "Allow",
      "Action": "s3:*",
      "Resource": [
        "arn:aws:s3:::saa-exam",
        "arn:aws:s3:::saa-exam/*",
      ],
      "Condition": {
```

4

```
      "ForAnyValue:IpAddress": {
        "aws:SourceIp": [
          "135.101.0.0/16"
        ]
      }
    }
  },
  {
      "Sid": "VisualEditor2",
      "Effect": "Deny",
      "Action": "s3:Delete*",
      "Resource": "*"
  }
]
}
```

A. ユーザーの端末のプライベート IP アドレスが 135.101.0.0/16 の範囲内で
あれば、すべての S3 バケットをリストすることができる。

B. ユーザーの端末のグローバル IP アドレスが 135.101.0.0/16 の範囲内であ
れば、すべての S3 バケットをリストすることができる。

C. ユーザーの端末のプライベート IP アドレスが 135.101.0.0/16 の範囲内で
あれば、saa-exam バケットにオブジェクトを保存することができる。

D. ユーザーの端末のグローバル IP アドレスが 135.101.0.0/16 の範囲内であ
れば、saa-exam バケットにオブジェクトを保存することができる。

E. ユーザーの端末のグローバル IP アドレスが 135.101.0.0/16 の範囲内であ
れば、saa-exam バケットに対してすべての操作が可能である。

解説

　このポリシーは、アクセス元のグローバル IP アドレスが 135.101.0.0/16 である
ユーザーのみに、アカウント内のすべての S3 バケットのリスト操作を可能にしま
す。また、saa-exam バケットに対して、削除以外の権限を割り当てているので、バ
ケットにオブジェクトを保存することができます。

　IAM ポリシーは、記載順序に関係なく Deny ステートメントの評価が優先されま
す。IAM のポリシー評価の順序は図 4.1-3 のとおりです。まず初めに、すべてのポ
リシーを評価し、明示的な Deny ステートメントの記載がある場合には拒否が優先

105

されます。実行しようとしている操作に対する Deny ステートメントの記載がない場合は、続いて Allow ステートメントがあるか否かが評価され、ある場合には許可が決定します。そのため、設問の IAM ポリシーでは、Delete から始まるアクションに関して実行権限が割り当てられません。したがって、B と D が正解です。

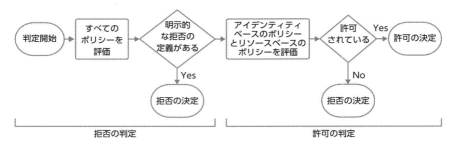

図 4.1-3　ポリシーの評価論理

A、C. アクセス元の IP アドレスは、プライベート IP アドレスではなくグローバル IP アドレスで評価されるため不適切です。

E. すべての操作が可能というわけではなく、削除に関する権限は割り当てられていません。

[答] B、D

問 9

あなたの組織ではオンプレミスで Active Directory（AD）を使用しており、組織のメンバーが AWS マネジメントコンソールへアクセスする際に AD の認証の仕組みを利用してログインしたいと考えています。

ID フェデレーションでの認証とロールベースのアクセス制御を行う場合、どのような組み合わせにより、メンバーは AWS コンソールにアクセスできますか。（2つ選択してください）

A. AWS Managed Microsoft AD

B. IAM アクセスキーとシークレットキー

C. IAM グループ

D. IAM ロール

E. Active Directory Connector

解説

　AWS では、オンプレミスの Active Directory を利用するためのサービスとして Active Directory Connector が用意されています。ID フェデレーション（外部サービスによる承認）を介して IAM ユーザーにアクセス権限を付与するためには、Active Directory Connector の他にオンプレミスの Active Directory と IAM ロールを利用します。IAM ロールを使用して、フェデレーションされたユーザーのアクセス許可を設定できます。したがって、D と E が正解です。

A. AWS Managed Microsoft AD は、AWS 上に AD を作成するサービスです。

B、C. IAM アクセスキーとシークレットキーや IAM グループは、フェデレーションされたユーザーへのアクセス許可には使用できません。

[答] D、E

問 10

IAM ユーザーにアタッチできる管理ポリシーの制限について述べた記述のうち、正しいものはどれですか。（1つ選択してください）

A. すべての IAM ユーザーに対して、アタッチできる管理ポリシーについて制限はない。

B. ルートアカウントへアタッチできる管理ポリシーについて制限はない。

C. すべての IAM ユーザーに対して制限がある。

D. デフォルトではすべての IAM ユーザーに対して制限があるが、申請することにより制限なく管理ポリシーをアタッチできるようになる。

解説

　AWS リソースにはそれぞれ制限事項があり、ユーザーガイドに説明が記載されています。

IAM に関しても制限事項があり、AWS アカウントに登録できる IAM ユーザー数やユーザー名の文字数、IAM ユーザーがメンバーになれるグループ等について制限があります（リソースによっては、申請することでデフォルトの上限を引き上げることができます）。また、IAM ユーザーにアタッチできる管理ポリシーについても制限があり、本書執筆時点で最大 10 個とされています。なお、申請により、制限を最大 20 個までに引き上げることが可能です。したがって、C が正解です。

[答] C

問 11

Lambda へは、IAM ロールを利用することで、他の AWS リソースへのアクセス権限を割り当てることができます。これは AWS のどの仕組みを利用していますか。（1つ選択してください）

- **A.** Cognito
- **B.** AWS Directory Service
- **C.** AWS Security Token Service
- **D.** AWS Certificate Manager

解説

AWS Security Token Service（STS）を利用すれば、IAM ユーザーやリソース（この設問では Lambda）に対し、AWS リソースへのアクセスを一時的に許可することができます。したがって、C が正解です。この仕組みは、IAM ロールの他に、スイッチロールや ID フェデレーション、クロスアカウントアクセスなどでも使用されています。

- **A.** Cognito は、エンドユーザーによるサインインを実装するためのサービスです。
- **B.** AWS Directory Service により、ディレクトリ対応型ワークロードおよび AWS リソースが AWS 内のマネージド型 Active Directory（AD）を使用することができます。
- **D.** AWS Certificate Manager は、Secure Sockets Layer/Transport Layer

Security（SSL/TLS）証明書のプロビジョニング、管理、デプロイに用いられます。

[答] C

問 12

あなたは、新しくプロジェクトに参画したメンバーに対して AWS のアクセス権限を付与することになりました。メンバーはあなたの IAM ユーザーと同じ権限が必要です。AWS で推奨されている方法での設定として適切なものはどれですか。（1つ選択してください）

A. 同じ権限が必要なので、IAM ユーザー数を最小限に抑えるために IAM ユーザーを共有する。
B. 同じ権限が必要なので、あなたの IAM ユーザーで IAM アクセスキーとシークレットキーを発行し共有する。
C. 新しく IAM ユーザーを作成する。同じ権限を与えるためにはカスタマー管理ポリシーを割り当てる必要があるが、IAM ポリシーの管理が煩雑になるため、必要以上の権限を含む AWS 管理ポリシーをメンバーの IAM ユーザーに割り当てる。
D. 新しく IAM ユーザーを作成する。カスタマー管理ポリシーを利用して、あなたと同じ権限をメンバーの IAM ユーザーに割り当てる。

解説

AWS では、IAM でのセキュリティのベストプラクティスとして、次ページに示す事項に従うことが推奨されています。IAM のベストプラクティスを参考にアクセス権限を付与するためには、最小権限を設定した IAM ユーザーを作成し、メンバーへ提供します。また、AWS 管理ポリシーは一般的なユースケースに対するアクセス許可を与えることができますが、必要以上の権限を与えてしまうケースではカスタマー管理ポリシーを定義して最小権限を与えることが推奨されています。したがって、D が正解です。

● **IAM でのセキュリティのベストプラクティス**[1]

> - 人間のユーザーが一時的な認証情報を使用して AWS にアクセスするには、ID プロ
>   バイダーとのフェデレーションの使用が必要である。
> - AWS にアクセスするには、ワークロードが IAM ロールを使用して一時的な資格情
>   報を使用する必要がある。
> - 多要素認証 (MFA) が必要である。
> - 長期的な認証情報を必要とするユースケースのためにアクセスキーを定期的にロー
>   テーションする。
> - ルートユーザーの認証情報を保護し、日常的なタスクには使用しない。
> - 最小特権アクセス許可を適用する。
> - AWS 管理ポリシーの開始と最小特権のアクセス許可への移行。
> - IAM Access Analyzer を使用して、アクセスアクティビティにもとづいて最小特権
>   ポリシーを生成する。
> - 未使用のユーザー、ロール、アクセス許可、ポリシー、および認証情報を定期的に確
>   認して削除する。
> - IAM ポリシーで条件を指定して、アクセスをさらに制限する。
> - IAM Access Analyzer を使用して、リソースへのパブリックアクセスおよびクロス
>   アカウントアクセスを確認する。
> - IAM Access Analyzer を使用して IAM ポリシーを検証し、安全で機能的なアクセ
>   ス許可を確保する。
> - 複数のアカウントにまたがるアクセス許可のガードレールを確立する。
> - アクセス許可の境界を使用して、アカウント内のアクセス許可の管理を委任する。

A. IAM ユーザーの共有は推奨されていません。

B. アクセスキーの共有は推奨されていません。

C. AWS 管理ポリシーで必要以上の権限が付与される場合は、カスタマー管理ポ
リシーを利用して最小権限を与えることが推奨されています。

[答] D

4

問 13

EC2 インスタンスを起動しようとすると、下記のように、「この操作を実行する権限がありません」というエラーメッセージが表示されます。エラー原因を調査しようとしていますが、詳細情報はエンコードされていて、そのままでは読むことができません。エラー原因をデコードするためには何をする必要がありますか。(1つ選択してください)

```
Launch Failed - You are not authorized to perform this operation. Encoded
authorization failure message: 4qAjHEgLDzRhXBA5-abcdefg123456-abcdefg123456-
abcdefg123456
```

A. IAM ユーザーにデコード権限を付与し、再度同じエラーを発生させることでエンコードされていないメッセージを確認する。

B. AWS CLI の decode-authorization-message コマンドを利用してメッセージをデコードする。

C. IAM アクセスアドバイザーを使用して確認する。

D. Trusted Advisor を使用して確認する。

解説

ユーザーが AWS マネジメントコンソール上で権限のないリソースの作成や変更を行おうとした場合、コンソール上には、エンコードされたエラー原因に関するメッセージが表示されます。これをデコードするためには、AWS CLI の decode-authorization-message コマンドを利用します。したがって、B が正解です。なお、このコマンドの実行には、sts:DecodeAuthorizationMessage 権限が必要になります。

A. 画面上で直接デコードされたメッセージが表示されることはありません。

C. IAM アクセスアドバイザーは、IAM のリソース (IAM ユーザー、IAM ロール、IAM グループ) が各サービスを最後に利用した日時の情報を提供します。この機能は、権限ポリシーを適切に調整するために用いられます。

D. Trusted Advisor は、AWS 内のインフラストラクチャをモニタリングし、リソース最適化のためのガイドを提供するオンラインツールです。

[答] B

問 14

　ある会社は、事業の急速な拡大に備えて、AWS に複数のアカウントを作成しました。各アカウントは、アカウントごとにルートアクセス権を持つシステム管理者によって管理されます。企業のセキュリティポリシーとして、すべてのアカウントに対して許可されたサービス以外は利用できないようにする必要があります。

　これらの要件を最小限の複雑さで実装する適切なソリューションはどれですか。（1つ選択してください）

A. IAM ユーザー管理用の AWS アカウントを作成し、IAM ユーザーを同アカウントで集中的に管理する。同アカウントで利用可能な操作を定義した IAM ポリシーを作成し、IAM ロールにアタッチする。IAM ユーザーは IAM ロールにスイッチし、操作を行う。

B. AWS Organizations に Organizational Unit(OU) を作成し、すべての AWS アカウントを OU に所属させる。許可されないサービスを明示的に利用不可にするサービスコントロールポリシーを作成し、OU に適用する。

C. AWS Organizations に Organizational Unit(OU) を作成し、すべての AWS アカウントを OU に所属させる。許可されたサービスを明示的に許可するサービスコントロールポリシーを作成し、OU に適用する。

D. AWS Organizations に Organizational Unit(OU) を作成し、すべての AWS アカウントを OU に所属させる。IAM ポリシーを作成し、必要な許可を各 AWS アカウントに設定する。

解説

　SCP（サービスコントロールポリシー）により、アカウントレベルでサービスの利用の可否を制御できます。SCP には、許可されたサービスのみを利用可能にするホワイトリスト形式、許可されたサービス以外を利用不可にするブラックリスト形式のいずれも設定が可能です。

　この設問では、許可されたサービス以外は利用できないようにするという要件があります。ブラックリスト形式では、新規に AWS サービスを追加する際に登録漏れが生じ、許可されていないサービスが利用できてしまう可能性があるため、最小限の複雑さで実装するにはホワイトリスト形式のほうが適しています。したがって、C が正解です。

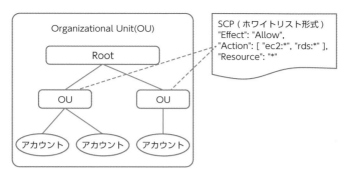

図 4.1-4　OU と SCP の構成例

A. IAM ロールごとにサービス単位で利用制御を行うことができますが、「最小限の複雑さで実装する」という要件に照らすと、SCP に劣ります。

B. SCP を用いたブラックリスト形式の方法です。前述のように、この方法はホワイトリスト形式による方法に劣ります。

D. AWS アカウントに IAM ポリシーを設定することはできません。

[答] C

問 15

ある企業は、CloudFront と ALB 経由でアプリケーションを公開する予定です。セキュリティ要件として、アプリケーションレイヤーへの DDoS 攻撃を自動的に緩和する方法を検討しています。また、DDoS 攻撃発生時のアラート通知機能とイベントのレポート機能が必要です。実現に必要なサービスはどれですか。（2つ選択してください）

A. AWS Shield Standard

B. AWS Shield Advanced

C. AWS WAF Classic

D. AWS WAF V2

E. Security Group

解説

CloudFront と ALB のアプリケーションレイヤーへの DDoS 攻撃を自動的に緩和するには、AWS Shield Advanced と AWS WAF V2 の Web ACL が必要です。自動緩和機能を有効化することでアプリケーションレイヤーへの DDoS 保護を開始することができます。また、AWS Shield Advanced によってアラート通知とイベントの確認機能が提供されます。したがって、B と D が正解です。

A. AWS Shield Standard には、アプリケーションレイヤーの DDoS 自動緩和機能、アラート通知機能、イベントレポート機能はありません。

C. AWS WAF Classic の Web ACL では DDoS 自動緩和機能を使用できません。アプリケーションレイヤーへの DDoS 自動緩和は AWS WAF V2 の Web ACL でのみ機能します。

E. Security Group は VPC リソースのトラフィックを制御する機能です。DDoS 自動緩和機能はありません。

[答] B、D

問 16

あなたは、単一の AWS アカウントを管理しています。AWS アカウントのルートユーザーの権限は非常に強力なため、普段は利用しない方針としています。ルートユーザーのサインインがあった場合はそれを検出しメール通知をしたいと考えています。構築の手間が最も少なく、これらの要件を満たすソリューションはどれですか。（1つ選択してください）

A. アカウントで Amazon Inspector を有効にし、ルートユーザーのサインインを検出する。検出した結果を、適切なサービスを組み合わせてメール通知する。

B. アカウントで Amazon Detective を有効にし、ルートユーザーのサインインを検出する。検出した結果を、適切なサービスを組み合わせてメール通知する。

C. アカウントで GuardDuty を有効にし、ルートユーザーのサインインを検出する。検出した結果を、適切なサービスを組み合わせてメール通知する。

D. アカウントで AWS Audit Manager を有効にし、ルートユーザーのサインインを検出する。検出した結果を、適切なサービスを組み合わせてメール通知する。

解説

GuardDuty は、AWS アカウントのワークロードを継続的にモニタリングし、脅威リスクを検出する AWS のマネージドサービスです。VPC フローログや CloudTrail、DNS ログなどをデータソースとして、悪意のあるスキャンやインスタンスへの脅威、アカウントへの脅威などのリスクを検出します。GuardDuty には検出結果タイプ（Finding Type）と呼ばれる検出対象のさまざまな脅威が事前に定義されており、IAM 関連の検出結果タイプの中にルートユーザーの認証を検出する「Policy:IAMUser/RootCredentialUsage」があります。

GuardDuty の検出結果は EventBridge と Amazon SNS を組み合わせて利用することでメール通知することができます。EventBridge のイベントソースとして GuardDuty Finding を指定し、ターゲットに SNS を選択することで、SNS エンドポイントに SNS 通知が届きます。したがって、C が正解です。

A. Amazon Inspector は、ソフトウェアの脆弱性や意図しないネットワークのエクスポージャーを検出するためのサービスです。AWS マネジメントコンソールのサインインイベントの検出はできません。

B. Amazon Detective は、セキュリティインシデントの調査および分析を行うためのサービスです。AWS マネジメントコンソールのサインインイベントの検出はできません。

D. AWS Audit Manager は、AWS の使用状況データをもとに、指定したコンプライアンス基準を満たしているかを継続的にチェックするためのサービスです。コンプライアンス基準はカスタムで作成するか、AWS で事前に定義された PCI DSS や ISO などのフレームワークを利用できます。AWS マネジメントコンソールのサインインイベントの検出はできません。

[答] C

問 17

あなたの企業は、AWS Organizations を使用して複数のAWSアカウントを管理しています。企業として各 AWS アカウントの利用を適切に統制するため、利用可能なリージョンを指定したもののみに制限したいと考えています。運用負荷が最も低く、これらの要件を満たすソリューションはどれですか。(1つ選択してください)

A. Access Advisor を有効にし、アクセスが発生したリージョンを検出する。検出したことをトリガーにして Lambda 関数を起動し、指定外のリージョンへアクセスしたユーザーに対してすべての操作権限を制限する IAM ポリシーを適用する。

B. Control Tower を有効にし、利用可能なリージョンを制限するための適切なガードレールを設定する。

C. AWS Organizations のサービスコントロールポリシーでリージョンを制限するポリシーを作成し適用する。

D. 各アカウントで利用可能なリージョンを制限する IAM ポリシーを作成し、各アカウントのすべての IAM ユーザーが所属する IAM グループに適用する。

解説

Control Tower は複数の AWS アカウントを設定、管理するための機能を提供します。また、AWS Organizations や AWS Config、CloudTrail などのサービスと連携し、ユーザーが AWS のベストプラクティスに沿ったルール設定を行うことをサポートします。

Control Tower には、ガードレールと呼ばれる、リスクのある操作の制限や設定を監視・統制するためのプリセットが用意されています。ガードレールは、対象の操作ができないようにするための予防的ガードレールと、リスクのある操作を行った場合にそれを検出する発見的ガードレールの2種類に大別されます。このうち予防的ガードレールでは、リージョンを制限するためのガードレールも提供されています。具体的には、Control Tower がユーザーの代わりに AWS Organizations のサービスコントロールポリシーを設定して利用可能なリージョンを統制します。ユーザーが手動で AWS Organizations のサービスコントロールポリシーを作成する必要がなく容易に設定可能なため、B が正解です。

A. Access Advisor は、IAM ユーザー、IAM ユーザーグループ、IAM ロール、IAM ポリシーが各 AWS サービスへ最後にアクセスを行った時間の情報を提供します。アクセスの制限のためには使用できず、またアクセス情報はリアルタイムでは提供されません。

C. AWS Organizations のサービスコントロールポリシーにより利用リージョンを制限することは可能です。しかし、ポリシー設定の運用をユーザー側で行う必要があり、Control Tower を利用する方法に比べて運用負荷が高くなります。

D. IAM ポリシーにより利用リージョンを制限することは可能です。しかし、ポリシー設定の運用をユーザー側で行う必要があり、すべての AWS アカウントで個別に設定しなければならないので、Control Tower を利用する方法に比べて運用負荷が高くなります。

[答] B

4.2 セキュアなワークロードとアプリケーションを設計する

問1

あなたは、ALB と EC2 で構成した Web サービスを展開しています。現在、AWS WAF が有効です。Web サービスへのアクセスを最も簡単に日本国内のみに制限する方法はどれですか。（1つ選択してください）

- A. セキュリティグループで日本国内の GeoIP を許可する。
- B. ネットワーク ACL で日本国外の GeoIP をすべて拒否する。
- C. AWS WAF の Web ACL で日本国外の GeoIP をすべて拒否する。
- D. CloudFront の地理的ディストリビューション機能を有効にしてホワイトリストに日本を追加する。

解説

AWS WAF の Web ACL 機能により、国単位のアクセス制限を行うことができます。具体的には、リクエスト元の GeoIP でアクセス元の地域（国）を特定して、その地域（国）からのアクセスを許可または拒否するフィルタリングルールを作成できます。したがって、C が正解です。

- A、B. セキュリティグループとネットワーク ACL には、国単位のアクセス制限機能はありません。
- D. CloudFront の地理的ディストリビューション機能を有効にするためには、ALB の前段に CloudFront を配置する必要があります。よって、「最も簡単に」という要件に合いません。

[答] C

問2

あなたは、外部に公開する Web サービスを構築する予定です。SQL インジェクションやクロスサイトスクリプティング等のセキュリティ脅威から Web サービスを保護するために AWS WAF の利用を検討しています。AWS WAF に対応している AWS サービスはどれですか。（2つ選択してください）

A. Amazon API Gateway

B. Transit Gateway

C. Lambda

D. EKS

E. CloudFront

F. Security Group

解説

AWS WAF は、本書執筆時点において下記サービスに対応しています。

- CloudFront
- Amazon API Gateway
- ALB
- AppSync GraphQL API
- Cognito ユーザープール

したがって、選択肢のうち、A（Amazon API Gateway）と E（CloudFront）が正解です。

Amazon API Gateway は、API の公開から保守運用までを一貫的に行うことができるフルマネージド型のサービスです。AWS WAF により、公開した API を脅威から保護することができます。

CloudFront は、画像、動画、アプリケーション等のデータを高速に配信するコンテンツデリバリーネットワーク（CDN）を使用したサービスです。AWS WAF により、配信しているコンテンツを脅威から保護することができます。

[答] A、E

問 3

あなたは、LAMP で構成した Web アプリケーションを公開しています。ロードバランサーは ALB を使用しています。最近、セキュリティ監査部門からセキュリティ強化の依頼があり、Web アプリケーションの脆弱性を突く攻撃や SQL インジェクションの脅威から保護する方法を検討しています。構成を変えずに最も簡単に実装できる方法はどれですか。（1つ選択してください）

A. AWS Shield Advanced を有効にする。
B. AWS Managed Rules for AWS WAF を有効にする。
C. Amazon Inspector を有効にする。
D. AWS Security Hub を有効にする。

解説

AWS Managed Rules for AWS WAF は、事前定義されたルールを使用して脅威から保護することができるサービスです。構成上、ALB を使用しているため、AWS WAF の利用をすぐに開始できます。

設問の LAMP 環境に対応したマネージドルールを選択することで、Linux 固有の脆弱性を突く攻撃や、SQL インジェクション等の SQL に関連する脅威から、アプリケーションを保護することができます。したがって、B が正解です。

A. AWS Shield Advanced は、高度な DDoS 保護とサポートを提供するサービスです。Web アプリケーションの脆弱性を突く攻撃や SQL インジェクションの脅威からの保護については未対応です。
C. Amazon Inspector は、EC2 インスタンスや Lambda 関数、コンテナのワークロードの脆弱性診断を行うサービスです。
D. AWS Security Hub は、AWS サービスのセキュリティアラートを一元管理するサービスです。

［答］B

問4

あなたは、ELB、EC2、RDS から成る Web システムを設計しています。インターネットからアクセスされる ELB をパブリックサブネット、EC2 と RDS をプライベートサブネットに配置しようとしています。

システム管理者は、インターネットから EC2 にログインし、管理しようとしています。また、EC2 上のソフトウェアアップデートのためにインターネットに接続する必要があります。対応策として不適切なものはどれですか。(1つ選択してください)

A. パブリックサブネットに NAT ゲートウェイを作成し、EC2 は NAT 経由でインターネットにアクセスしてソフトウェアアップデートを行う。

B. EC2 をパブリックネットワークに移動する。セキュリティグループを設定することで EC2 を保護する。

C. Client VPN エンドポイントを作成し、プライベートサブネットと関連付ける。Client VPN 経由で EC2 インスタンスに接続し管理を行う。

D. 管理者は AWS Systems Manager Session Manager 経由で EC2 にログインする。

解説

パブリックサブネットには必要なものだけを配置すべきです。プライベートサブネットに配置すべきインスタンスをシステム管理者のアクセスを目的としてパブリックサブネットに移動することは不適切な対応です。したがって、B が正解です。

A. NAT ゲートウェイを作成することで、プライベートサブネット上の EC2 インスタンスが必要に応じてインターネットにアクセスできるようになります。よって、適切な対応です。

C. Client VPN 経由で接続することで、システム管理者はインターネットからプライベートサブネット内の EC2 に接続できます。よって、適切な対応です。

D. Session Manager を使用すると、パブリックサブネットのインバウンドポートを開いたり、踏み台サーバーを作成したりすることなく、EC2 インスタンスを管理することができます。よって、適切な対応です。

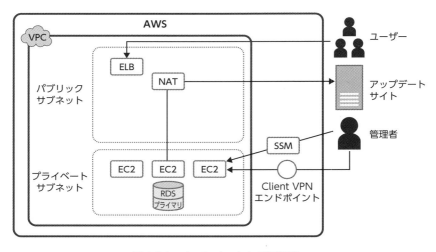

図 4.2-1　インターネットとの接続要件

[答] B

あなたは 3 層アーキテクチャのシステムを設計しており、サーバーには EC2、
データベースには RDS for PostgreSQL の利用を予定しています。EC2 から RDS
へアクセスしますが、セキュリティ面を考慮して EC2 がデータベースの認証情報
を持つことは避けたいと考えています。あなたは、ソリューションアーキテクト
としてどのような方法で実装しますか。(1つ選択してください)

A. DB パラメータグループに、アクセスを許可する EC2 インスタンスを設定す
   る。
B. IAM データベース認証を有効にし、データベース認証トークンを使用する
   データベースユーザーアカウントを作成する。
C. RDS へのアクセス権限を付与した IAM ロールを EC2 へアタッチする。
D. KMS を利用して RDS の認証情報を動的に取得する。

解説

　IAM データベース認証では、IAM ロール認証情報と認証トークンを使用して RDS のデータベースインスタンスに接続できます。データベースのユーザー認証情報を保存する必要がないため、ネイティブ認証方法よりも安全に接続することが可能です。したがって、B が正解です。

- **A.** DB パラメータグループを利用してデータベースエンジンのパラメータを設定できます。DB パラメータグループは、データベースエンジン固有の設定を行うためのものであり、認証には用いられません。
- **C.** IAMロールは、RDS のリソース操作のための権限を与えることができますが、データベース内のデータにアクセスするための認証情報を設定できません。
- **D.** AWS Key Management Service（KMS）は、暗号鍵を保管し、データの暗号化や復号を行うための API を提供します。

[答] B

問 6

　あなたは、モバイルアプリケーションの設計を行うことになりました。ユーザー情報の管理には DynamoDB を利用する予定です。モバイルアプリケーションのユーザー数の増加に耐えられるよう、DynamoDB とは DynamoDB SDK を利用してサーバーを介さず直接通信するように設計します。モバイルアプリケーションに、DynamoDB へのアクセス権限を最もコスト効率よく安全に与えられる方法はどれですか。（1つ選択してください）

- **A.** モバイルアプリケーション用に 1 つの IAM ユーザーを作成し、IAM アクセスキーとシークレットキーを埋め込む。
- **B.** DynamoDB にアクセスできる IAM ロールを作成し、モバイルアプリケーションに付与する。
- **C.** アプリケーションから Google、Amazon、Facebook などの ID プロバイダーを使用してサインインし、一時的な認証トークンを取得する。認証トークンを、DynamoDB へのアクセス権限を持つ IAM ロールとマッピングする。
- **D.** Cognito での認証後にアクセス可能な API を、Lambda で公開する。モバ

イルからのすべての呼び出しを EC2 インスタンス経由でルーティングする。

解説

　ベストプラクティスでは、モバイルアプリケーションに AWS リソースへのアクセス権限を与える方法として、Web ID フェデレーションを用いて取得した一時的な認証トークンを使用することが推奨されます。Web ID フェデレーションには、サードパーティの ID プロバイダー（Login with Amazon、Facebook、Google、OpenID Connect（OIDC）2.0 互換の任意のプロバイダーなど）を使用することができます。IAM ユーザーを作成して、アクセスキーID とシークレットアクセスキーをアプリケーションに埋め込む方法は推奨されません。したがって、C が正解です。

- **A.** セキュリティ認証情報をハードコーディングする必要がある IAM ユーザーの使用は推奨されていません。
- **B.** モバイルアプリケーションにロールを直接付与することはできません。
- **D.** Lambda を使用して不要な呼び出しをリダイレクトすることになります。

[答] C

問 7

　ある企業では、Lambda を利用したサーバーレスのシステムを構築しています。このシステムは、サードパーティAPI をインターネット経由でアクセスする必要があります。サードパーティのシステムはクラウド上に構築されており、IP アドレスが変更される可能性があるため、DNS でドメイン名から IP アドレスを取得する必要があります。また、セキュリティ要件として、Lambda はインターネットからのアクセスを受信してはならず、インターネット向けの通信は、許可されたドメイン以外をブロックする必要があります。

　これらの要件を満たす最適なソリューションはどれですか。（1つ選択してください）

- **A.** Lambda を VPC のパブリックサブネットに配置する。セキュリティグループに、サードパーティの IP アドレスへのアウトバウンド通信を許可するルールを追加する。セキュリティグループをインターネットゲートウェイにア

タッチする。

B. Lambda を VPC のプライベートサブネットに配置する。パブリックサブネットに NAT ゲートウェイを配置する。セキュリティグループにサードパーティの IP アドレスへのアウトバウンド通信を許可するルールを追加し、NAT ゲートウェイにアタッチする。

C. Lambda を VPC のプライベートサブネットに配置する。パブリックサブネットに NAT ゲートウェイを配置する。VPC にネットワークファイアウォールを作成し、許可されたドメインのみ通信可能にするファイアウォールポリシーを作成する。ネットワークファイアウォールサブネットを配置し、インターネット向け通信はネットワークファイアウォールサブネットを経由させるようにルートテーブルを構成する。

D. Lambda を VPC のプライベートサブネットに配置する。パブリックサブネットに NAT ゲートウェイを配置する。パブリックサブネットのネットワーク ACL に、サードパーティの IP アドレスへのアウトバウンド通信を許可するルールを追加する。

4

解説

　この設問では、許可されたドメイン以外の通信をブロックする方法が問われています。VPC のネットワークファイアウォールを利用し、許可されたドメイン以外の通信をブロックすることが可能です。セキュリティグループやネットワーク ACL は IP アドレスでの通信制御は可能ですが、ドメインでの通信制御はできません。したがって、ネットワークファイアウォールを利用する C が正解です。

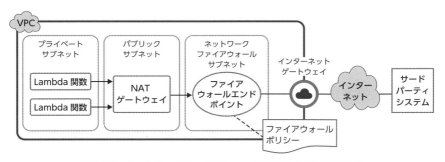

図 4.2-2　ネットワークファイアウォールを利用した通信制御構成

A. Lambda がパブリックサブネットに配置されており、また、セキュリティグループではドメインでの通信制御ができないため、不適切です。

B. セキュリティグループではドメインでの通信制御ができないため不適切です。

D. ネットワーク ACL ではドメインでの通信制御ができないため不適切です。

[答] C

問 8

　ある企業は、顧客にレストランの割引情報を提供する Web サイトを運営しています。Web サイトは EC2 上で稼働し、S3 バケットに写真やメニューなどの画像データを保存します。同社のソリューションアーキテクトは、EC2 から S3 への通信セキュリティを向上させるために VPC エンドポイントを利用することを決定しました。セキュリティルールに準拠するには、新しい VPC エンドポイントからの通信は、特定の S3 バケットとの通信のみに限定する必要があります。また、S3 バケットでは、この VPC エンドポイントからの読み取り／書き込み操作のみを許可する必要があります。

　セキュリティ要件を満たすオプションはどれですか。（2つ選択してください）

A. VPC エンドポイントポリシーを利用し、特定の S3 バケットへの通信のみを許可する。

B. EC2 のセキュリティグループを変更し、EC2 からの外部通信先を VPC エンドポイントに制限する。

C. S3 バケットポリシーを利用し、EC2 の IP アドレスの場合のみ操作を許可する。

D. S3 バケットポリシーを利用し、アクセス元が VPC エンドポイントの場合のみ操作を許可する。

E. S3 バケットポリシーを利用し、EC2 がデプロイされた VPC がアクセス元の場合のみ操作を許可する。

解説

VPC エンドポイントからのアクセス先を制限するためには、VPC エンドポイントポリシーを利用します。この設問では、VPC エンドポイントポリシーを利用して特定の S3 バケットへの通信を許可している A が正解です。

もう 1 つのオプションとして、S3 のバケットポリシーを利用してアクセス元を制限することができます。すなわちバケットポリシーを利用して特定の VPC、もしくは VPC エンドポイントからのアクセスに制限することができるので、D も正解です。

4

B. セキュリティグループでは、S3 の VPC エンドポイントへの通信を制御することはできますが、S3 の特定バケットへの通信のみを許可することはできません。

C. アクセス元を VPC エンドポイントに限定していないため不適切です。

E. 特定の VPC がアクセス元の場合のみ許可していますが、アクセス元をVPCエンドポイントに限定していないため不適切です。

[答] A、D

問9

大手 SaaS プロバイダーは、オンプレミス製品の 1 つを AWS に移行し、顧客の AWS 上のシステムから利用可能にすることを検討中です。

この製品の重要な要件の 1 つは、製品と顧客のシステム間の通信がプライベートであることです。同社の運用チームはすでに VPC を構成しています。製品の移行を継続するための最良の解決策はどれですか。（1つ選択してください）

A. カスタマーゲートウェイを構築し、顧客の VPC との通信をプライベートにする。

B. VPC エンドポイントサービス（AWS PrivateLink）を構築する。顧客の VPC にインターフェイス VPC エンドポイントを作成し、VPC 間の通信をプライベートにする。

C. NAT ゲートウェイを設置し、通信を NAT ゲートウェイ経由にすることでプライベートな通信を行う。

D. 顧客の VPC と VPC ピアリングで接続し、VPC 間の通信をプライベートにする。

解説

　ここでは、異なるアカウントの VPC 間の通信をプライベートに構成することが問われています。この設問のユースケースでは、インターフェイス型の VPC エンドポイントサービス（AWS PrivateLink）を構成するのが一般的であるため、B が正解です。

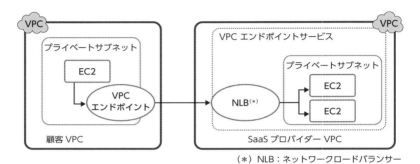

（＊）NLB：ネットワークロードバランサー

図 4.2-3　VPC エンドポイントを利用したアカウント間通信の構成

A. カスタマーゲートウェイは VPN 接続を構成するために用いられますが、VPC 間接続では用いられません。
C. NAT ゲートウェイは、一般的に VPC から外部（インターネット）向けの通信の構成に利用されます。
D. VPC ピアリングでもプライベートな通信を構成できますが、ピアリング数に上限があり、大手 SaaS プロバイダーの選択肢としては不適切です。

[答] B

問 10

CloudFront のオリジンに S3 バケットを指定しています。S3 バケットへのアクセスを CloudFront 経由のみに制限する方法はどれですか。（1つ選択してください）

A. オリジンアクセスコントロール（OAC）を作成してディストリビューションに関連付ける。S3 バケットポリシーで S3 バケットへのアクセス許可を OAC に付与する。

B. セキュリティグループを作成してディストリビューションに関連付ける。セキュリティグループでオブジェクトへのアクセス許可を付与する。

C. CloudFront 署名付き URL を作成する。ユーザーは、CloudFront 署名付き URL 経由でオブジェクトにアクセスする。

D. S3 署名付き URL を作成する。ユーザーは、S3 署名付き URL 経由でオブジェクトにアクセスする。

解説

S3 バケットへのアクセスを CloudFront 経由のみに制限するには、オリジンアクセスコントロール（OAC）機能を使用します。ディストリビューション設定時に、オリジンアクセスコントロール（OAC）を作成して S3 バケットポリシーで S3 バケットへのアクセス許可を OAC に付与することで、S3 バケットへのオリジンアクセスを制限できます。オリジンアクセスアイデンティティ（OAI）でも制限することは可能ですが、現在は機能面で優れる OAC の使用が推奨されています。したがって、A が正解です。

B. セキュリティグループで S3 へのオリジンアクセスを制限することはできません。

C、D. 署名付き URL は、特定のプライベートコンテンツアクセスを提供する方法です。S3 へのオリジンアクセスを制限する方法ではありません。

［答］A

問 11

あなたは、AWS で EC2 を利用したシステムを運用しています。セキュリティ対策として EC2 インスタンスに対して継続的に脆弱性診断を実施することが求められています。また、脆弱性が見つかった場合はシステム運用者へメール通知したいと考えています。これらの要件を満たすソリューションはどれですか。（1つ選択してください）

A. アカウントで GuardDuty を有効にし、脆弱性のある EC2 を検出した場合に通知するように設定する。

B. 診断したい EC2 へ SSM Agent を導入する。脆弱性を検出した場合に通知するように設定する。

C. 適切なチェックで Trusted Advisor を有効にする。脆弱性を検出した場合に通知するように設定する。

D. 適切な評価テンプレートを使用して、EC2 インスタンスで Amazon Inspector を有効にする。脆弱性を検出した場合に通知するように設定する。

解説

Amazon Inspector は、EC2 インスタンスや Lambda 関数、コンテナのワークロードに対して、脆弱性および意図しないネットワークのエクスポージャーを診断できます。EC2 インスタンスの脆弱性診断をするためには Inspector エージェントを導入します。診断はスケジュール設定をすることで定期的に自動実行が可能です。Inspector は EventBridge に対応しているため、診断完了などのイベントを取得して Amazon SNS でメール通知を送信することが可能です。また、診断結果の詳細を確認するため、ユーザーは AWS マネジメントコンソールから評価レポートをダウンロードできます。したがって、D が正解です。

図 4.2-4　Amazon Inspector の構成例

A. GuardDuty は、AWS アカウントのワークロードを継続的にモニタリングし、脅威リスクを検知する AWS のマネージドサービスです。EC2 インスタンスの脆弱性診断は行えません。

B. AWS Systems Manager エージェント（SSM Agent）は EC2 インスタンスやオンプレミスの仮想マシン（VM）などへ導入し、Systems Manager で VM のリソースを管理するために利用します。EC2 インスタンスの脆弱性診断は実施できません。

C. Trusted Advisor は、ユーザーがベストプラクティスに沿って AWS を利用できるようにレコメンデーションを提供します。EC2 インスタンスの脆弱性診断は実施できません。

[答] D

問 12

あなたの会社のセキュリティ監査担当者は、S3 に保存されたデータに機密情報が含まれていたら、それを容易に発見できるソリューションの利用を検討しています。あなたはソリューションアーキテクトとして、どのサービスの利用を薦めますか。（1つ選択してください）

A. GuardDuty

B. CloudTrail

C. AWS Security Hub

D. Macie

解説

Macie は、フルマネージド型のデータセキュリティおよびデータプライバシーサービスです。組織が S3 に保存している個人識別情報（PII）などの機密データの検出を自動化することができます。したがって、D が正解です。

A. GuardDuty は、マネージド型脅威検出サービスです。AWS アカウントや AWS 環境に対する脅威の検出は行いますが、S3 の機密データの検出は行いません。

B. CloudTrail は、AWS アカウントの運用とリスクの監査、ガバナンス、コンプライアンスを支援する AWS のサービスです。ユーザー、ロール、AWS のサービスによって実行されたアクションをイベントとしてログに記録しますが、S3 の機密データの検出は行いません。

C. AWS Security Hub は、AWS のセキュリティチェックの自動化とセキュリティアラートの一元化を実現します。AWS のさまざまなセキュリティサービスと簡単に統合できますが、S3 の機密データの検出は行いません。

[答] D

問 13

　ある会社が、自社製品をインターネットから注文できるようにするため、EC サイトを AWS 上に構築することを決めました。EC サイトを ELB の背後の EC2 で実行し、注文等のデータを Aurora で管理することにしました。

　EC サイトから登録されるデータが、できるだけプライベートな経路を通るようにするには、どのようにネットワークを設計すべきですか。(1つ選択してください)

A. ALB をパブリックサブネットに配置し、EC2 および Aurora をプライベートサブネットに配置する。

B. ALB、EC2、および Aurora をすべてプライベートサブネットに配置する。ALB にはインターネットゲートウェイをアタッチすることでインターネットからアクセス可能とする。

C. ALB および EC2 をパブリックサブネットに配置し、データが保管される Aurora をプライベートサブネットに配置する。

D. ALB をパブリックサブネット、EC2 をプライベートサブネットにそれぞれ配置し、Aurora には VPC エンドポイント経由で接続する。

解説

　EC サイトから登録されるデータが、できるだけプライベートな経路を通るようにするために、EC2 および Aurora をプライベートサブネットに配置します。また、EC サイトにインターネットからアクセスできるようにするために、EC2 の前段

の ALB はパブリックサブネットに配置します。したがって、A が正解です。なお、AWS では一般的に、サブネットのルートテーブルのデフォルトゲートウェイがインターネットゲートウェイを向いているサブネットのことを、パブリックサブネットと呼びます。

B. ALB がプライベートサブネットにあるとインターネットからのリクエストを受け付けることができません。また、インターネットゲートウェイをALB に直接アタッチすることはできません。

C. ALB のターゲットグループのターゲットとして、プライベートサブネットに配置した EC2 インスタンスを設定することができます。EC2 をパブリックサブネットに配置すると、データの登録経路がプライベートネットワークに閉じないため不適切です。

D. VPC エンドポイントを利用すると、VPC から他の AWS サービスとインターネットを介さず接続することができます。しかし、この設問では EC2 も Aurora も同じ VPC 内のプライベートサブネットに配置できるため、VPC エンドポイントを使う必要はありません。

[答] A

4.3 適切なデータセキュリティ管理を判断する

問 1

　あなたの会社は、アカウント内で暗号化されていないアタッチ済みの EBS がある場合、それを簡単に把握する仕組みの実装を検討しています。最も簡単かつ短時間で実装できる方法はどれですか。（1つ選択してください）

A. CloudTrail のログを調査する。

B. AWS Config ルールのマネージドルールを使用して調査する。

C. 暗号化されていない EBS を調査する仕組みを Lambda で作成する。

D. KMS のマネジメントコンソールから調査する。

解説

　AWS Config ルールを使用すると、AWS が定義したマネージドルールまたはユーザーが独自に定義するカスタムルールをもとに、リソースの設定内容を評価することができます。また、AWS が定義したマネージドルールを使用することで、ユーザーは少ない労力でリソースの設定評価を開始できます。さらに、encrypted-volumes というルールを用いて、アタッチ済み EBS の暗号化の有無を把握することができます。したがって、B が正解です。

A. CloudTrail の API 操作ログから EBS 暗号化の有無を調査することは可能ですが、調査方法の検討が必要になるため、最も簡単かつ短時間で実装できる方法とはいえません。

C. Lambda も調査のロジックを作成する必要があるので、A と同様、最も簡単かつ短時間で実装できる方法とはいえません。

D. KMS には EBS 暗号化の有無を調査する機能はありません。

[答] B

問2

あなたは、RDS を使用したアプリケーションを設計しています。企業のデータ保護要件にデータベースの暗号化が定められています。データ保護要件を満たす設定として正しいものはどれですか。（1つ選択してください）

A. RDS インスタンスを作成する。DB インスタンスの起動後に「暗号化を有効化」オプションを選択して DB インスタンスを再起動する。

B. RDS インスタンス作成時に「暗号化を有効化」オプションを選択して DB インスタンスを作成する。

C. RDS インスタンスを作成する。DB インスタンスの起動後に DB インスタンスを停止する。「暗号化を有効化」オプションを選択して DB インスタンスを起動する。

D. RDS インスタンスを暗号化することはできない。EBS を暗号化した EC2 インスタンスにデータベースをインストールする。

解説

RDS インスタンスの暗号化機能を有効化することで、DB インスタンスのディスク、ログ、バックアップ、スナップショットを暗号化することができます。「暗号化を有効化」オプションは、DB インスタンス作成時にのみ選択可能です。したがって、B が正解です。

A、C. DB インスタンス作成後に「暗号化を有効化」オプションを選択することはできません。

D. RDS インスタンスを暗号化することは可能です。EC2 インスタンスを使用する必要はありません。

［答］B

問 3

　ある企業は、セキュリティ監査対応のため、CloudFront ディストリビューションへのアクセス情報の保存を求められています。監査の要件として、日時、アクセス元 IP、リクエスト URL 等を含んだすべてのリクエスト情報を最低 1 年以上保存する必要があります。目的を達成する方法として適切なサービスまたは機能はどれですか。（1つ選択してください）

A. CloudWatch メトリクス

B. CloudTrail

C. CloudFront アクセスログ

D. CloudFront コンソールレポート

解説

　CloudFront ディストリビューションのリクエストを含む詳細情報をアクセスログとして、S3 バケットに保存することが可能です。その際、日時、アクセス元 IP、リクエスト URL 等のログ形式を指定することができます。また、S3 バケットの設定でログの保存期間を指定できるようになっており、1 年以上の保存も可能です。したがって、C が正解です。

A、B. CloudWatch メトリクスや CloudTrail では、監査要件の情報を保存することはできません。

D. CloudFront コンソールレポートは、アクセスログをもとにリクエストレポートを作成する機能です。この機能では、作成済みのレポートから個別のアクセスの詳細を確認することはできないので、監査の要件を満たしません。

[答] C

問4

あなたは現在、アプリケーションを開発しています。そのアプリケーションは、メール送信機能のためにサードパーティのサービスを利用しています。そのサービスではメール送信実行のために API キーを要求されます。あなたは、この API キーをアプリケーションに埋め込まず、AWS のベストプラクティスに沿って安全に管理したいと考えています。どのサービスを利用するのが適切ですか。（1つ選択してください）

A. KMS

B. Secrets Manager

C. AWS Security Hub

D. Global Accelerator

解説

Secrets Manager は、アプリケーション、サービス、および IT リソースへのアクセスに必要なシークレット情報の保持に用いられます。このサービスを利用することで、開発者はソースコードやコンフィグファイルにシークレット情報を直接埋め込むのではなく、Secrets Manager API を呼び出してシークレット情報を取得できるようになります。これは、ソースコードを閲覧できる人がシークレット情報を取得し悪用することを防ぐのに役立ちます。したがって、B が正解です。

A. AWS Key Management Service（KMS）は、暗号鍵を保管し、データの暗号化や復号を行うための API を提供するサービスです。

C. AWS Security Hub は、セキュリティアラートおよびセキュリティ状況を確認するためのサービスです。

D. Global Accelerator は、ELB や EC2 などのエンドポイントの前段に配置することで、エンドポイントへのレイテンシーを低く抑えるためのサービスです。

[答] B

問 5

　ある企業が機密情報を含むデータを S3 に保存することを計画しています。データは保存時、伝送時ともに暗号化されている必要があり、暗号鍵は定期的にローテーションする必要があります。暗号化対象のデータサイズは平均 40KB です。これらの要件を満たす最適なソリューションはどれですか。(1 つ選択してください)

A. S3 が管理するデータキーでデータを暗号化し、S3 へ送信する。

B. KMS に保存されているカスタマー管理キーからデータキーを取得し、そのデータキーでデータを暗号化し、S3 へ送信する。

C. KMS に保存されているカスタマー管理キーでデータを暗号化し、S3 へ送信する。

D. アプリケーションで管理するデータキーでデータを暗号化し、送信する。

解説

　ここでは、「伝送時に暗号化されている」という要件があるので、データを暗号化してから伝送する必要があります。この設問のユースケースでは、KMS で管理されるカスタマー管理キーからデータキーを生成し、そのデータキーで暗号化することが一般的なので、B が正解です。

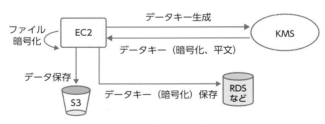

図 4.3-1　カスタマー管理キーを利用した暗号化

A. AWS が管理する S3 暗号鍵は、データ保存時の暗号化に利用できますが、この鍵を用いて任意のデータを暗号化することはできません。

C. API や SDK を利用し、KMS に保存されたカスタマー管理キーで暗号化を行うことも可能ですが、暗号化が可能なデータサイズの上限が 4KB なので設問の要件を満たしません。

D. アプリケーションでデータを暗号化することで、伝送・保存時の暗号化要件

は満たせます。しかし、鍵の自動ローテーション機能がサポートされている KMS を利用する手法のほうが、より最適なソリューションです。

[答] B

問6

ある企業では、暗号鍵をオンプレミスで作成しており、カスタマー管理キーとして KMS にインポートして利用しています。企業のセキュリティ基準では、すべての暗号鍵を毎年ローテーションする必要があります。この基準を実装するための最適な対応はどれですか。（1つ選択してください）

A. 新しいカスタマー管理キーを作成し、そこに新しい暗号鍵をインポートして、キーエイリアスが新しいカスタマー管理キーを指すようにする。

B. 新しい暗号鍵を既存のカスタマー管理キーにインポートし、カスタマー管理キーを手動でローテーションする。

C. Lambda 関数を作成し、新しくカスタマー管理キーを作成し、既存のカスタマー管理キーを削除することで、毎年ローテーションを行う。

D. カスタマー管理キーの自動キーローテーションを毎年有効にする。

解説

KMS にインポートされたカスタマー管理キーは、KMS の暗号鍵自動ローテーション機能を利用できません。そのため、新しいカスタマー管理キーを作成して、そこにキーをインポートします。そして、キーエイリアスが参照するキーID を変更して、新しいカスタマー管理キーを指すようにすることでローテーションを実現します。したがって、A が正解です。

B. 既存のカスタマー管理キーに新しいキーをインポートすることはできません。

C. Lambda 関数を構成し、カスタマー管理キーを新規作成／削除することでローテーション自体は可能ですが、アプリケーションでカスタマー管理キーのキーID を直接参照している場合には、アプリケーションの変更が必要になります。よって、A のキーエイリアスを用いた方法と比較して最適とはいえません。

D. KMS にインポートされたカスタマー管理キーは、KMS の暗号鍵自動ロー
テーション機能を利用できません。

[答] A

問 7

　ある企業は、Web アプリケーションを AWS 上で運用しています。同社はサー
ドパーティが発行した SSL/TLS 証明書を AWS Certificate Manager（ACM）に
インポートし、ELB で利用しています。同社のセキュリティチームは証明書の有効
期限が切れる 30 日前に通知を受けたいと考えています。最小限の労力で要件を満
たすために、ソリューションアーキテクトは何を推奨すべきですか。（1 つ選択し
てください）

A. 証明書の有効期限を CloudWatch メトリクスで監視する。30 日以内に有効
期限が切れる証明書がある場合は、Lambda 関数を起動する CloudWatch
アラームを作成する。Lambda 関数で Simple Notification Service（SNS）
へ通知する。
B. 30 日以内に有効期限が切れる証明書がある場合に SNS へカスタムメッセー
ジを通知するよう、ACM に通知ルールを追加する。
C. Trusted Advisor を使用して、30 日以内に有効期限が切れる証明書を
チェックする。Trusted Advisor のメトリックにもとづく CloudWatch ア
ラームを作成し、SNS によってカスタムメッセージを通知する。
D. ACM の証明書有効期限切れイベントを検知する EventBridge ルールを作成
し、SNS によって期限切れを通知する。ACM で証明書の有効期限切れを検
知する日数を 30 日に設定する。

解説

　ACM で管理する証明書の有効期限切れを検知する最も簡単な手段は、ACM が発
行する証明書有効期限切れイベントを EventBridge で検知する方法です。デフォル
トでは有効期限切れの 45 日前にイベントが発生するため、30 日へ変更する必要があ
ります。したがって、D が正解です。
　なお、選択肢にはありませんが、AWS Config のマネージドルールで証明書の有効
期限をチェックし、通知などのアクションを自動化することも可能です。

A. CloudWatch メトリクスで証明書の有効期限を取得できるため、この方法でも要件を満たすことは可能です。しかし、通知のために Lambda 関数は必要なく、CloudWatch アラームから直接 SNS へ通知が可能です。選択肢 D と比較し、最小限の労力という観点で劣るため、不正解です。

B. ACM には、証明書の有効期限切れ通知を行う機能はありません。SNS で通知を行うためには EventBridge 等のサービスを併用する必要があります。

C. Trusted Advisor には、証明書の有効期限をチェックする機能はありません。

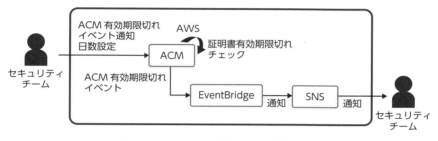

図 4.3-2　ACM での証明書の有効期限切れ通知

[答] D

問 8

ある企業が新しいパブリック Web アプリケーションを AWS にデプロイしています。このアプリケーションは ALB を利用しています。ALB では外部認証局が発行した SSL/TLS 証明書を使用し、通信を暗号化しています。この証明書は有効期限が切れる前に毎年ローテーションする必要があります。要件を満たすために、何を推奨すべきですか。（1つ選択してください）

A. 外部認証局が発行した証明書を ACM へインポートし、ALB に証明書を適用する。EventBridge で証明書の有効期限切れ前に通知し、手動で証明書をローテーションする。

B. 外部認証局が発行した証明書を ACM へインポートし、ALB に証明書を適用する。証明書は ACM によって自動ローテーションされる。

C. 外部認証局からキーマテリアルを入手し、ACM へインポートする。ACM で

証明書を発行する。証明書は ACM によって自動ローテーションされる。

D. 外部認証局が発行した証明書を ACM へインポートし、ALB に証明書を適用する。ACM の証明書ローテーション機能を有効化する。

解説

ACM へインポートした証明書を自動更新することはできないため、更新を行うには有効期限切れを検知し、手動でローテーションを行う必要があります。したがって、A が正解です。なお、ACM で発行した証明書は自動更新が可能です。

B、D. ACM へインポートした証明書を自動更新することはできません。

C. ACM へキーマテリアルをインポートすることはできません。

[答] A

第 5 章

弾力性に優れた
アーキテクチャの設計

　システム内で不具合が発生したとしても、システム全体が停止することを防ぐ必要があります。「弾力性に優れたアーキテクチャの設計」分野では、AWSが提供するさまざまなサービスを組み合わせて高可用性かつ回復性の高いシステムを構築するためのベストプラクティスが問われます。

　本章では、多層アーキテクチャによる高可用性のシステムを設計するため、あるいは高負荷な状況でもシステムの稼働を維持するための最適なソリューションを選択する演習を行います。

5.1 スケーラブルで疎結合な アーキテクチャを設計する

問 1

　ある会社は、ニュースコンテンツを配信する Web サービスを運営しています。アプリケーションは ALB の背後にある EC2 インスタンスで実行されます。インスタンスは複数の AZ にまたがる EC2 Auto Scaling グループで実行され、データベースは Aurora を使用しています。

　最近、Web サービスへのアクセスが増加してきました。拡張性と可用性を高めるのに適切なサービスはどれですか。（2つ選択してください）

- **A.** Aurora レプリカ
- **B.** AWS Shield
- **C.** Direct Connect
- **D.** Global Accelerator
- **E.** CloudFront

解説

　本ケースで問われているアプリケーションは、複数の AZ にまたがる EC2 インスタンス上で実行されています。このような場合、Aurora レプリカを利用することで、1 つの AWS リージョンの中で最大 15 個の Aurora レプリカを AZ 全体に分散できます。これによりデータベース層が高可用性となります。また、ALB の前段に CloudFront を配置することで、アプリケーションへのアクセスが増加した場合でもコンテンツ配信の負荷を分散することができます。したがって、A と E が正解です。

- **B.** AWS Shield は、DDoS 攻撃からアプリケーションを保護するサービスです。
- **C.** Direct Connect は、オンプレミス内部ネットワーク環境と AWS 環境とを物理ネットワークで接続するためのサービスです。
- **D.** Global Accelerator は、ローカルトラフィックとグローバルトラフィックの

ネットワークルーティングを改善しパフォーマンスを向上させるためのサービスです。

[答] A、E

問2

あなたは、画像をアップロードし編集するシステムのアーキテクチャを設計しています。ユーザーからのリクエストをトリガーとして即時に画像が編集され、画像を表示またはダウンロードするリンクを生成します。画像を編集するためのパラメータは、Amazon API Gateway の先の API に送信されるすべてのリクエストに含まれます。このサービスを停止させないために、高い可用性が求められています。これらの要件を満たすソリューションはどれですか。(1つ選択してください)

A. EC2 インスタンスを使用して、画像を処理するアプリケーションを実行する。元の画像と編集後の画像を EC2 インスタンスに保存する。EC2 インスタンスの前段に ALB を設定する。

B. EC2 インスタンスを使用して、画像を処理するアプリケーションを実行する。元の画像を S3 に保存し、編集後の画像を DynamoDB に保存する。S3 バケットをオリジンとして CloudFront ディストリビューションを設定する。

C. Lambda を使用して、画像を処理する関数を実行する。元の画像を S3 に保存し、編集後の画像を DynamoDB に保存する。

D. Lambda を使用して、画像を処理する関数を実行する。元の画像と編集後の画像を S3 に保存する。S3 バケットをオリジンとして CloudFront ディストリビューションを設定する。

解説

ユーザーからの要求をトリガーに画像を即時にカスタマイズするには、Lambda の利用が適しています。また、静的コンテンツの保存には S3、コンテンツ URL の提供には CloudFront の利用が適しています。Lambda、S3、CloudFront は高可用性を担保するサービスであり、設問で求められているソリューションに適しています。したがって、D が正解です。

A. 静的コンテンツを取得するために、EC2 インスタンスにアクセスする必要があります。また、静的コンテンツは EC2 インスタンスに保持されることとなり、インスタンス障害に耐えることができません。

B、C. DynamoDB などのデータベースサービスは、画像データの保存には適していません。

[答] D

問3

あなたの会社では、世界中の工場で稼働している機器の状態をモニタリングし、ログを収集しています。各工場間のシステムはインターネットで接続されており、帯域に問題はありません。毎日収集されるログの平均量は 200GB です。

あなたは、各工場のログを単一の S3 バケットに集約するソリューションを求められています。最小限の設定および運用工数で実現できるソリューションはどれですか。（1つ選択してください）

A. 各工場から最も近いリージョンの S3 バケットにログをアップロードする。S3 クロスリージョンレプリケーションを使用して、集約先の S3 バケットにオブジェクトをコピーする。その後、元の S3 バケットからデータを削除する。

B. 集約するための S3 バケットで S3 Transfer Acceleration をオンにする。マルチパートアップロードを使用して、各工場のログを集約先の S3 バケットに直接アップロードする。

C. 各工場から最も近いリージョンの EC2 インスタンスにログをアップロードする。EC2 インスタンスに EFS をアタッチし、データをその中に保存する。集約先の S3 バケットからも EFS をアタッチして、ログファイルを参照できるようにする。

D. Snowball Edge Storage Optimized のジョブを毎日実行して、各工場から最も近いリージョンにログを転送する。S3 クロスリージョンレプリケーションを使用して、集約先の S3 バケットにオブジェクトをコピーする。

解説

　地理的に離れた場所からのファイル転送に関する問題です。S3 Transfer Acceleration は、世界中のクライアントからのアクセス時に AWS のエッジロケーションを活用し、最適化されたネットワークパスで S3 バケットに転送することができるサービスです。これはバケットの設定を行うだけで有効化できるため、最小限の設定という要件を満たします。また、S3 の標準設定の 1 つでありユーザー側のメンテナンスが不要であることから、最小限の運用工数という要件も満たします。したがって、B が正解です。

- **A.** S3 クロスリージョンレプリケーションを利用することで、異なるリージョンの S3 バケット間でオブジェクトをコピーすることができます。しかし、S3 Transfer Acceleration と比較して、各リージョンでの S3 バケットの構築工数と運用工数が多く発生するため、「最小限の設定および運用工数」という要件を満たしません。
- **C.** EFS は EC2 にアタッチできるファイルストレージサービスです。一方、S3 はオブジェクトストレージサービスであるため、直接 EFS をマウントするような使い方はできません。技術的に実現できないソリューションなので不適切です。
- **D.** Snowball Edge Storage Optimized は、オンプレミス環境から AWS 環境へ大規模なデータ移行を行うための物理的なデバイスです。各工場のシステムから直接 Snowball Edge Storage Optimized にデータをコピーし、AWS へ返送することで S3 にアップロードすることはできますが、B と比較して運用工数が明らかに多いため、要件を満たしません。

[答] B

問4

　ある企業は、ユーザーのデータを AWS のストレージに保存することを検討しています。データの書き込みは主に営業時間中に行われますが、データが読み込まれる頻度は予測できません。毎日読み込まれるデータもあれば、数か月に一度しか使用されないデータもあります。ソリューションアーキテクトは、高可用性と高耐久性を実現でき、費用対効果の高いソリューションを提案する必要があります。これらの要件を満たすストレージソリューションはどれですか。(1つ選択してください)

A. S3 Standard

B. S3 Intelligent-Tiering

C. S3 Glacier Deep Archive

D. S3 One Zone-Infrequent Access (S3 One Zone-IA)

解説

　S3 のストレージクラスに関する問題です。アクセスパターンが一定でない場合、S3 Intelligent-Tiering が有効です。これは、アクセスパターンをモニタリングし、30 日間アクセスされていないデータを低頻度のアクセス階層に自動で移動してくれるオプションです。低頻度のアクセス層は保管料金が低価格に設定されていますが、S3 Standard（標準）と同等のレイテンシーとスループットを備えています。読み込みが発生した場合は、自動的に高頻度のアクセス階層に戻されます。これらのデータ階層の移動およびデータの取り出しには追加費用は発生しません。可用性と耐久性を S3 Standard と同等に保ちつつ、保管料金を最適化することができるため、要件を満たします。したがって、B が正解です。

A. S3 Standard（標準）は、あまりアクセスしないデータの保管コストが節約されないため、費用対効果が高いとはいえません。

C. S3 Glacier Deep Archive は安価ですが、データの取り出しに費用がかかるため、数年単位での長期保管向けのオプションです。今回の設問では、毎日読み込むデータがあるため、適切ではありません。

D. S3 One Zone-IA は安価ですが、リージョン内の 1 つの AZ にのみデータが保管されるため、高可用性と高耐久性という要件を満たしません。

[答] B

問 5

　あなたのチームでは、新規開発のアプリケーションを AWS クラウドのコンテナ上で実装したいと考えています。ミッションクリティカルではないため、インフラストラクチャの一時的な停止は許容できます。構築と運用のコストを最小限に抑えることができるソリューションはどれですか。（1つ選択してください）

A. オンデマンドインスタンスを利用して、EC2 Auto Scaling グループを作成する。各インスタンス内でコンテナを実行する。

B. オンデマンドインスタンスを利用して、EKS マネージド型ノードグループを作成する。

C. スポットインスタンスを利用して、EC2 Auto Scaling グループを作成する。各インスタンス内でコンテナを実行する。

D. スポットインスタンスを利用して、EKS マネージド型ノードグループを作成する。

5

解説

　EKS は、コンテナオーケストレーションツールである Kubernetes を構築・運用不要で利用できるサービスです。Kubernetes が動作するインフラストラクチャとして EC2 や Fargate を使用する必要がありますが、マネージド型ノードグループを利用すれば、Kubernetes が動作する EC2 を個別に登録・管理する必要もなくなります。

　また、スポットインスタンスは、通常の従量課金制ではなく、使用料金を指定して入札し、指定金額以下で空きがあれば利用できるインスタンスです。需給状況により停止する場合がありますが、今回の要件では一時的な停止を許容できるため、オンデマンドインスタンスよりも低コストで利用できるスポットインスタンスが適切です。

　以上より、D が正解です。

A、C. EC2 Auto Scaling は、EC2 インスタンスをグループ化し、負荷状態に応じて自動的にインスタンス台数を増減させることができるサービスです。グループ化された各インスタンス内に対しては自力でコンテナ実行基盤をインストールする必要があり、構築後もミドルウェアのアップデート等のメンテナンスが発生します。よって、最小限の構築および運用コストという要件を満たしません。

B. オンデマンドインスタンスはスポットインスタンスと異なり、需給状況とは関係なく起動が保証されますが、スポットインスタンスよりもコストがかかります。よって、最小限の運用コストという要件を満たしません。

[答] D

問 6

　あなたの会社では、3 層 Web アプリケーションを AWS 上で運用しています。Web サーバーは、VPC のパブリックサブネットに配置されています。アプリケーションサーバーとデータベースサーバーは、同じ VPC 内のプライベートサブネットに配置されています。

　あなたは、セキュリティ規定を満たすために、サードパーティの仮想ファイアウォール製品の導入を求められました。仮想ファイアウォールは AWS Marketplace から購入し、セキュリティ用途専用の VPC 内の EC2 インスタンスにインストールすることを検討しています。また、要件として、Web サーバーに到達する前にすべてのトラフィックを透過的に検査できることが求められています。

　運用上のオーバーヘッドが最も少なく、これらの要件を満たすソリューションはどれですか。（1 つ選択してください）

- **A.** Web アプリケーションが配置されている VPC のパブリックサブネットに ALB を作成する。トラフィックの検査のために仮想ファイアウォールのインスタンスにルーティングする。
- **B.** Web アプリケーションが配置されている VPC のパブリックサブネットに CLB を作成する。トラフィックの検査のために仮想ファイアウォールのインスタンスにルーティングする。
- **C.** セキュリティ用途専用の VPC に GWLB を設定する。Web アプリケーションが配置されている VPC に GWLB エンドポイントを作成して、パケットを仮想ファイアウォールのインスタンスにルーティングする。
- **D.** セキュリティ用途専用の VPC のルートテーブルに Transit Gateway を設定する。Transit Gateway を介してパケットをルーティングする。

解説

　GWLB（Gateway Load Balancer）は、ELB（Elastic Load Balancing）の一種で、VPC をまたいでトラフィックを加工せずに転送することが可能なサービスです。本問のようなセキュリティ製品への転送が主なユースケースとして想定されています。GWLB を利用しない場合は、VPC 間連携のために複数のサービスを組み合わせた上で、AZ 障害に備えた冗長構成なども考慮する必要があります。GWLB は、マネージド型サービスなので運用上のオーバーヘッドが最も少ないといえます。したがって、C が正解です。

A. ALB は、HTTP リクエストの負荷分散を行うことができるロードバランサーです。基本的に、VPC をまたいだルーティングはできません。VPC ピアリングを行えば他の VPC のインスタンスをターゲットにすることができますが、いずれにしても運用上のオーバーヘッドが最も少ないとはいえません。

B. Classic Load Balancer すなわち CLB は旧 ELB であり、現在は ALB または NLB により同等以上の機能が提供されています。かつての EC2-Classic の負荷分散（現在は廃止）や、アプリケーション Cookie を用いたスティッキーセッションの実装（現在は ALB で対応可能）などの特殊なユースケースで用いられますが、ALB 以上に運用上の考慮点があるため不適切です。

D. Transit Gateway は、VPC や Direct Connect の中継ハブとして機能し、複数の VPC や Direct Connect 間の接続を単一のゲートウェイで管理することができます。しかし、Transit Gateway を導入するだけでは、本問のような透過的なルーティングは実現できず、NAT 設定など考慮すべき点があります。マネージド型サービスの GWLB と比較して運用上のオーバーヘッドが最も少ないとはいえません。

[答] C

問7

　ある企業は、オンプレミスで顧客ターゲティング用の分析アプリケーションを運用しています。最近、分析対象ファイルが増加していることが課題となっています。1 ファイルあたり数ギガバイトの CSV ファイルを数か月分保持しており、さまざまなデータソースからオンプレミス上のストレージに毎日新しい CSV ファイルが追加されます。

　あなたは、分析アプリケーションの AWS への移行を任されました。移行が完了するまでの当面は、AWS とオンプレミスでアプリケーションを並行稼働させるため、オンプレミスのストレージと S3 の双方にファイルを保持しておく必要があります。最小限の設定でこれらの要件を満たすソリューションはどれですか。（1つ選択してください）

A. Storage Gateway を利用する。オンプレミスに仮想テープゲートウェイを設定する。CSV ファイルを仮想テープゲートウェイに書き込むようにデータソースを構成する。

（選択肢は次ページに続きます。）

B. Storage Gateway を利用する。オンプレミスにボリュームゲートウェイ（キャッシュボリューム）を設定する。CSV ファイルをボリュームゲートウェイに書き込むようにデータソースを構成する。

C. EFS を利用する。EFS エージェントをオンプレミスにデプロイし、オンプレミスのストレージと EFS の間で CSV ファイルを同期させる。

D. DataSync を利用する。DataSync エージェントをオンプレミスにデプロイし、オンプレミスのストレージと S3 バケット間で CSV ファイルを同期させる。

<hr/>

解説

　DataSync は、エージェント型のデータ転送マネージドサービスです。AWS のストレージサービスとして、S3 の他にも EFS や Amazon FSx をサポートしています。AWS とオンプレミス間を接続し、初期転送の後に継続的に差分を転送させることができるので、最小限の設定でファイル転送を実施して「双方にファイルを保持する」という要件を満たせます。したがって、D が正解です。

　A、B. Storage Gateway は、オンプレミスのストレージをAWS に拡張するためのサービスです。A の仮想テープゲートウェイは、S3 に仮想テープストレージを格納することができ、オンプレミスのファイルをアーカイブ保存することができます。テープは直接読み取ることができず、取り出しに数時間かかるため、参照頻度は低いが長期間保存しておく必要があるファイルの格納先としては最適です。しかし、本設問では、移行先の AWS 上のアプリケーションで常時利用する必要があることから、このソリューションは適切とはいえません。

　一方、B のボリュームゲートウェイは、S3 に対して iSCSI プロトコルで接続しブロックストレージとして利用することが可能です。キャッシュボリュームと保管型ボリュームが選択でき、このうちキャッシュボリュームは、キャッシュをオンプレミスに保存しておくことで素早いアクセスを可能にします。しかし、キャッシュはオリジナルのファイルではないため、「オンプレミスのストレージと S3 の双方にファイルを保持する」という要件を満たせません。

　C. EFS は、複数の EC2 間でマウント可能な NFS マウントポイントを提供します。オンプレミスから EFS をマウントするためには、NFS クライアントを用いますが、EFS エージェントではないため、ユーザー自身による設定・構築が必要です。また、EFS と S3 間にもファイルを直接受け渡す仕組みがないた

め、こちらも別途作りこみが必要となります。

[答] D

問 8

ある会社は、オンプレミスで Web アプリケーションを開発・運用しています。Web サーバーは Linux 上のコンテナで構築され、データベースサーバーは MySQL を採用しています。今後の事業拡大を見据えて、柔軟な拡張性と高い可用性を実現するとともに、可能な限り運用負荷を低くすることが求められています。この要件を満たすことができるソリューションはどれですか。(2つ選択してください)

A. EC2 インスタンスに Docker コンテナをセットアップし、Web アプリケーションを移行する。

B. ECS を利用して、Fargate でホストされるように Web アプリケーションを移行する。

C. Web アプリケーションと MySQL データベースの間にキャッシングサービスとして ElastiCache を構築する。

D. MySQL データベースを Aurora に移行する。

E. MySQL データベースを Redshift に移行する。

解説

まず、Web アプリケーションの移行について考えます。ECS はマネージド型のコンテナオーケストレーションサービスであり、ユーザー自身で Docker コンテナの実行環境を設定する必要がありません。また、ECS のコンテナを動作させるインフラストラクチャとして、EC2 または Fargate を選択することができます。Fargate は OS やミドルウェアを意識する必要がなく、オートスケールに対応しています。以上から、ECS と Fargate の採用は「柔軟な拡張性と高い可用性、低い運用負荷」という設問の要件を満たします。

次に、データベースサーバーの移行について検討します。Aurora は通常の RDS と比較して、処理で扱うデータ量が増えても高パフォーマンスを実現でき、自動で3つの AZ にデータを複製する高可用性も備えたリレーショナルデータベースサー

ビスです。Aurora はデータ容量に応じて自動でストレージが拡張します。また、MySQL や PostgreSQL と互換性のあるデータベースエンジンを提供しています。以上から、Aurora はオンプレミスからの移行先として問題なく、設問の要件を満たしているといえます。

したがって、B と D が正解です。

- **A.** EC2 上に Docker コンテナ実行基盤をユーザー自身で設定する場合、拡張性や可用性を担保するために考慮しなければならない点が多く、B と比較して運用負荷が高くなります。
- **C.** ElastiCache は、インメモリ型キャッシングサービスです。データベースサーバーへの接続負荷を軽減し、Web アプリケーションの応答速度を向上させるといったパフォーマンス改善を目的としたケースには適していますが、本問の要件とは無関係です。
- **E.** Redshift は、データウェアハウスの用途に用いられるデータベースサービスです。大規模なデータを一括で高速に処理したい場合に適していますが、Web アプリケーションのバックエンドとして頻繁に書き込み、更新するような用途には向いていません。

[答] B、D

問 9

アプリケーションからリレーショナルデータベース（RDB）へのリクエストが増加しています。これに対応するために、リクエストを高速かつ正確に処理するキャッシュシステムを導入する必要があります。また、アプリケーションに応答する際に、常に最新のデータを返すことが求められています。キャッシュシステムはどのように構築すればよいですか。（1つ選択してください）

- **A.** 書き込みスルー戦略を採用する。
- **B.** 遅延読み込み戦略を採用する。
- **C.** TTL を設定する。
- **D.** セカンダリインデックスを設定する。

解説

　AWS では、キャッシュ戦略のベストプラクティスとして、書き込みスルーと遅延読み込みを挙げています。本問では、常に最新のデータを返すことが求められており、このような要件の場合、キャッシュ戦略として書き込みスルーを採用します。したがって、A が正解です。

　図 5.1-1 は、ElastiCache を利用した場合の書き込みスルーの仕組みを示したものです。

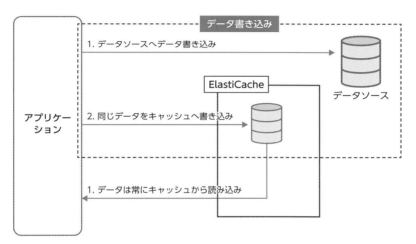

図 5.1-1　書き込みスルーの仕組み

　書き込みスルーでは、データソースへの書き込み時に、同じデータをキャッシュにも書き込みます。また、データの読み込み時には常にキャッシュから読み込みを行います。本構成にした場合のメリットとデメリットは表 5.1-1 のとおりです。

表 5.1-1　書き込みスルーのメリットとデメリット

メリット	キャッシュのデータが常に最新
	読み込み時のキャッシュミスが発生しない ・データが存在する場合、必ずキャッシュにデータが存在する
デメリット	欠落データが発生する可能性がある ・障害発生時にノードが空になった場合、データの読み込みが行えない ・データソースへの書き込み後、キャッシュへの書き込みに失敗した場合、データが欠落する
	メモリの使用量が多い

B. 遅延読み込みは、常に最新のデータが返されるとは限りません（遅延読み込みの詳細については、次の問 10 の解説をご参照ください）。

C. TTL（Time To Live）は、どの程度の期間、データを残しておくかという設定です。TTL に設定された期間が過ぎると、データは削除されます。この設定はキャッシュシステムの構築とは関係ありません。

D. セカンダリインデックスは、DynamoDB に設定できるインデックスです。追加のデータを作成してリクエストを高速に処理するという目的はキャッシュと似ていますが、セカンダリインデックスはキャッシュではないため不適切です。

［答］A

問 10

　ある企業は、オンラインゲームを運営しています。このゲームはリアルタイムに変化するデータをユーザーに提供しており、非常に多くの読み込みリクエストがあります。そのため、アプリケーションからのデータ取得には ElastiCache for Redis によるキャッシュシステムとデータストアを設ける予定です。ゲームの性質上、可能な限り最新のデータを返す必要がありますが、障害時には必ずしもキャッシュから最新のデータを返す必要はありません。できるだけキャッシュシステムに不要なデータを残さないようにするには、どのように構成すればよいですか。（2つ選択してください）

A. 書き込みスルー戦略を採用する。

B. 遅延読み込み戦略を採用する。

C. TTL を設定する。

D. セカンダリインデックスを設定する。

E. マルチ AZ 機能を有効にする。

解説

　本問では、可能な限り最新のデータを返す必要があるものの、障害時には必ずしもキャッシュから最新のデータを返す必要はないとされています。このような要件の場合、キャッシュ戦略として遅延読み込みを採用します。

ElastiCache for Redis を利用した場合の遅延読み込みの仕組みは、図 5.1-2 のとおりです。

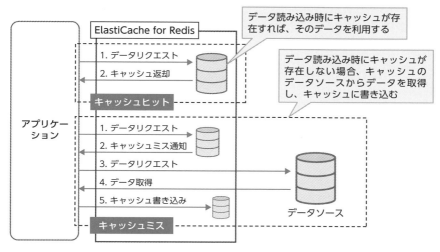

図 5.1-2　遅延読み込みの仕組み

遅延読み込みでは、キャッシュミス時にキャッシュへの書き込みを行います。このような構成にした場合のメリットとデメリットは表 5.1-2 のとおりです。

表 5.1-2　遅延読み込みのメリットとデメリット

メリット	メモリをあまり使わない ・リクエストされたデータのみをキャッシュする
	ノードに障害が発生した場合、システムへの影響が小さい ・障害により空のノードに置き換わった場合、レイテンシーは長くなるが継続してシステムは稼働できる ・リクエストされたデータのみをキャッシュするため、障害発生前の状態に戻る時間が短い
デメリット	キャッシュミス時のレイテンシーが大きい ・データソースへの参照とキャッシュへの書き込みが発生する
	キャッシュデータが古い可能性がある ・キャッシュミス時にのみキャッシュされる

TTL は、どの程度の期間、データを残しておくかという設定です。遅延読み込み方式を採用した場合、この設定がなければ、キャッシュから古いデータしか取得できないため、リアルタイムに変化するデータをユーザーに提供することができません。

以上より、本問の要件を満たすには、遅延読み込みと TTL の組み合わせが最適です。したがって、B と C が正解です。

A. 書き込みスルーは、キャッシュシステム障害が発生した場合にデータを取得できなくなり、また、不要なデータがキャッシュに残ることがあります。よって、不適切です（書き込みスルーの詳細については、P.155 問 9 の解説をご参照ください）。

D. セカンダリインデックスは、プライマリキー以外のフィールドに追加でインデックスを作成する機能ですが、キャッシュではないため不適切です。

E. マルチ AZ は、高可用性のための冗長化の仕組みです。キャッシュから最新データを返却したり、不要なデータを残さないなどのキャッシュ戦略とは無関係なため不適切です。

[答] B、C

問 11

あなたのチームは、証券会社向けのシステム開発を行っています。システムが顧客に提供している Web サービスの 1 つに年間取引報告書の作成があります。このサービスは、顧客からのリクエストがあると EC2 上でジョブが実行されます。このジョブはステートレスです。時間帯や時期によって顧客からのリクエスト数が大きく変わるため、並列かつスケーラブルな構成にする必要があります。システムを疎結合に保ちつつパフォーマンスを発揮するためには、どのような構成にすればよいですか。（1つ選択してください）

A. ジョブリクエストを受け付ける SQS のキューを作成する。EC2 Auto Scaling グループを作成し、EC2 の CPU 使用率に応じてジョブ実行インスタンス数を変化させる。

B. ジョブリクエストを受け付ける SQS のキューを作成する。EC2 Auto Scaling グループを作成し、SQS のリクエスト数に応じてジョブ実行インスタンス数を変化させる。

C. ジョブリクエストを送信する Amazon SNS のトピックを作成する。EC2 Auto Scaling グループを作成し、EC2 のネットワーク使用率に応じてジョブ実行インスタンス数を変化させる。

D. ジョブリクエストを送信する Amazon SNS のトピックを作成する。EC2 Auto Scaling グループを作成し、SNS のメッセージ数に応じてジョブ実行インスタンス数を変化させる。

解説

この設問のように大量のジョブを非同期的に処理するケースでは、ジョブを SQS キューに保持しておき、EC2 や Lambda を用いてキューを取り出して処理する方式がよく用いられます。

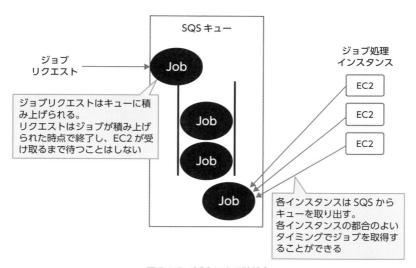

図 5.1-3　SQS による疎結合

このような方式を用いる目的は、サービス間の結合を疎にすることです。

それでは、結合を疎にしなければ、どのような問題があるのでしょうか。たとえば、SQS を利用せず、直接 EC2 にジョブリクエストを発行する構成を考えてみます。

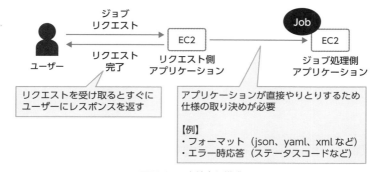

図 5.1-4　密結合な構成

　図 5.1-4 の構成では、リクエスト側のアプリケーションは、ジョブ処理側のアプリケーションの仕様に即した実装にする必要があります。また、ジョブ処理側のアプリケーションも同様に、リクエスト側の仕様に合わせて実装する必要があります。このため、いずれかのアプリケーションの仕様が変更になった場合は、両方のアプリケーションを改修することになります。このような状態を「結合が密である」といい、両方のアプリケーションを改修することになるため、改修コストが大きくなるという問題があります。

　SQS を利用しない構成では、この他にも次のような問題があります。

- リクエスト時に、ジョブ処理側の EC2 が高負荷のジョブを処理するなどしてビジー状態だった場合、リクエストがタイムアウトとなり、処理が受け付けられない可能性がある。
- リクエスト側とジョブ処理側が 1 対 1 の関係になっているため、スケールアウトできない。
- 基本的にジョブを並列処理することができない。ジョブ処理側のアプリケーション内で並列処理ができるように実装することで並列処理は可能になるが、実装コストがかかる。

　上記の問題は、SQS を用いることで解消されます。SQS を用いた構成では、キューにたまっているリクエストの数に応じてインスタンスをスケーリングさせるため、大量のリクエストが発行された場合にはインスタンスをスケールアウトさせます。このように、リクエストの数によって適切にスケーリングすることができます。したがって、B が正解です。

- **A.** CPU 使用率に応じてスケーリングさせる方法では、ジョブが CPU をあまり使わないような処理だった場合にインスタンスがスケールアウトせず、大量のリクエストが発行された際に処理が遅延します。
- **C、D.** SNS はキューを保持しておくことができません。

[答] B

問 12

ソリューションアーキテクトは、社員が業務でかかった費用を請求する領収書の画像をキャプチャして、経費をトラッキングするモバイルアプリケーションを設計しています。Web/AP サーバーとして EC2 インスタンスが 1 台設置されています。領収書の画像データは、EC2 上で認証やウイルスチェック処理をした後でS3 に保存したいと考えています。現在、Web/AP サーバーにはトラフィックが大量に発生しており、モバイルアプリケーションからのアクセスが追加されるとシステムがビジー状態になることが予想されます。モバイルアプリケーションからのアクセス負荷を分散しながら S3 に領収書の画像を保存する最も効率的な方法はどれですか。（1つ選択してください）

- **A.** 署名済み URL を使用してモバイルアプリケーションから S3 に直接アップロードする。
- **B.** 2つめの S3 バケットを作成し、領収書の画像データは新しく作成した S3 にアップロードする。S3 イベント通知を利用して Lambda で画像を 1つめのS3 バケットにコピーする。
- **C.** ELB を作成し、EC2 Auto Scaling グループを設定する。EC2 Auto Scalingグループには領収書の画像データを処理する EC2 を設定する。領収書の画像データはこの ELB 経由で EC2 にアップロードし、S3 バケットに書き込む。
- **D.** Web/AP サーバーをスポットインスタンスとして起動し、画像を処理するためのリソースを提供する。

解説

このシステムでは EC2 上でユーザーを認証し、アップロードする画像のチェックを行った後で、S3 に画像を格納します。本問では、S3 にアップロードする前の処理を EC2 上で実行する必要がありますが、サーバー台数が不足しています。本問のようにサーバー台数が不足しており、水平スケーリングで解決可能なケースでは、EC2 Auto Scaling を利用します。EC2 Auto Scaling によって負荷分散された EC2 に画像をアップロードした後、処理を行って S3 に格納する C が正解です。

A、B. S3 に直接、領収書の画像データをアップロードしていますが、問題文には、EC2 上で認証やウイルスチェック処理を行うと書かれています。S3 やLambda だけでは認証やウイルスチェックの処理は実行できません。

D. スポットインスタンスでは EC2 インスタンスを比較的低価格で実行できますが、価格が安くなっても負荷分散にはなりません。

[答] C

問 13

　ある企業は、会議の録音データから議事録を生成するサービスを提供しています。クライアントからは、複数の音声ファイルの入った Zip ファイルがインターネット経由で送られてきます。このサービスは、音声ファイルをインターネット経由で外部システムの API に送信し、文字起こしをする必要があります。また、API 呼び出し結果が正常かどうかを確認できる必要があります。性能を向上させ、スケーラブルにするためにどのように設計すればよいですか。(1つ選択してください)

A. Step Functions を利用して Lambda を並列に実行し、各音声ファイルを外部 API に送信する。
B. SQS を利用して各音声ファイルを外部 API に送信する。
C. Transcribe を利用して各音声ファイルを外部 API に送信する。
D. EC2 を利用して各音声ファイルを外部 API に送信する。

解説

この設問には以下の要件があります。

- 複数の音声ファイルを外部システムの API に送信する
- API の呼び出し結果が正常であるか否かを確認する
- 性能が高い
- スケーラブルである

　これらの要件は、Step Functions と Lambda の組み合わせで満たすことができます。Step Functions ではワークフローを管理することができます。また、ワークフローは処理をいくつかのステップの集まりとして定義します。本問の Step Functions と Lambda の構成は図 5.1-5 のとおりです。

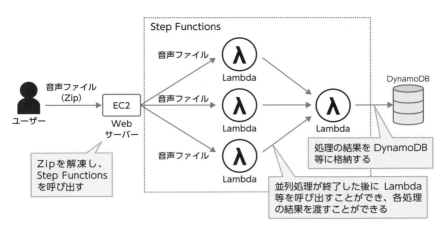

図 5.1-5　Step Functions と Lambda の構成

　この方法により、複数の音声ファイルを処理するために必要なスケーラブルなリ
ソースを自動的に割り当てることができます。また、Step Functions と Lambda は
自動的に冗長性を提供するため、性能を向上させることができます。したがって、A
が正解です。

B. SQS はキューイングサービスです。外部 API にはアクセスできません。

C. Transcribe は音声をテキストに変換するサービスです。設問の要件として、
文字起こしは外部の API を利用することになっているので、Transcribe は使
用しません。

D. EC2 は単独で利用するだけではスケーラブルではありません。EC2 Auto
Scaling と組み合わせることでスケーラブルになりますが、スケーラビリティ
や並列実行時の性能はサーバーレスのサービスに劣ります。また、ワークフ
ロー管理機能がないため、API 呼び出し結果の確認などの処理をユーザーが
開発する必要があります。

[答] A

問 14

EC2 上で Spring Framework を利用した Java Web アプリケーションが提供されています。このアプリケーションをスケーラブルな構成に変更したいと考えています。どの方法が適切ですか。（1つ選択してください）

A. ALB を用いて Auto Scaling を設定する。ElastiCache for Redis を追加してセッション情報を格納する。

B. ALB を用いて Auto Scaling を設定する。RDS for PostgreSQL を追加してセッション情報を格納する。

C. ALB を用いて Auto Scaling を設定する。FSx for Lustre を追加してセッション情報を格納する。

D. ALB を用いて Auto Scaling を設定する。MemoryDB for Redis を追加してセッション情報を格納する。

解説

Web アプリケーションをスケーラブルにする際には以下の 2 点が重要です。

- 水平スケーリングが可能であること
- アプリケーションインスタンスは状態を持たない（ステートレスである）こと

EC2 を水平スケーリングさせるには、Auto Scaling を利用します。本問の選択肢 A～D はいずれも Auto Scaling を利用しており、水平スケーリングが可能になっています。また、「状態を持たない」とは、ユーザーが Web アプリケーションにアクセスしたときに、どの EC2 インスタンスにアクセスしても同じ結果が得られることを指します。そのため、データは EC2 インスタンスではなくデータベースに保存しておき、EC2 が必要に応じてデータをデータベースから取得する仕組みにします。

さて、本問では、適切なセッション情報の格納方法についても検討する必要があります。セッション情報はログイン状態のような一時的な情報であり、頻繁にアクセスされるため、低レイテンシーのデータベースに保存します。なお、セッション情報は消えても問題がない情報なので[1]、データの耐久性は必要とされていません。ElastiCache for Redis は、Redis 互換のインメモリデータベースであり、低遅延なの

---

[1] Web サービスを利用しているとき、一定時間経つと自動的にログアウトされていることがありますが、これはセッション情報が消えているためです。

でセッション情報の格納に適しています。したがって、A が正解です。

B. RDS for PostgreSQL はリレーショナルデータベースです。データの耐久性は ありますが、レイテンシーは ElastiCache のほうが低いです。

C. FSx for Lustre はファイルシステムサービスなので、セッション情報の格納 には適していません。

D. MemoryDB for Redis は低遅延であり、ElastiCache for Redis と同様にセッ ション情報の格納に利用できます。しかし、ElastiCache と比較するとレイテ ンシーが若干高いため、セッション情報の格納には ElastiCache のほうが適 しています。

[答] A

問 15

ある企業では、オンプレミスで Web サイトを運営しています。今後、この Web サイトを AWS に移行する予定です。ソリューションアーキテクトは、この Web サイトは合計 6 台の EC2 インスタンスを ALB で負荷分散することが最適だ と判断しました。どのような構成にすれば可用性を高めることができますか。(1つ 選択してください)

A. 3つのリージョンを利用する。各リージョンではそれぞれ 2つの AZ を利用 する。各 AZ に EC2 インスタンスを 1 台ずつ配置するように EC2 Auto Scaling を設定する。

B. 3つのリージョンを利用する。各リージョンに EC2 インスタンスを 2 台ずつ 配置するように EC2 Auto Scaling を設定する。

C. 1つの AZ を利用する。その AZ にはすべての EC2 インスタンスを配置する ように EC2 Auto Scaling を設定する。

D. 2つの AZ を利用する。各 AZ に EC2 インスタンスを 3 台ずつ配置するよう に EC2 Auto Scaling を設定する。

> **解説**

　6 台の EC2、および ALB を利用することが決まっており、この条件で可用性を高める構成について問われています。選択肢 A〜D のうち D は、2 つの AZ にまたがって EC2 インスタンスを配置しています。そのため、一方の AZ に障害が発生しても、もう一方の AZ の EC2 インスタンスで処理が可能です。したがって、この構成は可用性が高いといえるので、D が正解です。

A. 3 つのリージョンにまたがって EC2 インスタンスを配置していますが、リージョンをまたいで ALB を設定することはできません。

B. A と同様、リージョンをまたいで ALB を設定することはできません。

C. 1 つの AZ のみを使用する構成では、AZ 障害が発生した場合にシステムが停止します。よって、可用性が高いとはいえません。

[答] D

> ## 問 16

　ある企業では、単一の EC2 インスタンスを使用して Web アプリケーションを運用しています。アプリケーションでは、ユーザーがアップロードしたドキュメントが EBS に保存されます。可用性を向上させるため、同社は ALB の背後に新たな EC2 インスタンスを配置しようと考えています。また、将来的なユーザー数の増加に備えて、さらなる EC2 インスタンスの追加も視野に入れています。アプリケーションの要件を満たしつつ拡張性のあるアプリケーションを提供するための適切なアーキテクチャはどれですか。(1 つ選択してください)

A. ALB の背後に EC2 インスタンスと EBS のセットを配置する。一方の EBS が更新されるたびにアプリケーションから Lambda を呼び出し、他方の EBS に更新内容を反映させる。

B. ALB の背後に EC2 インスタンスと EBS のセットを配置する。ALB のスティッキーセッションを有効化し、ユーザーに応じて特定の EC2 インスタンスへリクエストを送信する。

C. ALB の背後に EC2 Auto Scaling グループを有効化した EC2 と EBS を配置する。EBS のデータ同期オプションを有効化する。

D. ALB の背後に EC2 Auto Scaling グループを有効化した EC2 を配置する。EFS を作成し、ユーザーがアップロードしたドキュメントが EFS に保存されるよう、アプリケーションを変更する。

解説

ここでは、アプリケーションをホストする EC2 インスタンスを増やした際の、ストレージ内のデータの共有方法がポイントとなります。EFS を使用することで、複数の EC2 インスタンス間でストレージ内のデータ共有が可能になります。また、EC2 Auto Scaling グループの有効化は、EC2 インスタンスの数を可変にすることができるため、拡張性があるといえます。したがって、D が正解です。

A. EC2 インスタンスの数が増えれば増えるほど Lambda で更新する EBS も増えるため、拡張性があるとはいえず、不適切です。

B. スティッキーセッションでは、セッション情報のある特定の EC2 インスタンスにしかリクエストを送信できないため、別の EC2 にある EBS とデータの整合性がとれません。したがって、拡張性があるとはいえないため、不適切です。

C. EBS にデータ同期のオプションは存在しません。

[答] D

問 17

ある企業では、AWS 上で大規模な分散アプリケーションを構築する必要があります。アプリケーションではさまざまなワークロードを処理するため、複数のノード間でジョブの調整を行うプライマリノードを作成します。弾力性のあるアプリケーションを構築するためには、どのようなアーキテクチャを設計すべきですか。(1つ選択してください)

A. ジョブの送信先として AppFlow を設定し、コンピューティングノードとして、EC2 Auto Scaling グループを有効化した EC2 インスタンスを使用する。EC2 Auto Scaling のスケジュールされたスケーリングを設定する。

B. ジョブの送信先として SQS を設定し、コンピューティングノードとして、

EC2 Auto Scaling グループを有効化した EC2 インスタンスを使用する。1 インスタンスあたりの SQS キューのメッセージ数にもとづくスケーリングを設定する。

C. ジョブの送信先として Amazon SNS を設定し、コンピューティングノードとして、EC2 Auto Scaling グループを有効化した EC2 インスタンスを使用する。プライマリノードの CPU 使用率にもとづくスケーリングを設定する。

D. ジョブの送信先として EventBridge を設定し、コンピューティングノードとして、EC2 Auto Scaling グループを有効化した EC2 インスタンスを使用する。コンピューティングノードの CPU 使用率にもとづくスケーリングを設定する。

解説

大規模な分散アプリケーションでは、SQS がよく使用されます。SQS により、アプリケーションを非同期にし、疎結合な構成にすることができます。キューにジョブを溜めておけるので、コンピューティングノードは任意のタイミングでジョブを取り出すことができ、並列処理が可能となります。したがって、B が正解です。

A. AppFlow は、Salesforce などの SaaS アプリケーションと S3 などの AWS サービスとの間でデータを安全かつ簡単に転送できるサービスであり、ジョブの送信先としては適していません。また、一定の時刻や時期に必ずしもジョブが増加するわけではないため、スケジュールされたスケーリングの設定も不適切です。

C. SNS は Push 型のメッセージングサービスであるため、キューにデータを溜めておくことができません。

D. EventBridge は、特定の AWS イベントに応じて他の AWS サービスを呼び出す、コンポーネント接続のためのサーバーレスサービスであり、ジョブの送信先としては不適切です。

[答] B

問 18

あるアプリケーションに、アンケート機能を追加しようとしています。ユーザー
が回答したアンケート結果はテキストファイルとして S3 に格納され、簡単なデー
タ処理によって JSON 形式に変換され、データベースに保存されます。アンケー
ト結果は、なるべく早くデータベースに格納される必要があります。また、アン
ケートは日によって大量のユーザーが回答することもあれば、ほとんど回答され
ないこともあります。これらの要件を満たす、弾力性とコストパフォーマンスに
優れたアーキテクチャはどれですか。（1つ選択してください）

A. AWS Batch を用いて 30 分ごとに S3 上のファイルを処理し、JSON ファイ
ルを DynamoDB に格納する。

B. SQS キューを作成し、S3 のイベント通知機能を使用する。EC2 インスタ
ンスを使用してデータを SQS から読み取り、処理する。JSON ファイルを
Amazon Aurora for JSON に格納する。

C. EventBridge を使用して、S3 へのファイルアップロードを検知して DataSync
を起動する。JSON ファイルを DynamoDB に格納する。

D. SQS キューを作成し、S3 のイベント通知機能を使用する。Lambda を使用
してデータを SQS から読み取り、処理する。JSON ファイルを DynamoDB
に格納する。

解説

この設問のポイントは、データ量にばらつきがあることと、なるべく早くデータ
を処理する必要があることです。データ量にばらつきがある場合は、SQS と Lambda
を用いて疎結合かつ並列処理を行うことで、弾力性とコストメリットを実現できま
す。また、なるべく早くデータを処理する必要があるため、バッチ処理ではなく準
リアルタイムでの処理が求められます。S3 イベント通知を用いれば、アップロー
ドされたファイルの内容を SQS へ送ることができます。また、Lambda のイベント
ソースとして SQS を指定できるため、S3 から SQS、Lambda までをスムーズに実行
することができます。したがって、D が正解です。

A. AWS Batch は、大規模かつ複雑な処理を行うことができるバッチ処理サービ
スであり、データ処理は可能です。しかしながら 30 分ごとの実行では、他の
選択肢と比較してデータを早くデータベースに格納することはできないため、

不適切です。

B. EC2 インスタンスは常に起動しておく必要があるため、今回のケースでは Lambda と比較するとコストパフォーマンスの面で劣ります。また、Amazon Aurora for JSON というサービスは存在しません。Amazon Aurora は MySQL と PostgreSQL をサポートしていますが、どちらもリレーショナルデータベースであり、JSON の保存には適していません。

C. DataSync は、ストレージ間のデータ移動のためのサービスであり、今回のケースには不適切です。

[答] D

問 19

　ある会社は、S3 を利用して有料会員限定の動画を配布しようと考えています。ユーザーが申し込みを行って料金を支払った後、1 か月間は動画のダウンロードが可能です。CloudFront を組み合わせてアクセスの制御を行う場合、最もシンプルな実装はどれですか。（1つ選択してください）

A. S3 をオリジンとして CloudFront ディストリビューションを設定する。ユーザーが料金を支払うと、そのユーザーごとに S3 にファイルを配置し、ユーザーへファイルの S3 アドレスを通知する。ファイルの有効期限を DynamoDB で管理し、Lambda を使って有効期限が過ぎたファイルを削除する。

B. オリジンアクセスコントロール（OAC）を作成して CloudFront ディストリビューションに関連付け、オリジンを S3 に設定する。CloudFront のキャッシュ保持期間を 1 か月に設定する。料金を支払ったユーザーに CloudFront URL を通知する。

C. オリジンアクセスコントロール（OAC）を作成して CloudFront ディストリビューションに関連付け、オリジンを S3 に設定する。ユーザーが料金を支払うと、有効期限を 1 か月に設定した CloudFront 署名付き URL を発行する。発行された署名付き URL をユーザーに通知する。

D. オリジンアクセスコントロール（OAC）を作成して CloudFront ディストリビューションに関連付け、オリジンを S3 に設定する。ユーザーが料金を支

払うと、署名付き Cookie を発行し、ファイルへのアクセスを許可した上で
CloudFront URL を通知する。ファイルの有効期限を DynamoDB で管理
し、Lambda を使って有効期限が過ぎたファイルを削除する。

解説

　ここでは、CloudFront と S3 を組み合わせて、限定されたユーザーにプライベー
トコンテンツを配布する方法が問われています。S3 に配置したファイルへのアク
セスを制限するには、オリジンアクセスコントロール（OAC）と呼ばれる特別な
CloudFront ユーザーを作成し、ディストリビューションに関連付ける必要があり
ます。また、CloudFront 署名付き URL を使用して、URL に有効期限を設定します。
したがって、C が正解です。

A. ユーザーに S3 のアドレスを通知すると、CloudFront を利用する意味があり
　 ません。また、DynamoDB と Lambda で有効期限を管理する仕組みは、署名
　 付き URL で有効期限を管理する方法よりも複雑です。

B. CloudFront のキャッシュ保持期間を 1 か月とした場合、この保持期間を過ぎ
　 てアクセスを行うと、CloudFront がオリジンからファイルを取得します。保
　 持期間後のファイルへのアクセスを制限できるわけではありません。

D. DynamoDB と Lambda で有効期限を管理する仕組みは、署名付き URL で有
　 効期限を管理する方法よりも複雑です。

[答] C

5.2 高可用性、フォールトトレラントなアーキテクチャを設計する

問 1

あなたの会社の Web システムは、単一リージョンの EC2 インスタンスで実行されています。ソリューションアーキテクトは、災害が発生した場合、アプリケーションを別のリージョン上で素早く起動できるように求められています。

この要求に応えるための最適なソリューションはどれですか。（1つ選択してください）

A. EC2 インスタンスの EBS ボリュームをデタッチし、S3 にコピーする。コピーした EBS ボリュームを利用して異なるリージョンで EC2 インスタンスを起動する。

B. EC2 インスタンスの EBS ボリュームを S3 Glacier にコピーする。コピーした EBS ボリュームを利用して異なるリージョンで EC2 インスタンスを起動する。

C. EC2 インスタンスの AMI を取得して異なるリージョンへコピーし、コピーした AMI を利用して EC2 インスタンスを起動する。

D. S3 から EBS ボリュームをコピーし、その EBS ボリュームを利用して異なるリージョンで EC2 インスタンスを起動する。

解説

この設問のケースでは、起動済みの EC2 インスタンスと同一のリソースを別のリージョンに作成する必要があります。同一のリソースを作成する場合、AMI の利用が適切です。起動している EC2 インスタンスから AMI を作成し、別のリージョンでその AMI から EC2 インスタンスを起動することができます。したがって、C が正解です。

A. EBS スナップショットを取得するとしても、ボリュームをデタッチする必要はありません。また、S3 に取得したスナップショットを別のリージョンにコ

ピーする必要がありますが、その対応が不足しています。

B. S3 Glacier は、S3 に一定期間保管されているデータをバックアップするためのサービスであり、S3 Glacier からのリストア作業には時間を要します。

D. 別のリージョンで EC2 インスタンスを起動することは可能ですが、復元できるのは EBS に格納されているデータのみであり、インスタンスを構成する管理情報は含まれません。このため、C と比較して同一の構成を復元するには手間がかかります。

[答] C

5

問2

ある会社では、業務における重要なデータをオンプレミスから S3 に移行することを計画しています。要件として、データを保存するためのバージョン管理が有効になっていることが求められています。また、同社のポリシーにて、災害対策のために複数のリージョンでデータを管理すべきであると規定されています。

ソリューションアーキテクトは、S3 ソリューションをどのように設計する必要がありますか。(1つ選択してください)

A. 2つのリージョンでバージョン管理を行う S3 バケットをそれぞれ作成し、クロスリージョンレプリケーション (CRR) を有効にする。

B. 2つのリージョンに S3 バケットをそれぞれ作成し、クロスオリジンリソースシェアリング (CORS) を設定する。

C. 2つのリージョンに S3 バケットをそれぞれ作成し、クロスリージョンレプリケーション (CRR) を有効にする。

D. 2つのリージョンでバージョン管理を行う S3 バケットをそれぞれ作成し、クロスオリジンリソースシェアリング (CORS) を設定する。

解説

ここでは、複数リージョンの S3 バケット上にデータを保持し、それらのデータをバージョン管理するためのソリューションが問われています。

選択肢 A〜D のうち A はバージョン管理が行われており、かつ、オリジナルの

データが単一のリージョンに作成され、異なるリージョンに複製されるため、リージョン障害時のバックアップとして機能させることが可能です。したがって、A が正解です。

B、C. バージョン管理が行われていません。

D. オリジナルのデータが異なるリージョンに保持されることになり、リージョン障害に耐えることができません。

[答] A

問 3

　ある企業では、自社で運用しているオンプレミスの MySQL データベースを AWS へ移行することを検討しています。同社は、データベースの移行に際して、可能な限りリアルタイムにすべてのトランザクションを 2つ以上のノードに保存できるような可用性の担保を要件としています。この要件を満たす最も費用対効果の高いソリューションはどれですか。（1つ選択してください）

A. 異なるリージョンへの同期レプリケーション機能を利用して RDS の MySQL DB インスタンスを作成する。

B. RDS の MySQL DB インスタンスを作成してから、データを同期的に複製するために別のリージョンにリードレプリカを作成する。

C. 同期レプリケーションを有効にするためにマルチ AZ 機能を有効にして、RDS の MySQL DB インスタンスを作成する。

D. RDS の MySQL DB インスタンスを作成する。さらに、この RDS インスタンスと同期させるために MySQL エンジンがインストールされた EC2 インスタンスを起動する。MySQL を同期させる処理を Lambda 関数としてデプロイする。

解説

　可用性を高めるために RDS のマルチ AZ 機能を活用し、リージョン内の複数の AZ にインスタンスを展開するのは有効なソリューションです。マルチ AZ 設定を有

効にするだけで実現できるため、追加の構築コストは不要です。インスタンスの費用は倍になりますが、稼働系・待機系の DB インスタンスの運用コストはかからないため、費用対効果も高いといえます。したがって、C が正解です。

A、B. RDS のリージョン間レプリケーションは非同期に行われます。また、リードレプリカのデータ更新も同様に非同期であり、「可能な限りリアルタイム」という要件を満たしません。さらに、B の場合は、インスタンスの構築コストがかかるため費用対効果の面でも劣ります。

D. このソリューションでは、RDS のトランザクション追加をトリガーに Lambda 関数を呼び出すことはできません。また、RDS と EC2 のノード切り替えには別途仕組みが必要になるため、アーキテクチャ全体が複雑になり、構築および運用の観点で費用対効果が高いとはいえません。

[答] C

問4

　ある企業では、主にオンプレミスのデータセンターで Web サーバーを運用しています。現時点では完全に AWS に移行することはできませんが、障害発生に備えて AWS 上での環境構築を検討しています。また、オンプレミスと AWS 間のデータは整合性がとれている必要があります。オンプレミスのデータセンター障害時のダウンタイムが最も少ないソリューションはどれですか。（1つ選択してください）

A. Route 53 にフェイルオーバーレコードを設定する。VPC とデータセンターの間に Direct Connect 接続を設定する。アプリケーションサーバーとして、EC2 Auto Scaling グループを有効化した EC2 を起動する。Lambda 関数から CloudFormation テンプレートを実行し、ALB および EC2 を作成する。

B. Route 53 にフェイルオーバーレコードを設定する。アプリケーションサーバーとして、ALB の背後に EC2 Auto Scaling グループを有効化した EC2 インスタンスを起動する。Storage Gateway を設定して、データを S3 にバックアップできるようにする。

C. Route 53 にフェイルオーバーレコードを設定する。CloudFormation テンプレートを実行して、ALB の背後に EC2 インスタンスを作成する。Storage

Gateway を設定して、データを S3 にバックアップできるようにする。

D. Route 53 にフェイルオーバーレコードを設定する。Lambda 関数から CloudFormation テンプレートを実行し、2つの EC2 インスタンスを起動する。Storage Gateway を設定して、データを S3 にバックアップできるようにする。VPC とデータセンターの間に Direct Connect 接続をセットアップする。

解説

ここでのポイントは、ダウンタイムが最も少ないソリューションを選択することです。Route 53 は AWS マネージドの DNS サービスで、ヘルスチェック機能を持っており、障害発生時のフェイルオーバーが可能です。また、Route 53 のドメイン名には ALB の DNS 名を指定することができます。次に、Storage Gateway は、オンプレミスから AWS のストレージサービスに接続してデータやファイルのバックアップを行うことができるサービスです。これらを組み合わせた選択肢 B のソリューションは、待機系の環境構築のリードタイムがかからない点で、他の選択肢と比較して相対的にダウンタイムが少ないといえます。したがって、B が正解です。

A. VPC とデータセンターの間に Direct Connect 接続を設定しただけではデータを同期できず、ソリューションとして不十分です。また、障害発生後に CloudFormation テンプレートを利用して ALB や EC2 を作成することになっているので、サービス全体が復旧するまでに時間がかかってしまいます。よって、障害時のダウンタイムが最も少ないとはいえません。

C. A と同様、CloudFormation テンプレートを利用すると復旧に時間がかかります。さらに、CloudFormation テンプレートをどのように実行するのかという記述もありません。

D. Direct Connect 接続設定にはリードタイムがかかるため、すぐには利用開始できません。CloudFormation を利用している点も A や C と同様に不適切です。

[答] B

ある企業は、本番環境として us-east-1 リージョンに Development、Testing、Production という名前の 3 つの VPC を運用しています。今回、これら 3 つの VPC をオンプレミスのデータセンターに接続する要件が出てきました。セキュリティ要件のため、各 VPC を分離した上で、今後、新たな VPC を構築しやすいように拡張性を担保する必要があります。最適なソリューションはどれですか。(1 つ選択してください)

A. データセンターに接続し直すために、VPC ごとに Direct Connect 接続と VPN 接続を新規に作成する。

B. すべての VPC から Production VPC への VPC ピアリングを作成する。Production VPC からデータセンターへの戻りの通信に Direct Connect 接続を使用する。

C. すべての VPC からの VPN 接続を Production VPC の VPN に接続する。Production VPC からデータセンターへの戻りの通信に VPN 接続を使用する。

D. Network と名付けた VPC を新規に作成する。Transit Gateway を新規に作成し、この Network VPC をアタッチする。また、データセンターへの戻りの通信用の Direct Connect 接続を同様にアタッチする。Network VPC と他のすべての VPC を Transit Gateway 経由で接続する。

この設問のポイントは、今後の VPC 増加に対応できる拡張性です。このようなケースでは、VPC や Direct Connect の中継ハブとして機能する Transit Gateway の利用が適切です。Transit Gateway はルートテーブルを持ち、複数の VPC や Direct Connect 間の接続を単一のゲートウェイで管理することができます。また、トラフィック量に応じて自動スケーリングするマネージドのサービスです。Transit Gateway を採用することにより、接続先 VPC の追加にともなうピアリングなどのネットワーク設計を簡素化、省力化することができるため、拡張性が高くなります。したがって、D が正解です。

A. Direct Connect 接続と VPN 接続を同時に新規作成する必要性がなく、合理的なネットワーク設計とはいえません。

B. VPC ピアリングを VPC 間ごとに作成する方法は、接続先の VPC 等が増える
たびに作成する数が増えていくので、拡張性が高いとはいえません。

C. VPN 接続を VPC 間ごとに作成する方法も拡張性が低いです。

[答] D

問 6

あなたの部署では、パブリック API を提供するアプリケーションサーバーとし
て EC2 を運用しています。ディザスタリカバリとして、EC2 をマルチリージョン
に展開することを検討しています。データベースとしては、RDS for MySQL を採
用しています。目標復旧時間（RTO）は 3 時間、目標復旧時点（RPO）は 24 時間
です。最も低いコストでこれらの要件を満たすアーキテクチャはどれですか。(1 つ
選択してください)

A. リージョン間のフェイルオーバーには ALB を使用する。userdata スクリプ
トを使用して新しい EC2 インスタンスを起動する。各リージョンに個別に
RDS インスタンスを起動する。

B. リージョン間のフェイルオーバーには Route 53 を使用する。userdata ス
クリプトを使用して新しい EC2 インスタンスを起動する。バックアップ用
のリージョンに RDS インスタンスのリードレプリカを作成する。

C. パブリック API の提供用途とリージョン間のフェイルオーバー用途に
Amazon API Gateway を使用する。userdata スクリプトを使用して新し
い EC2 インスタンスを起動する。バックアップ用のリージョンに RDS イン
スタンスのリードレプリカを作成する。

D. リージョン間のフェイルオーバーに Route 53 を使用する。userdata ス
クリプトを使用して新しい EC2 インスタンスを起動する。RDS インスタンス
のスナップショットをバックアップとして毎日作成し、スナップショットを
バックアップリージョンに複製する。

解説

ここでのポイントは、目標復旧時間（RTO）が 3 時間、目標復旧時点（RPO）が
24 時間であることです。この時間内に収まる見込みがあり、最も低コストで実現で

きるアーキテクチャを選択する必要があります。

　日次で RDS のスナップショットを作成し、バックアップリージョンで起動できる
ようにしておけば、RPO を満たすことができます。また、この復旧作業は 3 時間未
満で実行することが十分可能であり、RTO の条件も満たします。さらに、Route 53 を
使用して、リージョン間で API のエンドポイントをフェイルオーバーすることが可
能です。したがって、D が適切なアーキテクチャといえます。

A. RTO と RPO の条件を満たすかどうか以前に、ALB を使用してリージョン間
のロードバランシングやフェイルオーバーを行うことはできないため、実現
不可能なアーキテクチャです。

B、C. バックアップ用途で別のリージョンにリードレプリカを作成して維持する
ことで RPO の条件を満たすとともに、RTO を 3 時間以内に収めることは十
分可能ですが、コスト面で割高となります。よって、最もコストが低いアー
キテクチャとはいえません。

[答] D

問 7

　あなたの会社では、社員向けの Web アプリケーションを EC2 インスタンスで
構築しています。このアプリケーションはファイルの保存や参照機能を提供して
おり、アップロードされたファイルを EBS ボリュームに保存しています。現在は
単一の AZ で 1 台の EC2 インスタンスのみで運用されていますが、スケーラビリ
ティと可用性を向上させることが求められています。

　ソリューションアーキテクトであるあなたは、現在のアーキテクチャを複製し、
別の AZ に、2 台目の EC2 インスタンスに EBS ボリュームをアタッチして作成
し、1 台目と 2 台目の EC2 インスタンスをともに ALB の背後に配置しました。し
かし、この改修の後、ユーザーである社員から、Web アプリケーションにアクセ
スしても以前と同じファイルを参照することができないという障害の指摘を受け
ました。この障害を最小限の開発かつ最も高い運用効率で解決できるソリューショ
ンはどれですか。（1つ選択してください）

A. Lambda 関数を作成し、1 台目のインスタンスから 2 台目のインスタンスに
　 ファイルデータを複製する。EventBridge を用いて、この Lambda 関数を
　 毎日スケジュール実行する。

B. Cookie を利用できるようにアプリケーションを改修する。ALB のスティッ
　 キーセッションを設定して、以前と同じファイルがあるインスタンスにルー
　 ティングする。

C. 両方のインスタンスにリクエストを送信するように ALB を設定する。リク
　 エストを受け取ったアプリケーションがファイルの有無を返却し、以前と同
　 じファイルがあるインスタンスにルーティングする。

D. 両方のインスタンスの EBS ボリュームから EFS にデータを複製する。両方
　 のインスタンスに EFS をマウントし、ファイルデータを EFS に保存するよ
　 うにアプリケーションを改修する。

解説

　2 台目のインスタンスの配置後、インスタンス間で別々にファイルデータを持っ
ていることが障害の原因になっています。この障害を解消するためには何らかの手
段でデータを同期させる必要があり、それにはインスタンス間でストレージを共有
できる EFS の利用が有効です。EFS は、AZ をまたいで EC2 にマウントすることが
できます。フルマネージド型のサービスなので自動で容量が拡張し、運用工数も削
減できます。したがって、D が正解です。

A. Lambda 関数を作成しただけでは、2 台目のインスタンスに作成されたファイ
　 ルを 1 台目に同期する手段がありません。また、スケジュール実行のタイミ
　 ングが日次のため、リアルタイムでアクセスがあった場合は同期が間に合わ
　 ないことになります。さらに、開発工数についても、D よりも工数がかかる
　 ことが見込まれます。

B. スティッキーセッションとは、Cookie 情報にもとづいてセッションを特定の
　 インスタンスに誘導するための仕組みです。Cookie が有効な場合は、以前ア
　 クセスしたインスタンスに導くことができますが、Cookie が無効化されたり、
　 失効したりした場合は、別のインスタンスにルーティングされるため、同じ
　 ファイルを参照するソリューションとしては不完全です。これにより、アー
　 キテクチャ改修の目的である可用性の向上という要件を満たさなくなります。

C. ALB は、同時に複数のインスタンスにリクエストを送ることはできません。
　 また、アプリケーションが配置されているインスタンスからも、ALB に対し

て再度ルーティングを要求することは不可能です。

[答] D

問8

ある会社は、ブロックチェーンを利用したオンラインゲームを提供しています。同社は、DynamoDB を使用してゲームデータを保存しています。ゲームデータは目標復旧時点（RPO）が 10 分、目標復旧時間（RTO）が 1 時間である必要があります。これらの要件を満たすために、どのようにシステムを構築しますか。（1つ選択してください）

A. DynamoDB の DAX を有効にする。

B. DynamoDB のゲームデータテーブルに 1 時間の TTL を設定する。

C. DynamoDB のポイントインタイムリカバリを有効にする。

D. DynamoDB にグローバルセカンダリインデックスを設定する。

解説

DynamoDB のポイントインタイムリカバリを有効にすると、テーブルデータが自動でバックアップされます。バックアップデータは 35 日間保存され、現在時刻から 5 分前までの任意の時点のデータに復旧できます。したがって、C が正解です。

A. DAX は、DynamoDB のキャッシュ機能です。データの復旧とは関係がないため不適切です。

B. TTL（Time To Live）はデータの有効期限であり、TTL で設定された時間が経過したデータは自動的に消去されます。そのため、TTL を設定してもバックアップとは関係がないため不適切です。

D. グローバルセカンダリインデックス（GSI）は、特定のキーを利用した際のクエリ性能を向上させる仕組みです。GSI を設定してもデータの復旧とは関係ありません。

[答] C

問 9

現在、あなたは顧客のクラウド型ファイル管理システムを構築中です。顧客からは、各ドキュメントのすべての変更履歴を保存しておき、いつでも過去のバージョンを参照できるように要望されています。また、ドキュメントの誤った削除を防止できることと、各ドキュメントの新規アップロード、ダウンロード、上書き保存ができることも求められています。ファイルストレージには S3 を利用することにしました。顧客の要望を満たすために、どのような設定を行う必要がありますか。（2つ選択してください）

A. ドキュメントの削除に多要素認証（MFA）を要求するバケットポリシーを設定する。

B. バージョニング機能を有効にする。

C. ドキュメントの削除を禁止する IAM ポリシーを作成し、S3 バケットにアタッチする。

D. ACL で S3 のドキュメントの削除を禁止する。

E. クロスリージョンレプリケーションを有効にする。

解説

ここでは、S3 の各機能について理解し、設問の要件を満たすためにはどの機能を利用すべきか判断する必要があります。バケットポリシーによる MFA（多要素認証）要求は、誤った削除を防ぐために有効です。また、バージョニング機能を有効にすることで過去のバージョンを参照することができます。したがって、A と B が正解です。

C. IAM ポリシーは、ユーザーやロールに対してアタッチできますが、S3 にはアタッチできません。S3 にアタッチできるのはバケットポリシーです。

D. ACL（アクセスコントロールリスト）の設定で削除のみを禁止することはできません。ACL でドキュメントの削除を禁止するには、WRITE 権限を付与しないようにします。しかし、WRITE 権限を付与しない場合、新規アップロードと上書き保存も禁止されます。

E. クロスリージョンレプリケーションを有効にしても、過去のバージョンを参照できず、また、ドキュメントの誤った削除を防ぐこともできません。

[答] A、B

問 10

あなたの企業の Web サイトでは、静的なファイルを S3 バケットに保存して公開しています。先日、社内のエンジニアが操作を誤って S3 バケット内の静的ファイルを削除してしまい、Web サイトが一時停止しました。再発防止策として、誤って削除したデータを復旧させるソリューションを提供する必要があります。どのように対応すればよいですか。(1つ選択してください)

A. クロスリージョンレプリケーションを有効にする。

B. ACL で削除を禁止する。

C. バージョニング機能を有効にする。

D. ライフサイクルポリシーで、古くなったデータを S3 Glacier に移動する。

解説

人為的なミスが原因でファイルを削除してしまった場合、どのような方法で復旧するかが問われています。S3 には過去の履歴を保持しておくバージョニング機能があり、この機能を有効にしておくことで古いバージョンのファイルを復元できます。たとえば、今回のケースのように誤って削除したファイルを元の状態に戻すことができます。したがって、C が正解です。

A. クロスリージョンレプリケーションは、S3 バケットのあるリージョンとは別のリージョンにファイルをコピーします。しかし、ファイルを削除した場合、コピー先のファイルも消えてしまうため復旧させることができません。

B. ACL の設定により、削除を禁止できます。しかし、この設問では、削除を禁止する方法ではなく、削除後の復旧方法が問われているため不正解となります。

D. 古くなったデータを S3 Glacier に移動しても、削除してしまったデータを復旧することはできません。

[答] C

問 11

あなたの企業では EC サイトを運営しており、システムをオンプレミスから AWS へ移行しました。EC サイトは 3 層 Web アプリケーションの構成となっています。1 層目が Web サーバー、2 層目がアプリケーションサーバー、3 層目がデータベースサーバーとなっており、すべて EC2 インスタンスを利用しています。本システムには EC サイト用の大量の商品画像データがあり、それらのデータはすべて、Web サーバーにアタッチされている EBS ボリュームに保存されています。可用性を高めるためには構成をどのように変更すればよいですか。（3 つ選択してください）

- **A.** 1 層目の Web サーバーの前に ALB を配置する。EC2 Auto Scaling グループを利用して複数の AZ に Web サーバーを展開する。
- **B.** 2 層目のアプリケーションサーバーを EC2 フリートに変更する。
- **C.** 2 層目と 3 層目の間にキャッシュレイヤーとして DynamoDB を追加する。
- **D.** 3 層目のデータベースサーバーを RDS に変更し、マルチ AZ 構成にする。
- **E.** 商品画像データを S3 に配置する。商品画像データは S3 バケットから配信する。

解説

各選択肢に記述されている変更を加えた後に可用性が高まるかどうかを考えます。

まず、A を見てみます。構成を変更する前は、Web サーバーがダウンした場合にシステムが停止します。しかし、変更後は、複数の AZ に Web サーバーが配置されるため、いずれかの AZ に障害が発生した場合でも他の Web サーバーを利用してシステムは稼働し続けることができます。よって、A は正解です。

次に、D について考えてみます。構成を変更する前は、データベースサーバーがダウンした場合にシステムが停止します。しかし、変更後は、データベースサーバーに障害が発生しても、別の AZ のデータベースサーバーにフェイルオーバーが行われてシステムは稼働し続けることができます。よって、D も正解です。

さらに E も、A や D と同様に可用性を高めることができます。構成を変更する前は画像データが EBS に配置されており、この EBS に障害が発生すると画像データを表示できなくなります。しかし、変更後は画像データが S3 に配置され、S3 はリージョン内の少なくとも 3 つの AZ にデータをコピーします。そのため、いずれかの AZ で障害が発生した場合でも、他の AZ に保存されている画像データを表示することができます。よって、E も正解です。

以上より、正解は A、D、E です。

B. EC2 フリートはコスト削減のための仕組みであり、可用性には影響しません。EC2 フリートは予算を指定し、その予算を超えないように EC2 インスタンスを自動的に起動・停止させます。

C. キャッシュレイヤーの追加は、可用性には影響しません。キャッシュレイヤーを導入するとアプリケーションサーバーとデータベースサーバー間のアクセス頻度が減り、パフォーマンス向上につながります。しかし、キャッシュレイヤーを導入しても、導入前と同様、アプリケーションサーバーやデータベースサーバーがダウンするとシステムは停止してしまいます。

[答] A、D、E

問 12

　ある企業は、日本全国にオフィスを展開しています。各オフィスでは、システムによってスタッフの入退室記録が保存されています。入退室記録には社員 ID、社員名、時刻が記録されています。現在、各オフィスのサーバーに入退室記録が保存されていますが、今後は、入退室記録をクラウド上に保存することになりました。入退室記録は NFS プロトコルで保存されます。どのような方法でクラウド上に入退室記録を保存すればよいでしょうか。（1つ選択してください）

A. Storage Gateway のボリュームゲートウェイ VM を各オフィスのサーバーにインストールし、入退室記録を S3 に保存する。

B. EC2 インスタンスを設置し、EFS をマウントする。

C. Storage Gateway のファイルゲートウェイハードウェアアプライアンスを各オフィスのサーバーにインストールし、入退室記録を S3 に保存する。

D. Storage Gateway の S3 ファイルゲートウェイ VM を各オフィスのサーバーにインストールし、入退室記録を S3 に保存する。

解説

　この設問では、オンプレミスのデータをクラウドに保存する際の適切なソリューションを選択します。そのためには、Storage Gateway の各機能について理解する必要があります。

　Storage Gateway を用いたオンプレミスデータのクラウドへの保存は、図 5.2-1 のような構成で行います。

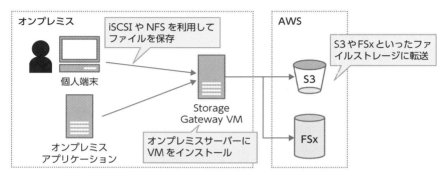

図 5.2-1　Storage Gateway を用いたオンプレミスデータのクラウドへの保存

　まず、オンプレミスのサーバーに Storage Gateway の VM（仮想マシン）をインストールし、AWS と接続します。次に、クラウドに保存したいデータを NFS や iSCSI といったファイルプロトコルを利用して、VM をインストールしたサーバーに保存します。その後、データは S3 や FSx に転送され、保存されます。なお、ファイルゲートウェイは NFS もしくは SMB を利用することができます。したがって、D が正解です。

- **A.** ボリュームゲートウェイでは NFS プロトコルを利用できません。ボリュームゲートウェイは iSCSI を用いて接続します。
- **B.** オンプレミスのデータをクラウドに保存する方法が記載されていないため不適切です。
- **C.** ハードウェアアプライアンスは、既存のオンプレミスサーバーにインストールするものではなく、図中の VM をインストールするサーバーを、AWS から購入する仕組みです。購入したサーバーにはすでに Storage Gateway VM がインストールされており、接続設定を行うだけで Storage Gateway が利用可能です。

[答] D

問13

あなたの企業の Web サイトでは複数の EC2 インスタンスを利用しています。各 EC2 インスタンスには EBS ボリュームがアタッチされており、Web アプリケーションとファイルが配置されています。障害発生時のレジリエンス向上のために、Web アプリケーションの素早い復旧方法と、複数の EC2 インスタンスで共有可能なストレージの利用を検討しています。これらの要件を満たす構成はどれですか。(1つ選択してください)

A. 複数の AZ にまたがる ALB を作成し、EC2 Auto Scaling を使った冗長構成とする。ファイルはインスタンスストアに保存する。

B. 複数の AZ にまたがる ALB を作成し、EC2 Auto Scaling を使った冗長構成とする。ファイルは EBS に保存する。

C. 複数の AZ にまたがる ALB を作成し、EC2 Auto Scaling を使った冗長構成とする。ファイルは CloudFront に保存する。

D. 複数の AZ にまたがる ALB を作成し、EC2 Auto Scaling を使った冗長構成とする。ファイルは EFS に保存する。

解説

この設問では、Web アプリケーションの高可用性と素早い復旧、そして複数の EC2 インスタンスで共有可能なストレージの利用が求められています。

Web アプリケーションの高可用性を実現するために、複数の AZ にまたがる ALB を作成します。さらに、Web アプリケーションが素早く復旧できるように、EC2 Auto Scaling を使った冗長構成を構築します。また、複数の EC2 インスタンスで共有可能なストレージサービスは、EFS です。複数の EC2 インスタンスから EFS をマウントすることで、ファイル共有が可能となります。したがって、D が正解です。

A. インスタンスストアは、各 EC2 インスタンス内でファイルを保持する揮発性のストレージです。

B. EBS は、EC2 にアタッチする永続的なストレージです。同じ AZ 内の複数の EC2 インスタンスで1つの EBS を共有できますが、複数の AZ にまたがる EC2 インスタンスで EBS を共有することはできません。

C. CloudFront は CDN(Content Delivery Network)サービスであり、静的・動的コンテンツのファイルを高速に配信します。複数の EC2 インスタンスでの

　　　ストレージ共有とは関係ありません。

　　　　　　　　　　　　　　　　　　　　　　　　　　　　　[答] D

問 14

　あなたの企業の Web サイトでは、単一の AZ にパブリックサブネットとプライ
ベートサブネットを作成しています。パブリックサブネットには Web サーバー、
プライベートサブネットにはデータベースサーバーを配置しています。データベー
スサーバーは MySQL を EC2 にインストールしています。AZ 障害時でも Web
サイトを稼働させ続けるためには何をすればよいですか。(1つ選択してください)

A. 現在使用しているリージョンとは別のリージョンにパブリックサブネットと
プライベートサブネットを作成し、既存のリージョンとまたがる ALB を作
成する。ALB は、それぞれのリージョンの Web サーバーにアクセスを振り
分ける。データベースサーバーは RDS に置き換え、定期的にバックアップ
を取得する。

B. 現在使用しているリージョンとは別のリージョンにパブリックサブネットと
プライベートサブネットを作成し、既存のリージョンとまたがる ALB を作
成する。ALB は、それぞれのリージョンの Web サーバーにアクセスを振り
分ける。データベースサーバーは RDS に置き換え、新規作成したプライベー
トサブネットにリードレプリカを配置する。

C. 現在使用している AZ とは別の AZ にパブリックサブネットとプライベート
サブネットを作成し、既存の AZ とまたがる ALB を作成する。ALB は、そ
れぞれの AZ の Web サーバーにアクセスを振り分ける。データベースサー
バーは RDS に置き換え、新規作成したプライベートサブネットにリードレ
プリカを配置する。

D. 現在使用している AZ とは別の AZ にパブリックサブネットとプライベート
サブネットを作成し、既存の AZ とまたがる ALB を作成する。ALB は、そ
れぞれの AZ の Web サーバーにアクセスを振り分ける。データベースサー
バーは RDS に置き換え、定期的にバックアップを取得する。

解説

　ここでは、Web サーバーとデータベースサーバーそれぞれの AZ 障害対策が問われています。

　Web サーバーの AZ 障害対策では、図 5.2-2 に示すように、複数の AZ に Web サーバーを配置してロードバランサーで負荷分散をします。これにより、1 つの AZ に障害が発生しても、別の AZ にある Web サーバーを利用できます。

　一方、データベースサーバーの AZ 障害対策では、マルチ AZ 構成をとります。たとえば RDS for MySQL では、読み込みアクセス可能なスタンバイ DB としてリードレプリカを利用することで、マルチ AZ 構成が可能になります。この構成では、ソース DB が停止した場合にソース DB からリードレプリカに自動的にフェイルオーバーすることができます。このため、ソース DB 側の AZ に障害が発生した場合でもシステムとして利用可能です。

　したがって、これら 2 点の対策を行っている C が正解です。

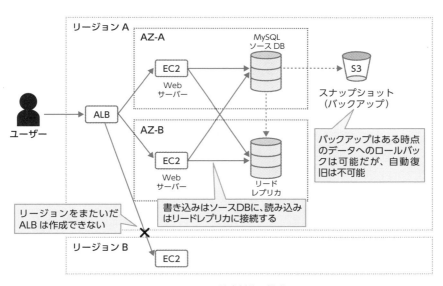

図 5.2-2　AZ 障害対策の構成

A、B. ALB はリージョンをまたいで設定できません。

D. バックアップを取得していても自動的にデータベースが復旧するわけではありません。

[答] C

問 15

　ある企業は、AWS 上で衣料品アプリケーションをホストしています。アプリケーションは、ALB と Auto Scaling グループを有効化した EC2 インスタンス、PostgreSQL データベースで構成されています。衣料品がメディアに取り上げられることがあるため、不定期に読み取りリクエストが大幅に増加します。ソリューションアーキテクトは、不定期な読み取りリクエストの増加の際もパフォーマンスを維持できる、高可用性のデータベースソリューションを選定する必要があります。要件を満たすために、どのサービスを使用すべきですか。（1つ選択してください）

A. 複数のコンピューティングノードで Redshift を使用する。

B. シングル AZ 配置で RDS を構成し、別の AZ にリードレプリカを配置する。

C. DynamoDB を使用し、十分な読み取り容量ユニット（RCU）を設定する。

D. マルチ AZ 配置で Aurora を使用する。Aurora レプリカで Aurora Auto Scaling を有効にする。

解説

　Aurora はフルマネージドのデータベースソリューションで、PostgreSQL および MySQL に対応しています。Aurora レプリカで Aurora Auto Scaling を使用することで、リードレプリカの数を動的に調整し、急激なワークロードの増加にも対応できます。また、マルチ AZ 配置にすることで、高可用性を実現することができます。したがって、D が正解です。

A. Redshift はデータウェアハウスであり、今回のケースのようなアプリケーションのデータベースとしては不適切です。データウェアハウスは分析に特化したデータベースなので、頻繁かつ小規模な書き込み・読み込みの多いアプリケーションには向いていません。

B. シングル AZ 配置の RDS では、高可用性が満たせないため不適切です。また、急激な読み込みリクエスト増加の際にもリードレプリカの数は変わらないため、パフォーマンスが維持できない可能性があります。

C. DynamoDB は NoSQL のデータベースソリューションであり、PostgreSQL を使用できません。

[答] D

問 16

EC2 インスタンス上で、あるアプリケーションが動いており、データは EBS に保存されています。当環境の現在の断面と同じデータにてテスト環境を構築し、テストを実施したいと考えています。既存の環境のデータに影響を与えることなく、かつ最小限の工数でデータをコピーする必要があります。これらの要件を満たすためには、テスト環境をどのように構築すればよいですか。(1つ選択してください)

A. サーバーストレージとして EFS を使用し、本番環境の EC2 インスタンスとテスト環境の EC2 インスタンスの両方からマウントを行う。

B. テスト環境用の新しい EBS を作成し、Data Pipeline を用いて本番環境の EBS からデータをコピーする。

C. 本番環境の EBS のスナップショットを取得し、スナップショットから復元してテスト環境用の新しい EBS ボリュームを作成する。

D. EBS マルチアタッチを使用し、本番環境の EC2 インスタンスとテスト環境の EC2 インスタンスの両方から同一の EBS を参照する。

解説

この設問のポイントは、既存の環境のデータに影響を与えず、かつ最小限の工数で環境を構築する点です。EBS のスナップショットから新しい EBS ボリュームを作成することにより、少ない工数で、同じデータを持つ別の EBS を作成することができます。したがって、C が正解です。

A. EFS は共有ストレージであるため、テスト環境と本番環境で同じデータを扱うことになります。テスト環境が本番環境に影響し得るため不適切です。

B. Data Pipeline は AWS のサービス間などでデータの処理や移動ができるサービスですが、EBS 同士でデータをコピーすることはできません。また、Data Pipeline の設定が必要なので、「最小限の工数」という要件に合いません。

D. EBS のマルチアタッチは同一の EBS ボリュームをサーバー間で共有するため、テスト環境と本番環境で同じデータを扱うことになります。テスト環境が本番環境に影響し得るため不適切です。

[答] C

第 6 章

高パフォーマンスな
アーキテクチャの設計

　「高パフォーマンスなアーキテクチャの設計」分野では、高負荷な状態や処理対象のデータ件数が増えた場合などでもパフォーマンスを低下させることなくシステムを稼働させるためのベストプラクティスが問われます。

　本章では、システム全体のパフォーマンスを維持するための最適なソリューションを選択する演習を行います。

6.1 高パフォーマンスでスケーラブルなストレージソリューションを選択する

問 1

　ある会社は、オンプレミス環境で Windows Server を起動し、Windows 共有ファイルを使用しています。会社の従業員は業務処理に Windows マシンを利用し、共有されたファイルにアクセスしています。

　オンプレミスの Windows Server は冗長化されておらず可用性に不安があるため、クラウドにデータを移動し高可用性を実現したいと考えています。ただし、業務処理を行う Windows マシンに大きな変更を加えることなく、これまでと同様に、共有されたファイルにアクセスできる必要があります。ソリューションアーキテクトは、この要件を満たすためにどうすればよいですか。（1つ選択してください）

- **A.** ファイル共有環境を FSx for Windows File Server に移行し、Direct Connect を使用してファイルにアクセスする。
- **B.** ファイル共有環境を EFS に移行し、Direct Connect を使用してファイルにアクセスする。
- **C.** Snowball Edge Storage Optimized デバイスにデータをすべてコピーし、S3 にデータをインポートする。
- **D.** プロビジョンド IOPS ボリュームストレージの EBS をマウントした EC2 インスタンスを起動し、データをコピーする。

解説

　適切なファイル共有ソリューションを選択する問題です。Windows Server と同等のファイル共有機能を実現し、Windows マシンから共有ファイルにアクセスできる必要があります。

　FSx for Windows File Server は、SMB プロトコルをサポートする高可用性かつスケーラブルなファイルストレージであり、Windows Server 上に構築されていま

す。Microsoft Active Directory（AD）統合も可能であり、Windows 環境との親和性が高いのが特徴です。オンプレミス環境からは、AWS マネージドの VPN サービスである Client VPN や Direct Connect を経由して接続します。したがって、A が正解です。

B. EFS も高可用性かつスケーラブルなファイルストレージですが、Linux システムからマウントして利用する必要があり、Windows には対応していません。

C. Snowball Edge Storage Optimized はオンプレミス環境からクラウド環境に大容量のデータをコピーする際に利用されますが、S3 にデータをインポートするだけでは設問の要件を満たさないため不適切です。

D. EBS をマウントした EC2 インスタンスを起動してデータをコピーしても、これまでと同様に共有されたファイルにアクセスできるようになるわけではないため不適切です。

[答] A

問2

あるソフトウェア開発会社ではチームごとに EC2 インスタンスを利用しており、OS は Amazon Linux 2 を利用しています。開発中のデータは EBS に保存し、ファイルシステムは XFS を採用しています。取り扱うデータが大きく、最近、EBS の容量が不足するチームが出てきたため、データの保存方法を変更しようと考えています。各チームのデータをお互いに参照できるようにし、かつ高い可用性と耐久性を実現したいという要望があります。ソリューションアーキテクトは、要件を満たすために何を提案すべきですか。（1つ選択してください）

A. EC2 のインスタンスサイズをより大きなものに変更する。

B. データを EFS に移動し、各 EC2 インスタンスからマウントする。

C. データを DynamoDB に移動し、各 EC2 インスタンスから参照する。

D. EBS をプロビジョンド IOPS ボリュームに変更し、サイズを大きくする。

解説

　高い可用性と耐久性を確保した上で、データの共有を実現するストレージソリューションを選択する問題です。EFSは、EC2やECSなどからアクセス可能な共有ファイルストレージであり、ストレージサイズは自動的にペタバイト単位までスケールします。また、数千を超えるシステムからの同時アクセスが可能です。したがって、Bが正解です。

A. 大きなインスタンスサイズのEC2に変更してもストレージそのものは変わらないため、設問の要件を満たしません。

C. DynamoDBはKey-Value型のNoSQLデータベースであり、大きなデータの共有には適していません。

D. プロビジョンドIOPSボリュームはEBSの高速な読み込みと書き込みを実現しますが、複数のシステムからアクセスしてファイル共有を行うことはできません。EBSはマルチアタッチが可能ですが、マルチアタッチされたEBSではXFSやEXT4などの標準ファイルシステムがサポートされておらず、XFSファイルシステムのまま同時にアクセスを行うとデータの破損や損失が発生する可能性があります。

[答] B

問3

　ある会社は、Windows共有ファイルをオンプレミスからAWS環境に移行しようと考えています。オンプレミス環境ではWindowsファイルサーバーが稼働しており、数百GBのデータが共有されています。また、オンプレミス環境とAWS環境はSite-to-Site VPNで接続されています。

　オンプレミス環境ではWindowsアプリケーションが稼働し、アプリケーションは最小限のレイテンシーでファイルストレージにアクセスする必要があります。また、アプリケーションの変更は最低限にとどめたいという要件があります。

　共有データをAWS環境に移行し、アプリケーションはオンプレミス環境で稼働を続ける場合、ソリューションアーキテクトは、この要件を満たすためにどうすればよいですか。（1つ選択してください）

A. EFS を設定する。オンプレミスのデータを EFS へ移動する。Windows アプリケーションが EFS のファイルを参照するように設定する。

B. FSx for Windows File Server を設定する。オンプレミスのデータを FSx for Windows File Server へ移動する。Windows アプリケーションが FSx for Windows File Server のファイルを参照するように設定する。

C. オンプレミスのデータを S3 に移動する。Windows アプリケーションが S3 を参照するように設定する。

D. オンプレミスで FSx File Gateway を導入する。オンプレミスのデータを FSx for Windows File Server に移動する。Windows アプリケーションが FSx File Gateway を参照するように設定する。

6

解説

　本問では、ファイルストレージが AWS 環境、アプリケーションがオンプレミス環境にあり、アプリケーションの変更を最低限にとどめつつ最小限のレイテンシーでファイルにアクセスできるようにする必要があります。

　B と D は、どちらも FSx for Windows File Server を利用して Windows ファイル共有を AWS 環境で実現しますが、オンプレミス環境に FSx File Gateway を導入する D のほうがアプリケーションからのデータアクセス速度の面で有利です。FSx File Gateway は、FSx for Windows File Server のファイルをキャッシュし、データアクセスのレイテンシーを最小限にします。本問では、Site-to-Site VPN でオンプレミス環境と AWS 環境が接続済みのため、FSx File Gateway の導入が可能です。したがって、D が正解です。

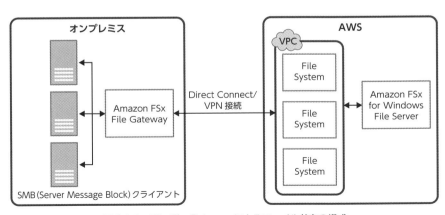

図 6.1-1　FSx File Gateway によるファイル共有の構成

A. EFS は、Linux システムからマウントして利用する必要があり、Windows には対応していません。

C. S3 にファイルを配置しただけでは、Windows ファイル共有と同じようにはデータを取得できないため、アプリケーションの大幅な改修が必要となり、要件を満たしません。

[答] D

問 4

　ある会社が、大規模なバッチアプリケーションを設計しました。3つの AZ にまたがる複数の EC2 インスタンスが、階層型ディレクトリ構造を持つ同一のストレージを参照し、高速かつ同時にファイルを読み書きできる必要があります。ソリューションアーキテクトが選択すべきストレージソリューションはどれですか。（1つ選択してください）

A. DocumentDB にすべてのデータを保存し、各 EC2 から参照と更新を行う。

B. S3 バケットを作成し、各 EC2 インスタンスから参照する。

C. EBS を使用し、マルチアタッチ機能で各 EC2 にアタッチする。

D. EFS を使用し、各 EC2 からマウントする。

解説

　複数の EC2 でファイルを共有し、そのファイルに対して同時にアクセスする方法を選択する問題です。EFS は、Network File System（NFS）ストレージとしてデータの高速な読み取り・書き込み操作を実現します。複数の EC2 からのマウントやファイルへの同時アクセスが可能です。また、EFS は階層型ディレクトリ構造を構成することが可能なストレージです。したがって、D が正解です。

A. DocumentDB は、JSON データを管理するドキュメントデータベースです。ファイルベースでの処理には不適切です。

B. S3 は、Key-Value 型のオブジェクトストレージであり、階層型ディレクトリ構造ではありません。また、高速な読み書きには適していません。

C. EBS のマルチアタッチ機能を使用すると EC2 インスタンスにアタッチできますが、EBS とアタッチ先の EC2 インスタンスをすべて同一の AZ に作成する必要があるため、今回のマルチリージョンでの用途には向きません。

[答] D

問 5

　ある会社は、毎日約 50TB のデータをテープにバックアップし、アプリケーションデータをオンプレミスに保存しています。バックアップファイルはほとんど利用されませんが、監査のために 7 年間保持する必要があります。なお、バックアップファイルが必要な場合は、通常、5 営業日前に依頼があります。同社は現在、テープ管理のストレージコストと運用上の負担を軽減するためにクラウドの利用を検討しており、テープ管理からクラウドへの移行による中断は最小限に抑えたいと考えています。また、ストレージは費用対効果の高いものを利用したいと思っています。あなたはソリューションアーキテクトとして、どのソリューションを勧めますか。（1つ選択してください）

A. Snowball Edge を使用して、バックアップを S3 Glacier Deep Archive と直接統合する。

B. 取得したバックアップデータを S3 Standard-IA にアップロードするコマンドを日次で実行する。アップロードをトリガーとして Lambda 関数を起動し、バックアップデータを S3 Glacier Deep Archive に移動する。

C. Storage Gateway のテープゲートウェイを使用して、バックアップデータを S3 Glacier Deep Archive に転送する。

D. Storage Gateway のボリュームゲートウェイを使用して S3 Standard-IA にバックアップデータを転送する。ライフサイクルポリシーを作成し、バックアップデータを S3 Glacier Deep Archive に移動する。

解説

　AWS への移行にあたり、大容量のデータを毎日 AWS に転送し、そのデータを 7 年間保持することが要件となっています。ここでは、高い費用対効果が求められ、

データの取り出しに 5 営業日の猶予があることから、S3 Glacier Deep Archive の利用が想定されます。また、Storage Gateway のテープゲートウェイを利用すると、AWS が管理する S3 Glacier Deep Archive に直接接続できるので、最も効率的に実装できます。したがって、C が正解です。

A. Snowball Edge では、AWS から配送される物理デバイスにユーザーのオンプレミスのデータをコピーし、データは AWS に返送されてから S3 に移動されます。毎日データが追加される本問の場合は、定期的にデバイスへのデータコピーと AWS への返送が必要になり、運用負荷を軽減できません。

B. 日次のジョブ、S3 バケット、Lambda 関数の管理が必要となるため、C に比べて運用コストが高くなります。

D. S3 に一時的に配置するよりも、直接 S3 Glacier Deep Archive に保存できる C のほうが費用対効果の面で適しています。

[答] C

問 6

　ある会社は、ユーザーアプリケーションから EC2 を介して S3 へ静的ファイルのアップロードを行っています。最近、S3 へのファイルアップロードによって EC2 の負荷が増加していることが確認されています。ソリューションアーキテクトはセキュリティを担保しつつ、EC2 の負荷を減らすことを求められています。ソリューションアーキテクトは、どのようなアーキテクチャを提案すればよいですか。（1つ選択してください）

A. S3 のパブリックアクセスを有効にして、ユーザーアプリケーションから S3 へ直接ファイルアップロードを行う。

B. 署名付き URL を利用して、ユーザーアプリケーションから S3 へ直接ファイルアップロードを行う。

C. 署名付き Cookie を利用して、ユーザーアプリケーションから S3 へ直接ファイルアップロードを行う。

D. S3 Transfer Acceleration を有効にする。

解説

S3 では、署名付き URL を利用することで、有効期限付きでオブジェクトをアップロードできます。また、EC2 を経由せずに S3 に直接ファイルをアップロードできるので、EC2 の負荷を低減できます。したがって、B が正解です。

A. パブリックアクセスを有効にすると、意図しないユーザーからファイルをアップロードされたり閲覧されたりする可能性があり、セキュリティが担保されないため不適切です。

C. S3 には署名付き Cookie 機能がないので不適切です。

D. S3 Transfer Acceleration を有効にしても EC2 の負荷を低減できません。

[答] B

6

問7

　ある企業は、オンプレミスから全世界のユーザーに配信している静的 Web コンテンツをクラウド上に移行することを計画しています。静的 Web コンテンツはスケーラブルなアーキテクチャでユーザーへ配信したいと考えています。また、運用コストは最小限にとどめたいと思っています。静的 Web コンテンツを高パフォーマンスでスケーラブル、かつ最小限の運用コストで全世界のユーザーに配信するために、ソリューションアーキテクトが提案すべきアプローチはどれですか。(1つ選択してください)

A. S3 に静的 Web コンテンツを配置し、S3 のパブリックアクセスを有効にして全世界のユーザーへ配信する。

B. Elastic IP アドレスを持つ単一の EC2 を作成する。Web サーバーの機能を EC2 にインストールし、静的 Web コンテンツを EC2 に配置して全世界のユーザーへ配信する。

C. Public IP アドレスを持つ ECS を作成する。ECS にデプロイするコンテナイメージに、Web サーバーの機能と静的 Web コンテンツを配置して全世界のユーザーへ配信する。

D. S3 に静的 Web コンテンツを配置し、CloudFront 経由で全世界のユーザーへ配信する。

　S3 に静的 Web コンテンツを配置し、CloudFront 経由で全世界のユーザーへ配信することが可能です。CloudFront を利用すると、世界中に存在しているエッジロケーションに静的 Web コンテンツがキャッシュされ、高パフォーマンスかつスケーラブルなアーキテクチャとなります。また、CloudFront は従量課金制のマネージドサービスのため、運用コストは低いです。したがって、D が正解です。

A. S3 に静的 Web コンテンツを配置し、パブリックアクセスを有効にすることで、静的 Web コンテンツを配信することは可能ですが、D と比較してパフォーマンスが低く、スケーラブルではありません。

B. Elastic IP アドレスを持つ EC2 インスタンスから静的 Web コンテンツを配信することは可能ですが、D と比較してパフォーマンスが低く、スケーラブルではなく、運用コストも高くなります。

C. Public IP アドレスを持つ ECS から静的 Web コンテンツを配信することは可能ですが、D と比較してパフォーマンスが低く、スケーラブルではなく、運用コストも高くなります。

[答] D

6.2 高パフォーマンスで伸縮性があるコンピューティングソリューションを設計する

問1

　ある会社は、Web サイトを複数の AZ にまたがった EC2 インスタンスでホストしています。　同社は、特定の日時に重要なプレスリリースを予定しており、その際にアクセスが急増すると予想しています。突発的なアクセスの増加時において、Web サイトのパフォーマンスが低下しないようオートスケール設定を行う必要があります。ソリューションアーキテクトは、この要件を満たすためにどうすればよいですか。（1つ選択してください）

A. 機械学習アルゴリズムを使った予測スケーリングを使用する。

B. スケジュールにもとづくスケーリングを使用する。

C. ライフサイクルフックを使用する。

D. CloudWatch メトリクスにもとづいた動的スケーリングを使用する。

解説

　適切なオートスケーリング設定を検討する問題です。突発的なアクセスが発生することと、アクセス急増のトリガーとなるイベントの日時が決まっていることから、スケジュールにもとづくスケーリングを使用するのが最適です。したがって、B が正解です。

A. 機械学習アルゴリズムを使った予測スケーリングでは、トラフィックの変動がパターン化されている（特定の曜日の特定時間はスパイクが出やすいなど）場合に、そのトラフィックを予測してオートスケールします。今回はプレスリリースに起因する例外的なトラフィックであり、定期的なものではないと考えられるため誤りです。

C. ライフサイクルフックは、EC2 Auto Scaling グループのインスタンス起動時または削除時にカスタムアクションを実行する機能です。設問の要件とは関

203

係ありません。

D. EC2 のオートスケールは、インスタンスがリクエストを正常に処理できるようになるまで数分を要するため、突発的なアクセス増加時にリソースの追加が間に合わない場合があります。

[答] B

問2

ある企業が、数十 GB サイズのファイルを大量に更新するアプリケーションをオンプレミスから AWS に移行したいと考えています。アプリケーションは、処理対象のファイルをルートフォルダから順番にたどっていき、未処理のものを処理して別のフォルダに格納します。このアプリケーションは同時に複数実行し、並列処理を行うことが可能です。同社は、処理能力を容易に拡張でき、かつ可用性の高いソリューションを求めています。ソリューションアーキテクトは何を提案すべきですか。（1つ選択してください）

A. ストレージに EFS を使用し、ECS 上のコンテナとしてアプリケーションを実行する。

B. ストレージに Aurora MySQL を利用し、ECS 上のコンテナとしてアプリケーションを実行する。

C. ストレージに S3 を使用し、EKS 上のコンテナとしてアプリケーションを実行する。

D. ストレージに EBS を使用し、アプリケーションを 1 台の EC2 インスタンス上で実行する。

解説

EFS は、サーバーレスでギガバイト単位からペタバイト単位まで自動的にスケールするファイルストレージです。EFS には、多数のコンテナや EC2 などのコンピューティングインスタンスから同時にアクセスできます。また、ECS はスケーラブルなコンテナ管理サービスです。設問の要件を満たすには、これら EFS と ECS の利用が適しており、A が正解です。

B. Aurora MySQL はリレーショナルデータベースであり、数十 GB サイズの
ファイルを大量に保存する用途には向きません。

C. S3 は Key-Value 型のオブジェクトストレージであり、ファイルをルートフォ
ルダからたどっていくような利用方法には適していません。

D. 可用性およびスケーラビリティの面で A に劣ります。

[答] A

問3

ある企業が、1 台の EC2 インスタンスで稼働しているアプリケーションをコン
テナに移行しようと考えています。高い可用性とスケーラビリティを実現する必
要があり、また、アプリケーションの改修に集中するため、インフラおよび OS
レイヤーでの運用・保守の削減を希望しています。これらの要件を満たすために、
ソリューションアーキテクトは何を提案すべきですか。（1つ選択してください）

A. 複数の EC2 を起動し、それぞれのインスタンスに Docker をインストール
してコンテナを実行する。

B. 現在の EC2 インスタンスをスケールアップし、そのインスタンスに Docker
をインストールしてコンテナを実行する。

C. EC2 を使用し、ECS でコンテナを実行する。

D. Fargate を使用し、ECS でコンテナを実行する。

解説

インフラおよび OS レイヤーでの運用・保守を削減し、アプリの改修に集中した
いという要望があります。そのため、ミドルウェアを含む OS 以上のメンテナンス
を行う必要がある EC2 を利用する案（A、B、C）はすべて不適切となります。

Fargate は、コンテナ向けのサーバーレスコンピューティングエンジンであり、
高可用性とスケーラビリティを実現します。サーバーのプロビジョニング、パッチ
適用、OS バージョンアップ、リソース監視など、インフラおよび OS レイヤーでの
管理が不要です。したがって、D が正解です。

[答] D

> ## 問 4

　ある会社では、チケット予約システムを運用しています。チケット予約システ
ムは AWS にホストされており、3 層アーキテクチャ構成 (プレゼンテーション層、
アプリケーション層、データ層) となっています。プレゼンテーション層とアプリ
ケーション層に EC2、データ層に RDS を利用しています。競合他社のサービス終
了が発表され、本サービスの利用者数が増えることが見込まれているため、アー
キテクチャの見直しを行っています。アプリケーション層の EC2 は EBS ボリュー
ム最適化インスタンスを、また、アタッチされた EBS は SSD 汎用ボリュームをそ
れぞれ利用しています。今後、利用者の増加にともない、アプリケーション層で
20,000 以上の IOPS が要求される想定です。アプリケーション層の IOPS を向上
させるために、この会社は何を検討すべきですか。(2つ選択してください)

- **A.** アプリケーション層の EC2 にアタッチされた EBS のボリュームタイプをプ
ロビジョンド IOPS SSD ボリュームに変更する。
- **B.** アプリケーション層の EC2 にアタッチされた EBS のボリュームタイプをス
ループット最適化 HDD ボリュームに変更する。
- **C.** アプリケーション層の EC2 のインスタンスタイプをスループットパフォー
マンスの高いタイプに変更する。
- **D.** データ層の RDS にリードレプリカを作成する。
- **E.** プレゼンテーション層の EC2 で EC2 Auto Scaling グループを構成する。

> ### 解説

　アプリケーション層の IOPS 要件が 20,000 以上であることから、まず、A を選択
します (プロビジョンド IOPS SSD ボリュームの最大 IOPS はボリュームタイプが
io1、io2 の場合で 64,000 なので、20,000 以上という IOPS 要件を満たします)。また、
EBS ボリュームそのもののパフォーマンスが高くても EC2 インスタンスと EBS ボ
リューム間のネットワークがボトルネックになる場合があるので、EC2 インスタン
スのパフォーマンスもあわせて確認すべきです。したがって、A と C が正解です。

- **B.** アプリケーション層の EBS ボリュームをスループット最適化 HDD ボリュー
ムに変更しても、20,000 以上という IOPS 要件を満たしません。
- **D.** データ層の冗長化を行っていますが、アプリケーション層の IOPS には影響

しません。

E. プレゼンテーション層のインスタンス数を増やして負荷分散を行っても、ア
プリケーション層の IOPS の向上にはつながりません。

[答] A、C

問5

あなたの部署では、財務管理アプリケーションを運用しています。アプリケー
ションは、ALB の背後にある EC2 インスタンスで実行され、そのインスタンスは、
複数の AZ にまたがる EC2 Auto Scaling グループで起動されています。毎月、
月初めの夜間バッチにて、前月末の財務計算処理が実行され、EC2 インスタンス
の CPU 使用率が 100％に達することによりアプリケーションの速度が大幅に低下
します。処理速度の低下への対策として適切な方法はどれですか。（1つ選択して
ください）

A. CPU 使用率にもとづいて拡張するよう EC2 Auto Scaling のスケーリング
ポリシーを設定する。

B. EC2 Auto Scaling の最小インスタンス数を増やす。

C. EC2 インスタンスのインスタンスタイプを、より vCPU の多いものに変更
する。

D. スケジュールにもとづいて拡張するよう EC2 Auto Scaling のスケーリング
ポリシーを設定する。

解説

この設問では、毎月決まったタイミングにリソースが不足して、アプリケーション
の性能が低下するので、特定のタイミングで高パフォーマンスを実現できるように
拡張可能なソリューションを利用する必要があります。

性能問題を起こすバッチ処理は毎月月初めの夜間に実行されることがわかってい
るので、あらかじめ決まった日にスケーリングするようにスケジュールされている
D が正解です。

A. CPU 使用率にもとづいた EC2 Auto Scaling でも問題を解決できるように思えますが、アプリケーションの性能問題が発生して CPU 使用率の上昇を検知した後で拡張されることになり、処理速度の低下は避けられません。

B、C. 月初めのバッチ以外の時間帯ではリソース過多となってしまうため不適切です。

[答] D

問 6

　あなたは、自然現象を解析する物理演算システムを作成するために、高性能な演算処理が可能な EC2 インスタンス群の構築を任されました。複数のインスタンス間で通信が発生し、それらの通信は低レイテンシーである必要があります。コスト効率よく要件を満たす EC2 インスタンス起動のオプションはどれですか。（1つ選択してください）

A. 各 EC2 インスタンスを起動するときに、専有ホスト（Dedicated Hosts）を選択する。

B. セキュリティグループ内のみでの通信を許可するルールを持つセキュリティグループを作成する。各 EC2 インスタンスを起動するときに、作成したセキュリティグループを指定する。

C. 各 EC2 インスタンスを起動するときに、同一のクラスタープレイスメントグループを選択する。

D. 各 EC2 インスタンスを起動するときに、同一のパーティションプレイスメントグループを選択する。

解説

　選択肢 C と D に記述されている、EC2 におけるプレイスメントグループとは、複数の EC2 インスタンスをグループ化するオプションです。C のクラスタープレイスメントグループは、同一の AZ 内におけるインスタンス間のネットワークレイテンシーを抑えて、スループットの上限を高めることができます。このため、本問のようなハイパフォーマンスコンピューティングの用途として最適なオプションとなります。したがって、C が正解です。

A. 専有ホストは、物理的に1台のハードウェアを専有するオプションです。インスタンス単位ではなく、ホスト単位で請求が発生するので、コスト面でC のほうが安く実装できます。

B. セキュリティグループは、リソースからの通信およびリソースへの通信の許可条件（ルール）のまとまりです。特定のIPアドレスやセキュリティグループを、通信先または通信元に指定することができます。AとBは、いずれも本問の要件とは無関係のオプションです。

D. パーティションプレイスメントグループを有効にすることで、インスタンスを複数の論理的なパーティションに分散させて、他のパーティション内にあるインスタンスとの間でハードウェアを共有しないようにします。これによりハードウェア障害を軽減できますが、ネットワークのパフォーマンスには影響しません。パーティションプレイスメントグループは、HDFS (Hadoop Distributed File System) のような大規模分散処理のユースケースで有用です。

[答] C

問7

　ある会社は、EC2インスタンスでアプリケーションをホストしています。このアプリケーションは主にバッチ処理を担当しており、夜間のピーク時以外は負荷が低い状態です。アプリケーションは最大で400GBのストレージを必要とし、ディスクI/Oのピークは1,000 IOPSです。同社のCTOはコストを懸念しており、ソリューションアーキテクトに、パフォーマンスを犠牲にせず、最も費用対効果の高いストレージを推奨するよう依頼しました。ソリューションアーキテクトは、どのソリューションを推奨する必要がありますか。（1つ選択してください）

A. EBS コールド HDD (sc1)

B. EBS スループット最適化 HDD (st1)

C. EBS 汎用 SSD (gp2)

D. EBS プロビジョンド IOPS SSD (io1)

解説

　ピーク時のディスク I/O が 1,000 IOPS のパフォーマンスを満たし、かつ、最も低コストのストレージを選択します。EBS 汎用 SSD（gp2）は、ボリュームサイズによってベースラインの IOPS が決まります。400GB の gp2 ボリュームの場合、パフォーマンスは 1,200 IOPS となります。プロビジョンド IOPS よりも安価で、必要十分な性能を持っています。したがって、C が正解です。

- **A、B.** HDD タイプのストレージは、SSD よりも費用を抑えることができますが、1,000 IOPS のパフォーマンスを実現できません。
- **D.** プロビジョンド IOPS SSD は、16,000 IOPS 以上のパフォーマンスを必要とする場合に選択します。今回はピークが 1,000 IOPS なので、オーバースペックになってしまいコストが高くなります。

[答] C

6.3 高パフォーマンスな データベースソリューション を選択する

問1

　インターネットからアクセス可能な Web アプリケーションは、プライベートサブネットの EC2 インスタンス上で動作している MySQL データベースを利用しています。複数のテーブル結合を含む複雑なクエリの増加により、データベースの負荷が上昇し、アプリケーションのパフォーマンスが低下しています。アプリケーションチームは、パフォーマンスを向上させるための検討を行っています。ソリューションアーキテクトは、アプリケーションチームに何を推奨する必要がありますか。（2つ選択してください）

A. データベースを Athena に移行する。

B. データベースを Aurora MySQL に移行する。

C. SQS にクエリデータをキャッシュする。

D. DynamoDB Accelerator（DAX）を実装してデータをキャッシュする。

E. データ読み込みをオフロードするための Aurora レプリカを作成する。

解説

　データベースを Aurora MySQL に移行し、Aurora レプリカを作成するのが最適です。Aurora MySQL は、同等スペックの EC2 上で構築する MySQL と比較して高いパフォーマンスを実現します。また、Aurora レプリカを追加することで読み取り性能をスケールさせることが可能です。したがって、B と E が正解です。

A. Athena は、S3 内のデータをはじめ、対応しているさまざまなソースに対しクエリを発行し、分析を行うことができるサービスです。データベースのパフォーマンスを向上させるのには適していません。

C. SQS はメッセージキューイングサービスであり、クエリデータをキャッシュする用途には適していません。

D. DynamoDB Accelerator（DAX）は、DynamoDB 用に特化したキャッシュ
   サービスです。DynamoDB は NoSQL データベースなので、複数のテーブル
   結合を含む複雑なクエリを発行することはできません。

[答] B、E

問2

あるeコマース会社が、AWS を使って多層アーキテクチャのアプリケーション
を実行しています。フロントエンドとバックエンドはどちらも EC2 で実行され、
データベースは RDS for MySQL で実行されています。アプリケーションの特性
上、データベースから同一のデータを頻繁に呼び出しており、そのことが原因で
データベースの応答が遅延し、アプリケーションのパフォーマンスが低下してい
ます。アプリケーションのパフォーマンスを向上させるには、どの対応を行うの
が最も適切ですか。（1つ選択してください）

A. RDS for MySQL リードレプリカを実装して、頻繁に呼び出されるデータを
   キャッシュする。
B. ElastiCache を実装して、頻繁に呼び出されるデータをキャッシュする。
C. データベース呼び出しを保存するために Amazon SNS を実装する。
D. Kinesis Data Firehose を実装して、データベースへの呼び出しをストリー
   ミングする。

解説

同一のデータが頻繁にデータベースから呼び出される場合、まず検討するのは、
そのデータを Key-Value ストア等にキャッシュすることです。ElastiCache を使って
呼び出しの多いデータをキャッシュすることで、データベースへのアクセスを削減
し、負荷を減らすことができます。したがって、B が正解です。

A. リードレプリカを追加することでデータベースの負荷を分散することは可能
   ですが、リードレプリカは頻繁に呼び出されるデータをキャッシュするた
   めのものではありません。同一のデータが頻繁に呼び出されるケースでは、

Key-Value ストアが適しています。

C. SNS は、ユーザーやサービスにメッセージを配信するサービスであり、データベース呼び出しを保存するものではありません。

D. Kinesis Data Firehose は、ストリーミングデータを他のサービスへ中継するサービスであり、データベースの負荷低減には寄与しません。

[答] B

問3

ある企業は、EC サイトにおけるユーザーの行動履歴を取得し、標準の SQL クエリを使用して分析できるようにするシステムを作成しようと考えています。システムを実現するには、ユーザーの EC サイト内行動データを収集、処理、および保存できるソリューションが必要です。また、そのソリューションは高可用性が求められ、大容量のデータを扱えるパフォーマンスと、データ量の増大に対応可能なスケーラビリティを備えている必要があります。ソリューションアーキテクトは、どのソリューションを推奨する必要がありますか。（1つ選択してください）

A. マルチ AZ 構成で Neptune データベースを使用する。

B. DynamoDB トランザクションを使用する。

C. EBS スループット最適化 HDD ストレージ（st1）を使用する EC2 インスタンスに MySQL をデプロイする。

D. マルチ AZ 設計で Aurora PostgreSQL データベースを使用する。

解説

本問では、データ分析基盤の設計について、以下の事柄が要求されています。

- 標準の SQL を使用できる
- 高可用性である
- 高パフォーマンスである
- データ量の増大に耐えうるスケーラビリティを備えている

A～D のうち、上記をすべて満たす D が正解です。

A、B. 標準の SQL を使用することができません。

C. 可用性、パフォーマンス、スケーラビリティの面で、フルマネージドの Aurora に劣後します。

[答] D

問4

　ある企業では、採用マッチングの Web アプリケーションをクラウドに移行しようとしています。採用者用と求職者用のサービスが分けられており、それぞれのサービスをホストするサーバーも分けられています。2つのサービスには、それぞれ異なるホームページの URL が割り当てられており、セッションによる認証方式を用いています。データベースサーバーは2つのサービスで同じデータベースを利用しています。今後、採用イベントや広告効果によるサーバーへのリクエスト数増加に対応するため、スケーラブルであることが求められます。

　コストを抑えつつ、これらの要件を満たすソリューションはどれですか。(1つ選択してください)

A. トラフィックの分散に ALB を利用する。各サービスの EC2 用に EC2 Auto Scaling グループを作成する。データベースを RDS のリードレプリカで構成し、セッション情報を ElastiCache for Redis に格納する。

B. トラフィックの分散に ALB を利用する。各サービスの EC2 用に EC2 Auto Scaling グループを作成する。データベースを RDS のマルチ AZ 構成とする。セッション情報を DynamoDB に格納する。

C. トラフィックの分散に NLB を利用する。データベースを RDS のリードレプリカで構成し、セッション情報を OpenSearch に格納する。

D. トラフィックの分散に NLB を利用する。各サービスの EC2 用に EC2 Auto Scaling グループを作成する。データベースを RDS のリードレプリカで構成し、セッション情報を MemoryDB for Redis に格納する。

解説

　URL に応じてトラフィックを分散できるのは ALB です。データベースをスケーラブルな構成で負荷分散するには、リードレプリカの構成とします。また、ElastiCache for Redis は、スケーラブルな Redis データベースをフルマネージドで利用できるサービスであり、セッションなどの一時的なデータを格納するのに適しています。さらに、低レイテンシーであるため、キャッシュも不要でアーキテクチャを簡素化できます。したがって、A が正解です。

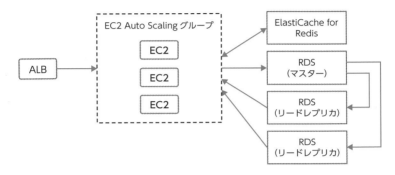

図 6.3-1　高可用性のデータベースソリューションの構成

B. データベースをマルチ AZ 構成にすると可用性は向上しますが、トラフィック増加への柔軟な対応という点ではスケールアウト方式のほうが優れているので、不適切です。

C. NLB は TCP と UDP をサポートするロードバランサーであるため、URL にもとづいたトラフィック分散に対応していません。また、OpenSearch はリアルタイムのアプリケーションモニタリング、ログ分析に適したサービスで、セッション情報のような一時的な情報をキャッシュするには不適切です。

D. MemoryDB for Redis は ElastiCache for Redis と同様、キャッシュのデータベースですが、キャッシュ内のデータの永続性が担保されているものになります。両者はいずれも一時的なセッション情報の格納に適していますが、ElastiCache for Redis のほうがコストを抑えられます。

［答］A

問 5

　カタログ機能を提供するモバイルアプリケーションを作成している開発者は、リクエスト送信後のユーザーの待ち時間を最小限にしたいと考えています。アプリケーションは EC2 インスタンス上で動いており、前段には ALB が存在します。また、アプリケーションのデータは RDS に保存されています。アプリケーションのテストを実施したところ、データの読み取り時に応答時間がかかることがわかりました。CloudWatch メトリクスは、EC2 インスタンスの CPU 使用率が十分に低い値であることを示しています。ソリューションアーキテクトは、この問題にどのように対処すべきですか。（1つ選択してください）

A. RDS で、1 つのスタンバイを備えたマルチ AZ 配置を有効にする。

B. RDS のリードレプリカを追加する。

C. RDS を ElastiCache に変更する。

D. EC2 から RDS に送られるリクエストを SQS キューに保管する。

解説

　EC2 インスタンスの CPU 使用率が十分に低く、データの読み取り時に応答速度が低下することから、データベースの読み取り速度を改善する必要があります。RDSのリードレプリカを使用すると読み取りスループットが向上し、大量の読み取りトラフィックの処理が可能になります。したがって、B が正解です。

A. 1 つのスタンバイを備えたマルチAZ 配置で作成されるスタンバイインスタンスは、アクティブではなく、データ読み取りには使用できません。

C. ElastiCache は、キャッシュを保持することで読み取りの応答速度を向上させますが、データを永続的に保持することはできないため、RDS を ElastiCache に置き換えるという対処法は不適切です。

D. SQS は、EC2 から RDS へのリクエストを保持することでリクエストのロスを軽減しますが、RDS へのリクエスト数自体は変わらないので応答時間とは関係ありません。

[答] B

問6

　ある企業では、Key-Value ストアとして DynamoDB を利用しています。ソリューションアーキテクトは、最近、DynamoDB の読み取り負荷が高まっていることを発見しました。同社は、運用負荷が少ない対策方法により、最大マイクロ秒単位でのレスポンスが返却されることを期待しています。性能要件を満たしDynamoDB の読み取り負荷を低減させるために、ソリューションアーキテクトはどのような対策をすればよいですか。（1つ選択してください）

- **A.** DynamoDB グローバルテーブルに移行する。
- **B.** グローバルセカンダリインデックスを追加する。
- **C.** ローカルセカンダリインデックスを追加する。
- **D.** DynamoDB Accelerator（DAX）を利用する。

解説

　DynamoDB Accelerator（DAX）は、フルマネージド型の高可用性インメモリキャッシュで、DynamoDB 用に特化しています。DAX は、DynamoDB テーブルへのインメモリアクセラレーションの追加にともなう作業が不要で、マイクロ秒単位のパフォーマンスを実現できます。したがって、D が正解です。

- **A.** DynamoDB グローバルテーブルは、大規模なグローバルアプリケーションでの高速な読み取りおよび書き込みパフォーマンスを実現することが可能ですが、マイクロ秒単位のレスポンスは実現できません。
- **B.** グローバルセカンダリインデックスを追加しても、マイクロ秒単位のレスポンスは実現できません。
- **C.** ローカルセカンダリインデックスを既存のテーブルに追加したり削除したりすることはできません。

[答] D

6.4 高パフォーマンスでスケーラブルなネットワークアーキテクチャを選択する

問 1

　ある企業が、1 台の EC2 インスタンス上でバッチプログラムを動かしています。同じ EC2 インスタンスに MySQL をインストールし、バッチプログラムはその MySQL を参照しています。データは EC2 にアタッチした EBS ボリューム（gp3）に保存しています。バッチプログラムは複数の処理に分かれており、同時実行が可能です。

　最近、MySQL のデータ量が多くなるにつれてバッチプログラム処理完了までの時間が増加していることがわかりました。また、MySQL には非常に重要なデータが記録されていることと、バッチプログラムが停止するとビジネスインパクトにつながることから、システム全体の可用性を向上させる必要があります。

　バッチプログラムのパフォーマンスを向上させると同時に、システム全体の可用性を向上させるために、ソリューションアーキテクトは何を提案すべきですか。（1つ選択してください）

A. ストレージに EFS を使用し、EC2 からマウントする。データを EBS から EFS に移動して MySQL から参照する。

B. EC2 のインスタンスサイズをより大きいものに変更する。それと同時に EBS のサイズを拡張し、プロビジョンド IOPS ボリュームに変更する。

C. データベースを Aurora MySQL に移行し、マルチ AZ を構成する。複数の AZ を含む EC2 Auto Scaling グループを構成する。

D. バッチプログラムをコンテナ化し、ECS に移行する。タスクの CPU 使用率によりオートスケールするよう設定する。EC2 は MySQL 専用として利用する。

解説

　アプリケーションの性能向上と、システム全体の可用性向上を実現する必要があります。データベースレイヤーでのパフォーマンスを向上させるために、AWS のマ

ネージドサービスを利用します。Aurora は、EC2 にインストールした通常のデータベースよりも高い性能を発揮します。また、可用性を担保するには、データベースとコンピューティングの両方を複数の AZ に分散させることが有効です。したがって、C が正解です。

A. データを EBS から EFS に移動することでストレージの耐久性は上がるものの、EC2 インスタンスやそこにインストールされた MySQL はそのままなので性能向上につながりません。
B. EC2 の性能は向上するものの、可用性は以前と変わらないため不適切です。
D. EC2 を MySQL 専用とすることで多少の性能向上は見込めますが、EC2 の可用性が以前と変わらないため不適切です。

[答] C

問 2

　ある会社は、写真共有のためのアプリケーションを開発しています。ユーザーが写真をアップロードした際、PC やスマートフォンに合わせて数種類の最適なサイズに自動的にリサイズする機能を追加することにしました。リサイズ前のファイルとリサイズ後のファイルは、いずれも S3 に保存します。写真のアップロードが集中した際も画像処理の速度が低下せず、システムが適切にスケールするようにするには、どうしたらよいですか。（1つ選択してください）

A. プロビジョンド IOPS ボリュームの EBS をアタッチした EC2 を起動する。一時的に EBS に画像ファイルを保存し、同じ EC2 内で設定した cron 処理により画像のリサイズプログラムを実行する。処理が終わったら、すべてのファイルを S3 にアップロードする。
B. S3 をオリジンとする CloudFront ディストリビューションを作成する。CloudFront オリジンアクセスコントロール（OAC）を作成し、S3 へのアクセスを CloudFront に限定する。CloudFront で画像ファイルをキャッシュする。
C. SNS トピックを作成する。アプリケーションが画像を受け取り S3 にアップロードすると、SNS トピックに通知を行う。SNS より E メールを受け取った

運用管理担当者は、通知の数に応じて適切なサイズの EC2 インスタンスを起動し、画像のリサイズプログラムを実行する。

D. SQS キューを作成する。アプリケーションが画像を受け取り S3 にアップロードすると、SQS キューにイベント通知を行う。SQS キューのメッセージ数に応じて EC2 をオートスケールし、リサイズプログラムを実行する。処理が終わったら、S3 にファイルをアップロードする。

解説

　SQS を使い、処理のリクエストをキューに保存して非同期で処理を行うことで、システムの処理能力をスケールしやすくすることができます。SQS キューのメッセージ数に応じて EC2 インスタンスをオートスケールすれば、リクエストが集中した際も処理能力を適切に拡張できます。なお、SQS キューのメッセージ数は CloudWatch メトリクスで取得することが可能です。キューが増え続けることがないようにオートスケールさせることで、画像処理の速度低下を防げます。したがって、D が正解です。

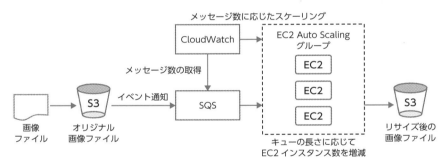

図 6.4-1　SQS を使った画像のリサイズ処理

A. リクエストの受け取りと画像リサイズの処理を同一 EC2 のインスタンスで実施しています。EBS はアタッチした EC2 でのみファイル読み書きが可能であり、他のインスタンスに処理を分散することができません。そのため、アクセスが集中すると処理遅延が発生する可能性があります。

B. リサイズ後の画像の配信速度は向上しますが、CloudFront がリサイズを行うわけではなく、リサイズの処理速度は向上しません。

C. 途中で人の手による運用が行われており、自動化されていないため不適切です。

[答] D

問3

　あるグローバル企業が、単一リージョン（us-east-1）内の2つのAZに配置された EC2 と、S3 に配置された静的コンテンツで Web アプリケーションを提供しています。EC2 は ALB で冗長化されており、各 AZ に 2 台ずつ合計 4 台が稼働しています。S3 の静的コンテンツは Web ブラウザから直接アクセスされます。また、アプリケーションが利用するドメインは Route 53 で管理しています。この会社は、地理的に離れた場所からの静的コンテンツへのアクセスが遅いことと、アクセスが集中した際に EC2 の CPU 使用率が上昇しアプリケーションの応答速度が低下することに気付きました。アクセス集中時のパフォーマンス低下を防ぎ、静的コンテンツの応答速度を向上させたいと考えています。

　これらの要件を満たすために、ソリューションアーキテクトは何を提案すべきですか。（2つ選択してください）

A. S3 をオリジンとする CloudFront ディストリビューションを作成し、Route 53 で、アプリケーションが利用するドメインの参照先を CloudFront に設定する。

B. 別のリージョン（ap-northeast-1）に ALB と EC2 をもう 1 セット用意する。Route 53 で元の ALB のヘルスチェックを行い、異常を検知した場合に、新しく作成した ALB に切り替わるようにする。

C. ALB をオリジンとする CloudFront ディストリビューションを作成し、Route 53 で、アプリケーションが利用するドメインの参照先を直接 EC2 の IP アドレスに設定する。

D. 別のリージョン（ap-northeast-1）にもう 1 つ S3 バケットを作成し、元の S3 とクロスリージョンレプリケーションの設定を行う。Route 53 でフェイルオーバールーティングの設定を行う。

E. EC2 Auto Scaling グループを作成し、アプリケーションが動作している EC2 を登録する。動的スケーリングポリシーを利用して、インスタンスの CPU 使用率が高くなってきたときに EC2 の台数が増えるように設定する。

F. EC2 Auto Scaling グループを作成し、アプリケーションが動作している EC2 を登録する。オートヒーリング設定を行い、最小数と最大数を 4 台にする。

解説

　世界中から参照される静的コンテンツの応答速度を向上させるには、CDN（Content Delivery Network）サービスを使うのが最適です。CloudFront は、アクセス元の場所に応じて応答速度が最も速いコンテンツ配信サーバーを自動的に選択し、静的コンテンツの提供速度を上げることができます。また、アクセスが集中した場合に有効なのは、各種メトリクスに従って自動的に EC2 の台数を追加するオートスケールです。したがって、A と E が正解です。

B、D. Route 53 を利用したフェイルオーバー設定です。冗長性は向上しますが、パフォーマンスは向上しません。

C. CloudFront のオリジンを ALB に設定すると、ALB へのアクセスを CloudFront 経由に限定できるのでセキュリティは向上しますが、S3 に配置された静的コンテンツの応答速度を改善する効果はありません。また、Route 53 で、アプリケーションが利用するドメインの参照先を直接 EC2 の IP アドレスに設定しても、アプリケーションのパフォーマンス向上にはつながりません。

F. 稼働する EC2 の台数を一定に保つ設定です。何らかの理由により EC2 が停止した際、自動的に、設定した台数になるように動きます。設問のケースではもともと 4 台稼働しているので、自動的に 4 台となるように設定してもパフォーマンス向上にはつながりません。

[答] A、E

問 4

　ある会社では、本社の所在地に最も近いリージョンの S3 バケットでトレーニング資料を管理しており、複数の国や地域にある支社の業務端末からトレーニング資料の追加・更新を実施します。資料は動画などのサイズの大きいファイルを含むことがあり、支社の社員からはアップロードにかかる時間について不満が上がっています。本社からは、運用コストが上がらないよう、できるだけアーキテクチャの修正は行わないでほしいと要求されています。あなたはソリューションアーキテクトとして、S3 での資料管理の高速化をどのようにして実現しますか。（2 つ選択してください）

A. トレーニング資料用 S3 バケットへの資料追加・更新作業を CloudFront ディストリビューション経由で実行する。

B. 各支社の所在地に近いリージョンに、マルチリージョンアクセスポイントを作成する。

C. S3 Transfer Acceleration を有効にする。

D. 各支社の所在地に近いリージョンに S3 バケットを新規作成し、各支社からのアップロード先とする。アップロードをトリガーとして、Lambda 関数でアップロードされたファイルを本社の S3 バケットにコピーする。

E. Direct Connect で各支社のネットワークと AWS アカウント間の接続を作成する。

6

解説

　アクセス元クライアントとアクセス先 S3 バケット間の距離によるアップロード作業のレイテンシーを解消するためには、マルチリージョンアクセスポイントまたは S3 Transfer Acceleration を利用します。マルチリージョンアクセスポイントは Global Accelerator 用のグローバルネットワークを、S3 Transfer Acceleration は CloudFront のエッジロケーションをそれぞれ使用します。したがって、B と C が正解です。

A. CloudFront ディストリビューションは、コンテンツ配信のための機能であるため不適切です。

D. 支社ごとに S3 バケットを作成することで、アーキテクチャが変更されるため不適切です。

E. Direct Connect では社内ネットワークから S3 バケットへの安全な接続を確立できますが、距離によるレイテンシーの解消とは無関係です。

[答] B、C

問 5

　あなたが運用しているサプライチェーンマネジメントのアプリケーションは、最近利用量が増加したことによる応答の遅延が課題となっています。このアプリケーションは 3 層アーキテクチャ構成（プレゼンテーション層、アプリケーション層、データ層）から成り、プレゼンテーション層とアプリケーション層はそれぞれ別の EC2 インスタンスにホストされ、データ層には RDS を利用しています。調査の結果、遅延の原因はアプリケーション層の EC2 インスタンスのパフォーマンスにあることが判明しました。あなたは、アプリケーションの応答速度を改善するために、素早く、可能な限りダウンタイムなしでスケールアウトできるアーキテクチャへの刷新を求められています。要件を満たす費用対効果の高いソリューションはどれですか。（1つ選択してください）

A. CloudWatch で、アプリケーションサーバーとして起動している EC2 インスタンスのメトリクスを監視する。CloudWatch アラームをトリガーに Lambda 関数を呼び出して、より大きな EC2 インスタンスサイズに変更する。

B. アプリケーション層に EC2 Auto Scaling グループを構成する。ALB を起動し、EC2 Auto Scaling グループを紐付ける。

C. RDS のリードレプリカを有効にする。参照系の処理はリードレプリカを利用するようにアプリケーションを改修し、EC2 にデプロイする。

D. アプリケーション層の EC2 の AMI を取得する。AMI から新規の EC2 インスタンスを複数作成する。アプリケーション用の ALB を作成し、最小未処理リクエストアルゴリズムを利用してアプリケーション層の EC2 群に対してリクエストを均等に分散する。

解説

　この設問のポイントは、アプリケーション層のボトルネックの改善のために EC2 をスケールアウトさせることです。B で述べられている EC2 Auto Scaling と ALB の構成は、自動でスケールアウトが可能なアーキテクチャとして標準的に採用されています。構築・運用コストを削減できるため、費用対効果が高いといえます。したがって、B が正解です。

A. EC2 インスタンスサイズを変更するには、インスタンスを一度停止させる必要があり、ダウンタイムが発生してしまいます。また、設問では、スケールアウトできるアーキテクチャに刷新することが要件となっており、1台の EC2 のスケールアップは求められていません。

C. RDS の設定変更はデータ層の改善であり、アプリケーション層のスケールアウトとは無関係です。

D. 現在稼働している EC2 のマシンイメージから手動でスケールアウトし、リクエスト分散用のバランサーを追加する方法です。スケールアウトはできますが、EC2 インスタンス数の最適化を手動で行うため、B と比べると素早さや費用対効果の面で劣ります。

[答] B

6

問6

ある企業では、単一のリージョンに動的アプリケーションをデプロイしています。同社のアプリケーションは世界中からアクセスされています。同社は、アプリケーションを変更せずにパフォーマンスを高めたいと考えています。ソリューションアーキテクトは、パフォーマンスを最もコスト効率よく高めるために何をすべきですか。(1つ選択してください)

A. Global Accelerator を利用する。

B. CloudFront を利用する。

C. S3 Transfer Acceleration を利用する。

D. 複数リージョンに動的アプリケーションをデプロイする。

解説

Global Accelerator を利用することで、アプリケーションの改修コストをかけずに AWS グローバルネットワークを使用して、アプリケーションの可用性、パフォーマンス、およびセキュリティを向上させることができます。したがって、A が正解です。

B. CloudFront を利用すれば、全世界のエッジロケーションに静的資源をキャッシュすることが可能ですが、今回は動的アプリケーションであり、都度アクセスが必要になるので不適切です。

C. S3 Transfer Acceleration を利用することで、クライアントと S3 バケット間の長距離にわたるファイル転送を迅速かつ安全に行うことができます。しかし、今回は S3 を利用していないため不適切です。

D. 複数リージョンに動的アプリケーションをデプロイする場合、サービス利用料と管理コストが高くなります。

[答] A

6.5 高パフォーマンスなデータ取り込みと変換のソリューションを選択する

問1

ある会社は、複数のグローバルな EC サイトを運用しています。常に数万人の利用者があり、その利用者の詳細な行動を分析するためのスケーラブルなアクセス解析ソリューションを設計しようと考えています。利用者の行動をほぼリアルタイムに収集し、複雑な分析を行うためのプラットフォームを設計する上で最適なソリューションはどれですか。（1つ選択してください）

A. データを受け取るために Amazon API Gateway を構成し、Lambda を使ってデータを収集する。CloudWatch Logs にデータを連携し、CloudWatch Logs Insights で分析を行う。

B. Kinesis Data Streams を構成し、データを収集する。データを Redshift にロードし、データ分析ができるようにする。

C. データを収集するために EC2 Auto Scaling グループの設定を行い、CPU 負荷によって自動的に台数が拡張する EC2 を構成する。EBS にデータを保存した後、cron 処理で定期的にデータを S3 にアップロードする。

D. Kinesis Data Streams を構成し、データを収集する。データを DynamoDB に連携してデータ分析ができるようにする。

解説

　大量のデータをリアルタイムに収集する場合、Kinesis ストリーミングデータプラットフォームを利用するのが最適です。Kinesis Data Streams でデータを受け取り、他サービスに連携することができます。収集したデータを B は Redshift、D は DynamoDB に取り込んでいますが、複雑な分析を行う場合は、DynamoDB よりも、標準の SQL を使ったクエリを実行できる Redshift のほうが適しています。したがって、B が正解です。

A. CloudWatch Logs はログ収集のためのプラットフォームであり、CloudWatch Logs Insights を使ったクエリ発行が可能ですが、Redshift で利用できるほどの複雑なクエリの実行には適していません。

C. S3 にデータを保存した後の分析方法に言及していないため不適切です。

[答] B

問 2

　ある企業では、コンシューマー向けに数百の Web サービスを提供しており、マイクロサービス化によって数万のコンテナが同時に稼働しています。この企業では、Web サービスの利用状況を分析するために、統合ログ分析基盤を開発することになりました。

　各 Web サービスのログをほぼリアルタイムに収集するとともに、ログに個人情報が含まれている場合は、それを取り除いた上で分析基盤に保存する必要があります。また、その分析基盤は、大量のストリーミングデータを扱うことができ、データ量の増大に応じてスケールできるようにする必要があります。ソリューションアーキテクトは、どのソリューションを推奨すべきですか。(1つ選択してください)

A. 各コンテナから 1 つの EFS をマウントし、ログを EFS に保存する。AWS Batch を使って、ログに含まれる個人情報を削除するプログラムを実行する。処理後のデータを再度 EFS に戻す。

B. プロビジョンド IOPS ボリュームの EBS をアタッチした EC2 インスタンスを用意し、ログサーバーを構築する。各コンテナから Fluentd を使ってログサーバーにログを連携する。Fluentd でログの個人情報部分をマスクする。

C. Kinesis Data Streams を利用してログデータを収集する。Kinesis Data Firehose に連携し S3 にデータを保存した後、Redshift でデータをロードして分析する。

D. Kinesis Data Streams を利用してログデータを収集する。Lambda と連携しログの個人情報を削除する。その後、S3 にデータをアップロードし、Athena を使ってデータを分析する。

解説

Kinesis は、大量のストリーミングデータを取り扱うのに適したサービスです。Kinesis Data Streams でデータを収集し、Lambda と連携してデータ加工を行うことができます。また、Athena を利用すると、S3 に保存したデータに対しクエリを発行し、柔軟に分析することができます。したがって、D が正解です。

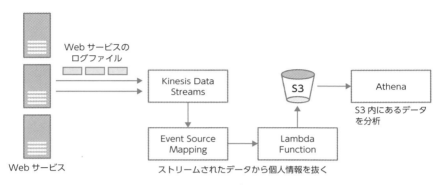

Web サービス

Web サービスの
ログファイル

Kinesis Data
Streams

Event Source
Mapping

Lambda
Function

S3

Athena

S3 内にあるデータ
を分析

ストリームされたデータから個人情報を抜く

図 6.5-1 ストリームされたログファイルの加工フロー

A. データを EFS に保存した後の分析方法が不明なため不適切です。

B. EBS と EC2 は、いずれもリソースが不足すると都度スケールアップの作業が必要となるので、自動でスケールする AWS マネージドサービスのほうが適しています。なお、Fluentd はログを収集、加工、保存することができるオープンソースのソフトウェアであり、ここでの利用方法そのものは問題ありません。

C. 個人情報を削除するデータ加工について触れていないため不適切です。

[答] D

問3

ある会社では、社内のプロジェクト成果の分析・予測を行うためのデータレイクを AWS 上に構築しようとしています。既存のプロジェクト情報登録システムや勤怠管理システム、評価・表彰システムからのデータ、社員に貸与したデバイスの利用データなどをそれぞれ別の S3 バケットに保存し、機械学習で分析して独自のモデルを作成します。

　データ取り込み元システムにあるデータの参照、変換、および取り込みは週次で行い、システムによっては完了までに 1 時間ほどかかる場合があることがわかっています。取り込むデータは、社内でも一定の職位以上の人でなければ参照できない機密データを含むため、保管したデータの参照や処理には最小権限を付与することを徹底する必要があります。運用コストを抑えつつ、これらの要件を満たすソリューションはどれですか。（1 つ選択してください）

A. EventBridge から週次で起動する Lambda 関数で、各システムにあるデータの参照、変換、および取り込みを行う。データレイクを構成する S3 バケットのバケットポリシーでデータへのアクセスを制限する。

B. 週次のトリガーを有効化した Glue を利用して、各システムにあるデータの参照、変換、および取り込みを行う。データレイクを構成する S3 バケットのバケットポリシーでデータへのアクセスを制限する。

C. EventBridge から週次で起動する Lambda 関数で、各システムにあるデータの参照、変換、および取り込みを行う。Lake Formation でデータへのアクセス制限を設定する。

D. 週次のトリガーを有効化した Glue を利用して、各システムにあるデータの参照、変換、および取り込みを行う。Lake Formation でデータへのアクセス制限を設定する。

解説

　「システムによっては完了までに 1 時間ほどかかる場合がある」と問題文に書かれています。Lambda は実行時間が最大で 15 分という制限があるため、今回のケースでは Glue を使うほうが適しています。Glue はフルマネージド型の ETL ツールで、ワークフローの制御機能とジョブの実行機能を提供します。ジョブのタイムアウトはデフォルトで 48 時間となっており、大規模なデータ処理を実行可能です。また、Lake Formation を利用すれば、データレイクに関するデータカタログおよびデータへのアクセスを一元管理することが可能になります。したがって、D が正解です。

A、C. Lambda を使っているので不適切です。

B. 各バケットのバケットポリシーでアクセスを制限していますが、Lake Formation のほうが効率よくデータへのアクセスを制御できます。

[答] D

問 4

　ある会社では、顧客である催事の企画・運営会社に対してアプリケーションを提供しています。このアプリケーションでは、催事に関するデータのリアルタイムの分析結果を提供します。会場内の各種計測機器や催事参加者向けアプリケーションからのデータを Redshift に取り込んで分析を行い、分析結果を可視化したものを顧客に提供します。また、導入コストを下げるため、サービスはできるだけシンプルな構成にすることを求められています。これらの要件を満たす最適なソリューションはどれですか。（1つ選択してください）

A. Kinesis Data Streams を利用して Redshift にデータを取り込む。Redshift と Athena を統合し、分析結果を QuickSight と統合した Athena で取得し、QuickSight で可視化する。QuickSight で可視化した図表を S3 に保存し、オブジェクト URL を顧客に提供する。

B. Kinesis Data Streams を利用して Redshift にデータを取り込む。Redshift と QuickSight を統合し、分析結果を QuickSight で可視化する。QuickSight のダッシュボードを顧客に提供する。

C. Kinesis Data Firehose を利用して Redshift にデータを取り込む。Redshift と Athena を統合し、分析結果を QuickSight と統合した Athena で取得し、QuickSight で可視化する。QuickSight のダッシュボードを顧客に提供する。

D. Kinesis Data Firehose を利用して Redshift にデータを取り込む。Redshift と QuickSight を統合し、分析結果を QuickSight で可視化する。QuickSight で可視化した図表を S3 に保存し、オブジェクト URL を顧客に提供する。

解説

　本問では、サーバーレスかつリアルタイムにデータを取り込むサービスと、分析したデータの可視化および共有を行うサービスを選択します。まず、リアルタイムのデータ取り込みには Kinesis Data Streams を利用します。また、データの可視化には QuickSight を利用します。QuickSight は、Redshift から直接データを参照でき、ユーザーやグループ単位で異なる権限を付与してダッシュボードを共有することが可能です。これらのサービスや機能を利用してシンプルな構成を実現している B が正解となります。

A. Redshift は、Athena を経由せずに QuickSight と直接接続することが可能です。また、QuickSight でダッシュボードの共有が可能なため、S3 を利用する必要はありません。「シンプルな構成」という要件に照らすと、不要なサービスを使っているので不適切です。

C. Redshift は、Kinesis Data Firehose を経由せずに Kinesis Data Streams から直接データを読み込むことが可能です。つまり、Kinesis Data Firehose を使わない構成でも要件を満たすので不適切です。

D. Kinesis Data Firehose を経由して Redshift にデータを取り込み、分析結果の共有に S3 を利用するという冗長な構成になっているため不適切です。

[答] B

問5

　ある企業には、複数の IoT デバイスから合計で 100GB/ 日のデータが送られてきています。同社は、送られてきたデータをリアルタイムで分析したいと考えています。また、データは 1 件あたり 10KB 程度であり、リアルタイム分析を行うためのシステムを開発する必要があり、そのシステムはスケーラブルなアーキテクチャにしたいと考えています。これを実現するために、ソリューションアーキテクトはどのようなアーキテクチャを提案すればよいですか。（1つ選択してください）

A. IoT デバイスから Kinesis Data Firehose 経由で S3 にデータを蓄積する。蓄積されたデータを Athena で分析する。

B. IoT デバイスから Kinesis Data Firehose 経由で Kinesis Data Analytics にデータを配信する。Kinesis Data Analytics でリアルタイムで分析する。

C. IoT デバイスから Kinesis Data Firehose 経由で RDS にデータを蓄積する。蓄積されたデータを Athena で分析する。

D. IoT デバイスから Kinesis Data Firehose 経由で DynamoDB にデータを蓄積する。蓄積されたデータを Athena で分析する。

解説

　Kinesis Data Firehose を利用することで、IoT デバイスからのストリーミングデータを確実にキャプチャおよび変換し、データレイクや、データストア、分析サー

ビスに配信することが可能です。Kinesis Data Firehose は Kinesis Data Analytics と組み合わせることでリアルタイム分析ができるので、B が正解です。なお、S3 や RDS、DynamoDB に蓄積されたデータを Athena で分析することは可能ですが、リアルタイム性に欠けるため、A、C、D は、いずれも誤りです。

[答] B

問 6

　ある企業はビジネス拡大にともない、順次処理を行っているアプリケーションを AWS 上に構築しようとしています。アプリケーションは顧客からの注文を受け取るために利用され、顧客から受け取った注文は順序性を担保して処理する必要があります。同社は、スケーラブルかつ順序性が担保されたアーキテクチャにしたいと考えています。これを実現するために、ソリューションアーキテクトは何をすべきですか。（1つ選択してください）

- **A.** SQS FIFO キューを利用する。
- **B.** SQS 標準キューを利用する。
- **C.** SNS 標準トピックを利用する。
- **D.** DynamoDB を利用する。

解説

　SQS はフルマネージド型のメッセージキューイングサービスであり、ソフトウェアコンポーネント間でメッセージの送受信および保存ができます。SQS を利用することによってスケーラブルなアーキテクチャになります。SQS FIFO キューでは、受信したメッセージの順序性が担保されます。したがって、A が正解です。

- **B、C.** SQS 標準キューや SNS 標準トピックを利用した場合、順序性は担保されません。
- **D.** DynamoDB は高速な読み取りと書き込みを提供する NoSQL データベースサービスですが、順序性は担保されません。

[答] A

第 **7** 章

コストを最適化した
アーキテクチャの設計

　「コストを最適化したアーキテクチャの設計」分野では、AWS で
利用するさまざまなサービスについて、コスト効率に優れたアーキ
テクチャの設計や料金モデルの選択、適切なコスト管理の方法など
のベストプラクティスが問われます。

　本章では、ストレージやデータベース、ネットワークなどのアー
キテクチャ設計の観点から、ビジネスの費用対効果を最大化するた
めの最適なソリューション・設計手法に関する演習を行います。

7.1 コストを最適化したストレージソリューションを設計する

問 1

あなたのチームでは、夜間ファイル処理のためのバッチを実行しようとしています。ファイルのサイズと数は毎日変わり、1 年間保存してその後は削除されます。この 1 年間はすぐログにアクセスできる必要があり、アクセス頻度はファイルによって異なり、予測できません。また、複数の AZ にファイルを保管する必要があります。最もコスト効率が高いソリューションはどれですか。（1つ選択してください）

- **A.** S3 Glacier Flexible Retrieval
- **B.** S3 Standard
- **C.** S3 Intelligent-Tiering
- **D.** S3 One Zone-Infrequent Access (S3 One Zone-IA)

解説

表 7.1-1 に示すように、S3 にはさまざまなストレージクラスがあり、利用用途や料金が各クラスで異なっています（表 7.1-1 の内容は、2023 年 6 月 30 日現在の情報にもとづいています）。

表 7.1-1　S3 のストレージクラス

ストレージ クラス	説明	可用性 SLA(%)	取り出し 時間	取り出し 料金	最小スト レージ期間	ストレージ 保管料金
Standard	デフォルトのストレージクラス	99.9%	ミリ秒	なし	なし	0.025 USD/GB[※1]
Standard-IA (低頻度アクセス)	アクセス頻度は低いが、すぐにアクセスする必要があるオブジェクトに適している	99%	ミリ秒	あり	30 日	0.0138 USD/GB

※1　S3 は利用量によって料金が異なる場合があり、この表の S3 Standard については、最初の 50TB/ 月の料金です。

ストレージクラス	説明	可用性SLA(%)	取り出し時間	取り出し料金	最小ストレージ期間	ストレージ保管料金
One Zone-IA（1ゾーン低頻度アクセス）	1つのAZにのみオブジェクトを保管するクラス。Standard-IAの要件に加えて、重要性が低いオブジェクトに適している	99%	ミリ秒	あり	30日	0.011 USD/GB
Intelligent-Tiering	オブジェクトのアクセス頻度を自動的に判断して、最適なクラスに配置するクラス。通常料金に加えてモニタリング料金がかかる	99%	ミリ秒	なし	なし	料金はアクセス階層によって異なる
Glacier Instant Retrieval	アクセス頻度が低く、長期的なアーカイブやバックアップに適しているクラス。バックアップデータを必要なときに即時に取り出すことができる	99%	ミリ秒	あり	90日	0.005 USD/GB
Glacier Flexible Retrieval（旧Glacier）	アクセス頻度が低く、長期的なアーカイブやバックアップに適しているクラス。アクセスに時間が必要	99.9%	迅速：1〜5分 標準：3〜5時間 大容量：5〜12時間	あり	90日	0.0045 USD/GB
Glacier Deep Archive	Glacier Flexible Retrievalよりもアクセス頻度が低いオブジェクトに適したクラス。料金が一番安いが、アクセスに最大2日かかる場合がある	99.9%	標準：12時間以内 大容量：48時間以内	あり	180日	0.002 USD/GB

　今回のケースではファイルが1年間保管されている間は、ファイルの取り出し時間が短く、かつストレージの保管料金が安いストレージクラスが望まれます。しかし、ファイルによってアクセス頻度が異なるため、特定のストレージクラスにすべてのファイルを保存するにはコスト効率が低くなってしまいます。そのため、ストレージ保管料金もアクセス頻度に応じて柔軟に調整でき、ファイルの取り出し時間

も短い S3 Intelligent-Tiering が最適であり、C が正解となります。

- **A.** 1 年間はログファイルにすぐにアクセスする必要があるので、ファイルアクセスに時間がかかる S3 Glacier Flexible Retrieval は適していません。
- **B.** アクセス頻度がファイルによって異なるため、頻繁なアクセスを前提としている S3 Standard よりも、アクセス頻度に応じて自動でコストを削減できる S3 Intelligent-Tiering のほうが適しています。
- **D.** S3 One Zone-Infrequent Access は取り出し料金が必要になるうえ、ファイルが 1 つの AZ にしか保管されないため適していません。

[答] C

問 2

あなたの会社は、データ管理の運用負担とコストを軽減するために、ワークロードのバックアップをオンプレミスからクラウドに移行しようとしています。ワークロードの 1 日のデータ量は 30TB で、バックアップにほとんどアクセスすることはなく、アクセスが必要なときは 3 日前に通知されます。オンプレミスからクラウドに移行する方法で、最もコスト効率が高いソリューションはどれですか。（1 つ選択してください）

- **A.** バックアップデータを S3 にコピーし、30 日後に S3 Glacier Flexible Retrieval に移動するライフサイクルポリシーを作成する。
- **B.** Snowball Edge を使用して、物理デバイスからバックアップデータを直接 S3 Glacier Deep Archive に入れる。
- **C.** Storage Gateway を使用して、S3 Glacier Deep Archive にバックアップデータを配置する。
- **D.** Storage Gateway を使用して、S3 にバックアップデータを配置し、30 日後に S3 Glacier Flexible Retrieval へ移動するライフサイクルポリシーを作成する。

解説

Storage Gateway は、オンプレミスのバックアップ環境と AWS のストレージサービスを低レイテンシーでつなぎ、バックアップデータを AWS 上に置くことができるハイブリッドストレージサービスです。現状のオンプレミス環境を残しつつ、管理の容易性、高い堅牢性、格納容量無制限など、クラウド環境のメリットが得られます。さらに、Storage Gateway はファイルゲートウェイ、ボリュームゲートウェイ、テープゲートウェイといった 3 つのタイプに分かれていて、オンプレミスでのバックアップの形態に柔軟に対応しています。

また、S3 Glacier Deep Archive は、長期保管用のデータアーカイブを目的とした S3 のストレージクラスです。ファイルの取り出しに最大 48 時間かかりますが、S3 のストレージクラスの中で最もコストが安いです。設問には、アクセスが必要なときは 3 日前に通知すると書かれており、ファイルの取り出しに 48 時間かかっても問題ないので、コスト効率の観点から S3 Glacier Deep Archive が適切です。したがって、C が正解です。

A. S3 にオンプレミスファイルを直接置くためには、Storage Gateway や Snowball などのサービスを利用する必要があります。

B. Snowball Edge もオンプレミスのデータを AWS 上に置くことができるサービスの 1 つです。しかし、物理デバイスからデータを AWS のデータセンターまで配送させて当該データを S3 にアップロードする方式であるため、オンプレミスで生成される日々のデータを継続的に AWS にバックアップする必要がある今回の要件に合いません。

D. Storage Gateway に保存するのは正しいですが、設問のケースではバックアップデータにほとんどアクセスしないため、S3 や S3 Glacier Flexible Retrieval にバックアップデータを配置するよりも S3 Glacier Deep Archive に配置するほうが、コスト効率は高いです。

[答] C

問3

あなたの会社は、セキュリティが確保された場所に設置されている監視カメラの映像を S3 に保存しています。この映像は、保存後 14 日間はすぐアクセスできる必要がありますが、その後はインシデントがあった場合のみアクセスされます。

インシデント時は 8 時間以内に映像を確認できる必要があります。

　これらの要件を満たす最もコスト効率が高いデータストレージソリューションはどれですか。（1つ選択してください）

- A. 14 日後にオブジェクトを S3 Intelligent-Tiering に移行するライフサイクルルールを設定する。
- B. 14 日後にオブジェクトを S3 Glacier Flexible Retrieval に移行するライフサイクルルールを設定する。
- C. 14 日後にオブジェクトを S3 Glacier Deep Archive に移行するライフサイクルルールを設定する。
- D. 14 日後にオブジェクトを削除するライフサイクルルールを設定する。

解説

　ライフサイクルルールは、S3 のバケットに保存しているオブジェクトを一定期間後に別のストレージクラスに移行または削除することで、コスト効率を高めることができる機能です。この設問では「14 日間はすぐアクセスできる」ことと、「14 日以降は 8 時間以内にアクセスできる」ことがシステムの要件になっています。 S3 Glacier Flexible Retrieval は、他のストレージクラスに比べて安い料金で利用でき、標準オプションで 3〜5 時間以内にファイルにアクセスできるので、14 日後の移行先として適しています。したがって、 B が正解です。

- A. システムの要件で映像へのアクセスパターンが明確になっているので、追加のモニタリング料金が必要な S3 Intelligent-Tiering はコスト効率が高いとはいえません。
- C. S3 Glacier Deep Archive へ保管したオブジェクトへのアクセスは、最も早いオプション（標準）でも 12 時間以内となっているため、「8 時間以内」という設問の要件を満たせません。
- D. 14 日経過した後もインシデント時には映像にアクセスできる必要があります。よって、削除では要件を満たせません。

[答] B

問4

あなたの会社は、オンプレミスの社内 Linux ファイル共有サーバーを AWS 上に移行しようとしています。今は小規模のシステムですが、会社の成長にともなって社員の人数が増え、規模も大きくなることが予想されます。また、社内システムが稼働している複数の EC2 インスタンスからファイルサーバー内のファイルに対して読み書きしますが、高い性能は求めていません。ファイルサーバーの管理にあまり手間をかける必要がなく、かつコスト効率が高いソリューションはどれですか。（1つ選択してください）

A. FSx for Windows File Server
B. EFS
C. EBS
D. S3

解説

AWS の主なファイルストレージサービスには、表 7.1-2 のようなものがあります。

表 7.1-2　AWS の主なファイルストレージサービス

サービス	説明
Elastic File System (EFS)	フルマネージド型のスケーリングやコストの面で優れた NFS(Network File System) ファイルストレージサービス。複数の EC2 からアクセスできる共有ファイルシステムを簡単に構築できる。NFS は Unix/Linux 環境でファイルを共有するためのプロトコルであり、Windows の EC2 インスタンスはサポートしていない。
FSx for Windows File Server	Windows Server 上に構築されるフルマネージド型の Windows 用のファイルストレージサービス。
FSx for Lustre	高性能分散ファイルシステムである Lustre を搭載したフルマネージド型サービス。数ミリ秒未満の低レイテンシーや数百万の IOPS の性能を持ち、機械学習やビッグデータ分析、高性能コンピューティングシステムでの利用に向いている。

「Linux のファイル共有サーバー」、「複数の EC2 から読み書きする」、「高い性能は不要」という設問の要件を踏まえて最も適切なサービスを選択肢から選ぶと、B が正解になります。

A. FSx for Windows File Server は Windows ネイティブなファイルサーバーサービスなので、Linux 環境では利用できません。

C. EBS の場合、1 つの EC2 インスタンスにのみ接続するので設問の要件を満たせません[※2]。

D. S3 はオブジェクトストレージサービスであり、今回のケースではファイルストレージのほうが要件に適しています。

[答] B

問 5

ある会社が、EC2 インスタンス上で社内システムを運用しています。このシステムはログ保管の用途で利用されるため、利用頻度は低く、ディスクの I/O パフォーマンスも高い水準を要しません。現在、システムには EBS 汎用 SSD（gp2）を利用していますが、新しくボリュームを追加する必要があり、最高財務責任者（CFO）はコスト効率が高いストレージオプションを推奨するようにソリューションアーキテクトに依頼しました。

ソリューションアーキテクトは、どのオプションを推奨する必要がありますか。（1つ選択してください）

A. EBS コールド HDD (sc1)

B. EBS 汎用 SSD (gp2)

C. EBS スループット最適化 HDD (st1)

D. EBS プロビジョンド IOPS SSD (io1)

解説

EBS は、SSD ベースと HDD ベースのタイプに大きく分けることができ、それぞれ表 7.1-3、表 7.1-4 に掲げたようなタイプおよび特徴があります（これらの表の内容

※ 2　EBS Multi-Attach という機能も存在し、これを用いることで EBS を複数インスタンスにアタッチできます。しかし、EBS Multi-Attach を利用できるのは、プロビジョンド IOPS SSD(io1、io2) や一部のリージョンに限られているので、しばらくの間は「1 つのインスタンスに 1 つの EBS」と捉えておけばよいでしょう。今後、新たなアップデートや試験内容の改定にともない、EBS Multi-Attach の内容が試験で問われたり選択肢として扱われる可能性があるので、覚えておくとよいと思います。

は、2023 年 6 月 30 日現在の情報にもとづいています）。

表 7.1-3　EBS（SSD ベース）のタイプおよび特徴

タイプ	SSD ベース			
	汎用 SSD (General Purpose SSD)		プロビジョンド IOPS SSD (Provisioned IOPS SSD)	
	gp2	gp3	io1	io2
説明	デフォルトボリュームタイプ。料金とパフォーマンスのバランスが取れた汎用ボリューム	料金とパフォーマンスのバランスが取れた最小コストの汎用ボリューム	高い IOPS 性能を要求するワークロードに最適化されているタイプ	高い IOPS 性能と耐久性を要求するワークロードに最適化されているタイプ
耐久性	99.8%〜99.9%		99.8%〜99.9%	99.999%
ボリュームサイズ	1GiB〜16TiB		4GiB〜16TiB	
最大 IOPS/ボリューム	16,000		64,000	
料金（1 か月）	0.10 USD/GB	0.08 USD/GB IOPS 性能によって追加料金あり	0.125 USD/GB IOPS 性能によって追加料金あり	
ユースケース	・開発・検証環境 ・小・中規模のデータベース ・仮想デスクトップ		・大規模なデータベース ・汎用 SSD よりも高い I/O 性能が必要なワークロード	

表 7.1-4　EBS（HDD ベース）のタイプおよび特徴

タイプ	HDD ベース[3]	
	スループット最適化 HDD (Throughput Optimized HDD (st1))	コールド HDD (Cold HDD (sc1))
説明	アクセス頻度が高く、シーケンシャルアクセスに最適化されているタイプ	1 日のアクセス頻度が低いワークロード向けの、料金が最も安いタイプ
耐久性	99.8%〜99.9%	
ボリュームサイズ	125GiB〜16TiB	
最大 IOPS/ ボリューム	500	250
料金（1 か月）	0.045 USD/GB	0.015 USD/GB
ユースケース	・ビッグデータ ・データウェアハウス ・ログの分析	・ログの保管 ・アーカイブ

[3]　HDD ベースの EBS は起動ボリュームとして利用できません。

表 7.1-3 と表 7.1-4 から、最大 IOPS/ ボリュームが高い順では io1、gp2、st1、sc1 であり、1 か月の料金が安い順では逆に sc1、st1、gp2、io1 になることがわかります。

設問のシステムはログの保管を目的としており、高い性能は求められていません。したがって、各種タイプの中で最も料金が安い EBS コールド HDD（sc1）が最適であり、A が正解です。

[答] A

問 6

あなたは、ある大手会社のソリューションアーキテクトで、レガシーワークロードを AWS 上に移行するプロジェクトに参加しています。ワークロードファイルは EC2 を通して頻繁にアクセスされますが、アクセスの頻度は段々低くなります。このワークロードファイルの保管について最もコスト効率に優れたソリューションはどれですか。（1つ選択してください）

A. Storage Gateway のボリュームゲートウェイを使用してデータを保存し、低頻度のデータを S3 に移行する。

B. EFS を使用してデータを保存し、ライフサイクル管理を有効にする。

C. EBS を使用してデータを保存する。

D. S3 を使用してデータを保存し、低頻度のデータを S3 Standard-Infrequent Access（S3 Standard-IA）に移動できるようにライフサイクルルールを設定する。

解説

S3 にはデータのアクセス頻度のパターンによってさまざまなクラスがあり、適切なクラスを選択することで、高いコスト効率でファイルオブジェクトを保管することができます（P.236 の表 7.1-1 参照）。今回の設問では、ファイルへのアクセス頻度は段々低くなるので、D が正解です。

A. Storage Gateway は、オンプレミス環境のバックアップデータを AWS 上に

置くことができるサービスです。今回はワークロードも AWS 上に移す予定なので、Storage Gateway の利用は不要です。

B. EFS は、共有ファイルサーバーサービスです。D と比べると、長期間のファイル保管時のコスト効率が高いとはいえません。

C. EBS は、EC2 とともに利用するブロックストレージサービスです。D と比べると、長期間のファイル保管時のコスト効率が高いとはいえません。

[答] D

7.2 コストを最適化した コンピューティング ソリューションを設計する

問 1

あなたは、EC2 上でビッグデータ分析のワークロードを実行しています。ワークロードの処理時間は変動的ですが、毎晩実行され、翌日の営業開始までに必ず完了する必要があります。あなたは、ソリューションアーキテクトとしてコスト効率の高い設計を求められています。どのインスタンスを利用するのが最適ですか。（1つ選択してください）

- A. スポットフリート
- B. スポットインスタンス
- C. リザーブドインスタンス
- D. オンデマンドインスタンス

解説

　夜間にしか実行されていないワークロードなので、EC2 の購入オプションのうちスポットインスタンスが、コスト効率が高くなります（P.91 の表 3.4-1 参照）。

　スポットインスタンスは、スポット価格が高騰したり、AWS クラウド内のインスタンスが枯渇すると、強制的にターミネートされます。スポットブロックやスポットフリートとの組み合わせにより、このようなインスタンス中断に備えることができます。

- ● スポットブロック

  スポットインスタンスのリクエスト時に、1〜6 時間の範囲で使用予定期間を指定することができます。指定した時間内はスポット価格が高騰してもターミネートされず、料金は落札時のスポットブロック価格が維持されます。

- ● スポットフリート（EC2 フリート）

  フリート全体でターゲット容量（インスタンス数または CPU 数）を満たすよう

なスポットインスタンスを起動します。「ターゲット容量の維持」を有効にすることで、スポットインスタンスが中断されても、ターゲット容量のスポットインスタンス数を維持するようにインスタンスを自動的に補充します。フリートには、オンデマンドインスタンスを含めることも可能です。

表7.2-1　スポットインスタンスのオプション

オプション	リクエスト単位	容量変更	スポット価格高騰時の挙動
スポットインスタンス	インスタンス	不可	ターミネートされる
スポットブロック	インスタンス	不可	リクエスト時に指定した期間中はターミネートされない
スポットフリート	インスタンスまたはvCPU	可	「ターゲット容量の維持」を有効にすると、インスタンス数が維持されるように自動的にインスタンスが補充される

　問題文に書かれている要件から、分析を「翌日の営業開始までに必ず完了する」必要があるため、処理の完了に最低限必要なEC2の起動数を維持しながらコスト最適化を実現できる「スポットフリート」が最も適切なオプションです。したがって、Aが正解です。

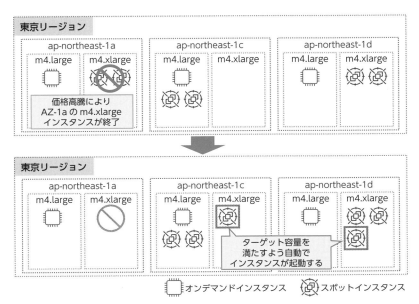

図7.2-1　スポットフリートの挙動

B. シンプルなスポットインスタンスの場合、スポット価格の高騰などの影響を受けて、ビッグデータ分析に必要な最低限のインスタンスを確保できず、翌日の営業開始までに処理が完了しないおそれがあります。

C. リザーブドインスタンスは、常時稼働するようなワークロードに最適な購入オプションです。今回の設問の場合、分析処理は夜間にしか実行されないため、日中には不要なリソースの分まで利用料が発生してしまいます。

D. オンデマンドインスタンスは、通常料金での購入オプションなので、コスト効率化の観点から最適な選択肢とはいえません。

[答] A

問 2

　EC2 上で、E コマースのアプリケーションが稼働しています。アプリケーションは静的コンテンツを含み、最低 10 インスタンス、ピーク時は 250 インスタンスが起動します。リソースの使用状況を確認したところ、9 割の時間帯で 50 インスタンス以上が起動していました。可用性を保ちながらコストを最小にするには、どうすればよいですか。（1つ選択してください）

A. リザーブドインスタンスを 50 インスタンス購入し、残りをスポットインスタンスで稼働させる。

B. オンデマンドインスタンスを 50 インスタンス起動し、残りをスポットインスタンスで稼働させる。

C. 常時スポットインスタンスでアプリケーションを稼働させる。

D. リザーブドインスタンスを 250 インスタンス購入する。

解説

　キャパシティ予測のしやすいワークロードにおいては、RI（リザーブドインスタンス）による大幅な割引価格で EC2 を利用できます。RI ではキャパシティも予約されているので、インスタンスを確実に利用できます。一方、スポットインスタンスの場合、RI よりもさらに低いコストで利用することができますが、スポット価格が高騰して入札価格を上回ったり、AWS クラウド内のスポットインスタンスが枯渇する

と、強制的にインスタンスが停止される、あるいはインスタンスの起動に失敗する可能性があります。

　これらの特徴を踏まえると、通常時のトラフィックに必要な50インスタンスにはRI、一時的なトラフィックに必要な残りのインスタンスにはスポットインスタンスを使うことで、可用性を保ちながらコストを削減することが可能です。したがって、Aが正解です。

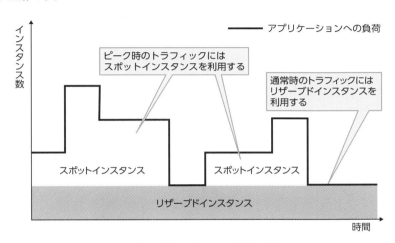

図7.2-2　購入オプションの組み合わせ

B. 9割の時間帯で50インスタンス以上が起動しているので、50インスタンス分は、オンデマンドインスタンスではなくリザーブドインスタンスを活用することでコスト削減が可能です。

C. スポットインスタンスのみでアプリケーションを稼働させると、スポット価格の高騰などによりインスタンスが停止するおそれがあり、アプリケーションの可用性が低下します。

D. ピーク時のトラフィックに合わせてリザーブドインスタンスを購入すると、通常時には不要なリソースの分まで利用料が発生してしまいます。

[答] A

問 3

ソリューションアーキテクトのあなたは、Amazon API Gateway 経由でリクエストを受け付ける新しい API を設計しています。API へのリクエスト数はかなり変動的で、1 回もリクエストがない時間が数時間続くこともあります。データの処理は非同期で行います。最も低コストで要件を満たすには、API をどの AWS サービスで実装すべきですか。（1 つ選択してください）

- **A.** Glue job
- **B.** EKS on Amazon EC2
- **C.** Lambda function
- **D.** ECS on Amazon EC2

解説

Amazon API Gateway 配下で稼働させるコンピューティングサービスについて、Lambda とコンテナのどちらが適しているかを選択する問題です。コンテナについては、オーケストレーションサービスとして ECS と EKS が提供されており、その稼働環境（EC2 あるいは Fargate）によって特徴が異なります。

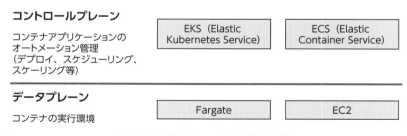

図 7.2-3　AWS のコンテナ関連サービス

表 7.2-2　コンテナ（on EC2/on Fargate）および Lambda の特徴

稼働環境	特徴
ECS/EKS on EC2	・EC2 上で稼働するコンテナオーケストレーション環境 ・トラフィックが予測できるワークロード向け ・EC2 の利用料にもとづく課金 ・常時起動のためコールドスタートを考慮しなくてよい ・GPU、Windows コンテナも活用できるなど柔軟性が高い
ECS/EKS on Fargate	・マネージドなコンテナオーケストレーション環境 ・vCPU とメモリリソースにもとづく課金 ・Lambda の制約であるタイムアウト値の上限 15 分よりも長い処理に対処できる ・Lambda の制約であるメモリ容量の上限 10GB よりも多くのメモリを必要とする処理に対処できる
Lambda	・サーバーレスアーキテクチャ ・イベント駆動、軽量なステートレスアプリケーション向け ・リクエスト数と実行時間にもとづく課金 ・最大稼働時間は 15 分 ・メモリ容量は 128MB〜10GB

7

　データ分析は非同期で行うため、稼働時間を短く抑えることができます。また、API へのリクエスト数はかなり変動的なので、リクエストが発生していない時間帯には利用料が発生せず、逆にリクエストが多い時間帯にはスケールして対応できるサービスが適しています。したがって、C が正解です。

A. Glue は、データの抽出、変換、ロードといった ETL 処理を行うサービスです。Glue job は、ETL ワークフローをオーケストレーションするための機能なので、データの処理には向いていますが、API を実装するためのサービスではありません。

B. 設問の事例はトラフィックが予測しにくいワークロードであり、EC2 上のコンテナで API を実装すると、リクエストが発生していない時間帯にも利用料が発生してしまいます。また、データ処理も非同期で行うため稼働時間が短いことが想定されます。よって、リソースを柔軟にスケールできる Lambda と比較すると、本設問の構成において EC2 はコスト最適化に適したサービスとはいえません。

D. B と同様の理由で、コスト最適化に適したサービスとはいえません。

[答] C

■ 問4

あるアプリケーションが、ALB の背後に配置された EC2 インスタンス上で稼働しています。2つの AZ にまたがる Auto Scaling グループが設定されており、SLA を満たすには、最低4つのインスタンスが起動している必要があります。コストを抑えたまま、1つの AZ で障害が起きても SLA を遵守できるのはどの構成ですか。（1つ選択してください）

A. Auto Scaling グループの起動設定で小さなインスタンスサイズを指定する。

B. Auto Scaling グループを2つの AZ で構成し、合計で4つのサーバーを起動する。

C. Auto Scaling グループを2つの AZ で構成し、合計で8つのサーバーを起動する。

D. Auto Scaling グループを3つの AZ で構成し、合計で6つのサーバーを起動する。

■ 解説

図 7.2-4 のように、1つの AZ で障害が発生した場合でも最低4つのインスタンスを起動させるためには、3つの AZ で合計6つのサーバーを起動する必要があります。したがって、D が正解です。

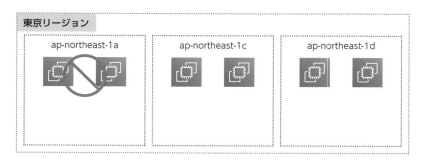

図 7.2-4　AZ 障害発生時のインスタンス稼働数

A. インスタンスサイズを下げることで、コストは削減できるかもしれませんが、SLA を遵守できるかについて言及されていないため、最適な選択肢ではありません。

B. 2つの AZ で4つのサーバーを起動している場合、1つの AZ で障害が発生すると、起動しているサーバーが2つに減少します。SLA を満たすためには最低4つのインスタンスを起動する必要があるので、SLA を遵守できません。

C. 2つの AZ で8つのサーバーを起動している場合、1つの AZ で障害が発生しても4つのインスタンスを維持することができます。しかし、D に比べると平常時に起動しているインスタンスが2つ多くなり、その分コストが発生するので最適な選択肢ではありません。

[答] D

問 5

　ある会社では、ALB の背後に配置された EC2 上で社内向けアプリケーションが稼働しています。複数の AZ にまたがる Auto Scaling グループが設定されており、日中は最大 10 インスタンスまで拡張されますが、夜間は 2 インスタンスに縮小します。業務開始後まもない時間帯に、アプリケーションの応答が遅いと従業員から連絡がありました。コストを最小限に抑えたまま、性能問題を改善する方法はどれですか。（1つ選択してください）

A. ターゲット追跡スケーリングポリシーで、CPU 使用率の閾値を下げ、インスタンスを増やす。

B. スケジュールにもとづくスケーリングポリシーで、desired キャパシティを設定し、業務開始前にインスタンスを増やす。

C. ステップスケーリングポリシーで、CPU 使用率の閾値を下げ、インスタンスを増やす。

D. 手動スケーリングにより、業務開始に間に合わせてインスタンスを増やす。

解説

　EC2 における Auto Scaling で EC2 インスタンス数を変更する方法は、大きく分けて手動スケーリング、スケジュールにもとづくスケーリング、動的スケーリングがあります（P.92 の表 3.4-2 参照）。

　インスタンス数を増やすべき時間帯は業務時間帯であり、業務時間帯であればス

ケーリングのタイミングを予測できるので、スケジュールにもとづくスケーリングポリシーが適しています。業務開始時刻の直前にインスタンスを希望の数（desired キャパシティ）にスケールしておくことで、業務開始直後の時間帯における性能問題を改善することができます。したがって、B が正解です。

- **A.** ターゲット追跡スケーリングポリシーで CPU 使用率の閾値を下げると、アプリケーションの利用状況が少ない時間帯もインスタンスが増加するので、コストを最小限に抑えるという要件を満たしません。
- **C.** ステップスケーリングポリシーで CPU 使用率の閾値を下げると、A と同様に、アプリケーションの利用状況が少ない時間帯もインスタンスが増加するので、コストを最小限に抑えるという要件を満たしません。
- **D.** 手動スケーリングでも性能問題は改善できますが、スケジュールにもとづくスケーリングポリシーを活用することで人手を介さず自動で対応できるので、B のほうがよりコストを小さくできます。

[答] B

問 6

　複数の EC2 インスタンス上で、ユーザーからデータを収集するアプリケーションを実行しています。データは、処理されると S3 に転送されて長期間保管されます。アプリケーションの構成レビューを行ったところ、長時間使われていない EC2 インスタンスがあることがわかりました。あなたはソリューションアーキテクトとして、稼働率を上げ、コストを削減するアーキテクチャを再設計する必要があります。これらの要件を満たす最適なソリューションはどれですか。（1つ選択してください）

- **A.** オンデマンドインスタンスで Auto Scaling グループを構成する。
- **B.** EC2 インスタンスで処理したデータを DynamoDB に格納する。
- **C.** CloudWatch Events の cron ジョブを作成して、定期的に EC2 インスタンスを停止する。
- **D.** SQS と Lambda を組み合わせてアプリケーションを再設計する。

解説

EC2 を中心とした IaaS で構成されたアーキテクチャでは、開発者自身が設計・運用しなければならない責任範囲が広く、結果的にオンプレミスと比較してコスト効率が高まらないことがあります。一方、クラウドネイティブなアーキテクチャにすれば、マネージドサービスを活用して運用を任せるなど自動化できる範囲が広まり、システム全体でのコスト削減が可能になります。データ処理におけるクラウドネイティブなアーキテクチャパターンとしては、S3 にデータがアップロードされたイベントを検知して、SQS と Lambda を組み合わせてデータ加工を行う構成が代表的です。したがって、D が正解です。

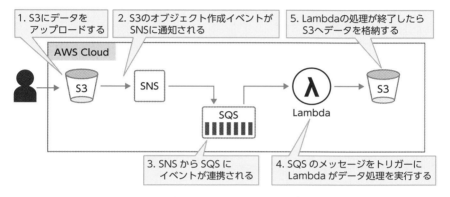

図 7.2-5　データ処理のアーキテクチャパターン

A. Auto Scaling グループを構成することで、ユーザーからのデータ量に合わせてインスタンス数を調整でき、コスト削減が可能です。しかし、D のアーキテクチャに比べると、データがアップロードされるまでの待ち時間でも最低数の EC2 を起動しておく必要があり、その分が無駄になります。

B. DynamoDB は NoSQL のデータベースサービスです。長期間データを格納する場合は、DynamoDB よりも S3 に格納するほうがコスト削減につながります。

C. ユーザーの利用が少ない夜間などに定期的に EC2 を停止することで、コストの削減が可能です。しかし、D のアーキテクチャに比べると、データがアップロードされるまでの待ち時間に起動している EC2 のリソースが無駄になります。

[答] D

問7

　あなたの会社では、EC2 上でアプリケーションを稼働しています。アプリケーションはユーザーと L4 プロトコルで通信する必要があり、現在は単一の AZ で構成されています。あなたはソリューションアーキテクトとして、最小限のコストでアプリケーションの可用性を高める設計をする必要があります。これを実現するために、何を行いますか。（2つ選択してください）

A. EC2 インスタンスを増やす。

B. EC2 インスタンスを減らす。

C. EC2 インスタンスの手前に NLB を設定する。

D. EC2 インスタンスの手前に ALB を設定する。

E. 複数の AZ にインスタンスを追加または削除するように Auto Scaling グループを構成する。

解説

　まず、可用性を高めるために、単一の AZ ではなく複数の AZ でアプリケーションを稼働させます。また、コストを最適化するため、アプリケーションへのトラフィックに応じて EC2 インスタンス数を調整できるよう Auto Scaling グループを構成します。ユーザーからのリクエストはロードバランサーを介して EC2 上のアプリケーションに分散します。なお、L4 プロトコルを利用できるのは NLB です。したがって、C と E が正解です。

A. EC2 インスタンスを増やしても、単一の AZ のままでは可用性は向上しません。

B. EC2 インスタンスを減らすとコストは下がりますが、可用性も低下します。

D. ALB は、OSI 参照モデルの 7 つのレイヤーのうち L7（アプリケーションレイヤー）で機能するロードバランサーです。L4 プロトコルで通信することはできません。

[答] C、E

7.3 コストを最適化したデータベースソリューションを設計する

問1

　ある広告会社では、キャンペーンに登録した顧客情報を DynamoDB で管理することにしました。キャンペーンコードは、顧客がエントリーしてから 1 年以内という利用期限が設定されており、期限が過ぎると DynamoDB 上の顧客情報は不要になります。

　あなたは、このキャンペーンサイトを設計しているソリューションアーキテクトであり、DynamoDB 上に保存されている顧客データのうち必要なもの以外は削除することでコストを削減したいと考えています。キャンペーンサイトの性能に影響を与えずにコストを削減する最も効率のよい方法はどれですか。（1つ選択してください）

- **A.** DynamoDB のテーブルを月ごとに作成し、月次で期限切れのテーブルを削除するよう Lambda を構成する。
- **B.** DynamoDB のテーブルを月ごとに作成し、テーブルごとに TTL（Time to Live）を設定する。
- **C.** DynamoDB に有効期限日を属性として持たせ、インデックスを付与する。日次で期限切れのアイテムを削除するよう Lambda を構成する。
- **D.** DynamoDB の顧客情報のアイテムごとに TTL（Time to Live）を設定する。

解説

　アイテムごとに TTL（Time to Live）を属性で指定することにより、DynamoDB は期限切れのアイテムを見つけて削除します。この処理は、自動的かつバックグラウンドで行われ、テーブルへの読み取りまたは書き込みトラフィックには影響しません。また、本機能では書き込みスループットを消費せず、追加コストなしでテーブルからアイテムを削除します。したがって、D が正解です。なお、この機能は、テーブル単位で有効化することができます。

A. テーブルの削除に料金は発生しませんが、月次の処理を稼働させる Lambda を開発・稼働させるために追加コストが発生します。よって、コストを削減する最も効率のよい方法とはいえません。

B. DynamoDB では、TTL はアイテムに対して設定します。また、月ごとにテーブルを分ける必要もありません。

C. DynamoDB は、削除対象のアイテムを検索し、さらに削除する処理を実装しています。この処理は通常のリクエストと同等に扱われるため、性能に影響する可能性があります。また、プロビジョニングされたスループットを消費して追加コストが発生するため、コストを削減する最も効率のよい方法とはいえません。

[答] D

問 2

あなたのチームは複数のリージョンで RDS を利用しており、予算策定のために毎月のリージョンごとの RDS コスト状況を把握したいと考えています。ソリューションアーキテクトであるあなたは、これらの情報を簡易に可視化するコストのレポートを求められています。適切なソリューションはどれですか。（1つ選択してください）

A. Cost Explorer を利用してレポートを作成する。

B. AWS Budgets を利用してレポートを作成する。

C. Cost and Usage Report をダウンロードし、Excel 等でレポートを作成する。

D. Cost and Usage Report を Athena に取り込み、クエリを発行してレポートを作成する。

解説

Cost Explorer を利用することで、サービス利用量やリソース使用量を簡易に可視化できます。また、詳細に分析したい場合には、リージョンやサービス、インスタンスタイプといったさまざまな条件や期間を指定してフィルタリングした上で可視

化できます。したがって、A が正解です。

コスト管理に関連する AWS の主要サービスを表 7.3-1 に示します。

表 7.3-1　コスト管理に関連する AWS の主なサービス

コスト最適化に 必要となる活動	活動を支援する AWS サービス	サービスの内容
予算設定と監視	・予算（Budgets）	・予算の策定 ・予算超過時のアラート
傾向分析と予測	・Cost Explorer	・時系列グラフによる可視化と 　フィルタリング ・将来のコスト予測
コストとリソース 使用状況の詳細分析	・コストと使用状況レポート 　（Cost and Usage Report）	・コストとリソース使用状況の 　詳細レポーティング
請求管理	・一括請求 　（Consolidated Billing）	・AWS アカウントの一括請求 　管理
コスト最適化のアドバイス	・Trusted Advisor	・AWS のコスト最適化ベスト 　プラクティスにもとづくアド 　バイスと是正

B. AWS Budgets は、あらかじめ設定した予算やリソース使用量に対し、現在ど
のくらい消費しているかを確認したり、超過した場合の通知方法（メール等）
を設定することができるサービスです。

C. Cost and Usage Report（コストと使用状況レポート）は、各サービスのリソー
ス使用量やサービス利用料の情報を CSV 形式でダウンロードできるサービス
です。Excel 等にインポートしてグラフ化することも可能ですが、簡易な可
視化には向いていません。

D. Athena 等のサービスでクエリを発行して分析することはできますが、簡易な
可視化には向いていません。

[答] A

問 3

あなたのチームは、新しいサービスを開発しようとしています。新しいサービスでは Microsoft SQL Server をデータベースとして利用し、マルチ AZ による冗長化構成を採用する予定です。コストと運用の負荷を効率的に軽減する適切なソリューションはどれですか。（1つ選択してください）

A. Amazon RDS for SQL Server を利用する。

B. Aurora を利用する。

C. EC2 に SQL Server を構築する。

D. ECS に SQL Server を構築する。

解説

問題文には、「Microsoft SQL Server をデータベースとして利用し、マルチ AZ による冗長化構成を採用する予定」と書かれています。A の Amazon RDS はクラウドベースでリレーショナルデータベースを簡単にセットアップし、運用し、スケーリングすることのできるサービスです。データベースエンジンは MySQL、PostgreSQL、Oracle、SQL Server、MariaDB をサポートしています。また、マルチ AZ デプロイを使用した DB インスタンスの高可用性およびフェイルオーバーをサポートしており、DB インスタンス障害や AZ 障害からデータベースを保護することができます。したがって、選択肢 A～D のうち、SQL Server を利用でき、かつ運用負荷に関わるコストを最も軽減できる A が正解です。

B. Aurora はフルマネージド型のリレーショナルデータベースエンジンで、MySQL および PostgreSQL と互換性がありますが、SQL Server には対応していません。

C、D. EC2 や ECS に SQL Server をインストールして使うこともできますが、マルチ AZ に対応するための OS やデータベースの管理を利用者が行う必要があるので、運用の負荷を軽減する選択肢とはいえません。

[答] A

問 4

　あなたの会社は、オンプレミスで動いているデータベースを AWS に移行しよう
としています。このデータベースには MySQL 8.0 が使われています。また、通常
時のアクセス頻度は低く、時折アクセス数が急激に増加します。あなたはデータ
ベースを変更せずに、維持管理コストが最小となるソリューションを提案する必
要があります。適切なソリューションはどれですか。（1 つ選択してください）

A. EC2 インスタンスを作成し、その上に MySQL をデプロイする。

B. DynamoDB にデータを移行する。

C. Aurora Serverless にデータを移行する。

D. RDS にデータを移行する。

解説

　MySQL データベースを AWS へ移行するための選択肢としては、RDS や Aurora
が挙げられます。本問では、アクセスが増えるタイミングが不明であり、かつ維持
管理コストがかからない手法が求められているため、フルマネージドでかつデータ
ベースの容量を自動調整できる Aurora Serverless が最適です。したがって、C が正
解です。

A. 実現可能な手法ですが、EC2 インスタンス上に MySQL を構築する必要があ
　るため、ユーザー側で MySQL の管理が必要となり、維持管理のコストがか
　かります。

B. DynamoDB は NoSQL であるため、MySQL データベースを移行するには
　データベースを変更する必要があります。

D. 実現可能な手法ですが、RDS ではデータベースインスタンスごとに月額料
　金が発生します。それに対して Aurora Serverless は容量を自動調整でき、
　利用した容量のみ料金が発生します。本問のように、通常時のアクセス頻
　度は低いが予測不能なタイミングでアクセス数が急増する場合は、Aurora
　Serverless の利用が適しています。

[答] C

問5

　ある企業は、AWS 上に DynamoDB を用いた Web アプリケーションを構築しています。この DynamoDB は、キャパシティモードとしてオンデマンドモードを採用しています。また、Web アプリケーションへのアクセスは毎日大量に行われており、そのアクセス頻度には一定の傾向があります。あなたはソリューションアーキテクトとして、現在のシステム構成を極力変えずにコストを削減したいと考えています。適切なソリューションはどれですか。（1つ選択してください）

- **A.** データ検索のソリューションとして Amazon OpenSearch Service を導入する。
- **B.** RDS にデータを移行し、RDS リードレプリカを採用する。
- **C.** DynamoDB Accelerator (DAX) を導入する。
- **D.** DynamoDB のキャパシティモードをプロビジョニングモードに変更する。

解説

　DynamoDB は、キャパシティモードを用いて、読み取り／書き込みの容量および課金方法を決定しています。キャパシティモードには、オンデマンドモードとプロビジョニングモードがあります。オンデマンドモードは、予測なしで大量のリクエストを処理できます。これに対してプロビジョニングモードは、安価になる代わりに、事前の予測をもとに読み取り／書き込みの容量をあらかじめ指定する必要があります。本問ではアプリケーションのアクセス頻度に一定の傾向があるため、事前の予測ができるプロビジョニングモードを用いることでコスト削減が可能です。したがって、D が正解です。

- **A.** DynamoDB から Lambda を使用して Amazon OpenSearch Service にデータを送信すること自体は可能ですが、現在の構成よりもコストがかかります。
- **B.** DynamoDB は NoSQL であるため、RDS に移行するにはデータベースの構成自体を変更する必要があります。本問では、現在のシステム構成を極力変えない方針になっているので不適切です。
- **C.** DynamoDB Accelerator は、フルマネージドなインメモリキャッシュサービスです。このサービスを利用することで性能は向上しますが、現在の構成よりもコストがかかります。

[答] D

7.4 コストを最適化したネットワークアーキテクチャを設計する

あなたの会社では、S3 上に Web サイトの静的コンテンツを配置し、外部に公開しています。最近、トラフィックが増加し、インターネットに対するアウトバウンドが毎月数ペタバイト発生しています。コストを削減するためのソリューションとして適切なものはどれですか。（1つ選択してください）

A. EC2 上に Web サイトを構築し、EBS に Web サイトのコンテンツを移行する。

B. Web サイトを Amazon API Gateway と Lambda で再構築する。

C. 既存の S3 をオリジンとした CloudFront を構成する。

D. S3 Transfer Acceleration を利用して Web サイトの静的コンテンツを配信する。

解説

Web サイトを構成する HTML や画像・動画など、クライアント（Web ブラウザ等）からのリクエストに対して常に同じファイルや中身を配信するコンテンツのことを、静的コンテンツといいます。

S3 では、静的コンテンツを S3 上に配置し、Web サイトとして公開する機能が標準で提供されています。しかしながら、大量・大容量のリクエストがある Web サイト、たとえば動画配信サイトなどの場合は、S3 上からコンテンツを配信すると、一般的にコストが割高になります。

このようなユースケースの場合は、S3 と CloudFront を組み合わせて静的コンテンツを配信します。CloudFront は、コンテンツを配信する CDN（Content Delivery Network）サービスであり、大容量のファイルをキャッシュしながら比較的低コストで利用できます。したがって、C が正解です。

S3 上の静的コンテンツを CloudFront 経由で配信する場合の構成例を、図 7.4-1 に

示します。

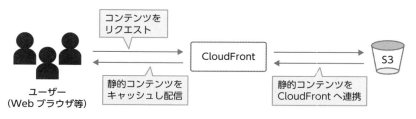

図 7.4-1　CloudFront と S3 を組み合わせて静的コンテンツを配信するイメージ

A、B. EC2 や EBS などのコンピューティング・ストレージサービスや Amazon API Gateway、Lambda 等を組み合わせて Web サイトを構築する場合、サービス自体の費用だけでなくアウトバウンド費用も変わらないため、一般的に S3 よりも割高となります。

D. S3 Transfer Acceleration は、S3 を利用するクライアントと S3 間の通信を高速化するサービスです。S3 からインターネットに対する Web コンテンツ配信には利用できません。

[答] C

問 2

あなたの会社では、EC2 を利用した Web アプリケーションを運用しています。EC2 はプライベートサブネット内に配置されており、配信するコンテンツは S3 に格納されています。現状では、EC2 と S3 間の通信は、AWS で管理している NAT ゲートウェイを経由してインターネット越しでデータが送受信されています。アーキテクチャを大幅に変更せずにネットワーク通信コストを削減するためのソリューションとして適切なものはどれですか。（1つ選択してください）

A. NAT ゲートウェイをもう 1つ追加する。

B. 既存の EC2 をパブリックサブネットに移動する。

C. NAT ゲートウェイの機能を、新たな EC2 上に再構築する。

D. VPC エンドポイントを設定し、S3 への通信がインターネット経由からエンドポイント経由になるようにルーティング設定を変更する。

解説

　S3 などのグローバルサービスに対して、VPC 内に配置された EC2 からアクセスする場合は通常、インターネットを経由してアクセスするので、ネットワーク通信コストがかかってしまいます。この対策として VPC エンドポイントを利用する方法があり、これにより、VPC などのプライベートネットワークからインターネットを経由せずに直接、S3 などの AWS 各種サービスへアクセスが可能になります。この場合は、NAT ゲートウェイやインターネットに対するアウトバウンドの通信費用がかからず、一般的にコストを節約することができます。したがって、D が正解です。

　なお、VPC エンドポイントには、ゲートウェイ型とインターフェイス型の 2 種類があります。

表 7.4-1　VPC エンドポイントの種類

VPC エンドポイントの種類	説明
ゲートウェイ型	VPC のルートテーブルにルーティング設定を追加することで、S3 や DynamoDB 等のサービスへ、インターネットを経由せずに直接プライベート接続することができる。
インターフェイス型	CloudWatch や SQS に対して API 呼び出しを行う場合に、インターネットを経由せずに直接プライベート接続することができる。AWS PrivateLink とも呼ばれている。

　A、B、C. いずれも、インターネットを経由するアウトバウンド費用がかかるため、ネットワーク通信コスト削減の観点から適切ではありません。

[答] D

問3

　ある会社では、データセンターに設置しているオンプレミスのネットワークと AWS を Direct Connect で接続しています。今後、複数の AWS アカウントと接続する要件があり、できるだけ現状のネットワーク品質を落とさず、手間をかけずに、コストを最小限に抑えられる構成にすることを検討しています。適切なソリューションはどれですか。(1つ選択してください)

　A. オンプレミスから Direct Connect Gateway と Transit Gateway を介して複数の AWS アカウントと接続できるように構成する。

(選択肢は次ページに続きます。)

B. 新しく追加する複数の AWS アカウントごとに Direct Connect を新規追加する。

C. 新しく追加する複数の AWS アカウントごとに VPN コネクションを新規追加する。

D. オンプレミス上にあるシステムを AWS へ移行する。

解説

Direct Connect は、データセンター等のオンプレミス環境と AWS の間を専用線で接続するサービスであり、高速かつ高品質な通信を行うことができます。ネットワーク品質を落とさないためには Direct Connect を利用する必要がありますが、複数の AWS アカウント内の VPC と接続するたびに Direct Connect を追加すると高コストになります。

この場合、Direct Connect Gateway を経由して Transit Gateway を利用し、複数の AWS アカウント内の VPC をハブ的に接続することで、1 つの Direct Connect で複数の AWS アカウントと接続することができます。したがって、A が正解です。

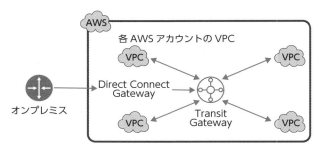

図 7.4-2　オンプレミス環境から Direct Connect Gateway と Transit Gateway を介して、複数の AWS アカウント内の VPC と接続するイメージ

B. Direct Connect の費用が新たにかかるだけでなく、設計変更や構築の負荷も生じるため不適切です。

C. インターネット経由の VPN コネクションは、Direct Connect と比較してネットワーク品質が劣ります。

D. 移行にともない設計変更や構築費用等が生じるため不適切です。

[答] A

問4

あなたの会社では、あるテキスト形式のファイルを動的に生成するWebアプリケーションをALBとEC2で運用しており、それらの動的コンテンツをCloudFrontから配信しています。最近、ユーザーからのアクセスが急増し、それにともなってデータ転送コストが増加しています。データ転送コストを削減するのに適切なソリューションはどれですか。（1つ選択してください）

A. Lambda@Edge を設定し、動的コンテンツを圧縮して配信する。

B. EC2 にリザーブドインスタンスを適用する。

C. S3 Transfer Acceleration を有効化し、転送速度を向上させる。

D. CloudFront で動的コンテンツのキャッシュを有効化する。

解説

P.263の問1で、S3とCloudFrontを組み合わせた静的コンテンツ配信について説明しました。CloudFrontは、静的コンテンツだけでなく動的コンテンツも配信できます。配信の際、CloudFront上で設定された時間間隔のみキャッシュを有効にすることで、データ転送コストを節約できます。したがって、Dが正解です。

なお、動的コンテンツとは、Webブラウザ等からのリクエストに対して動的に作られるコンテンツを指します。動的コンテンツは、主にEC2上のWebアプリケーション等とRDS等のデータベースを組み合わせて生成され、Webブラウザに結果を返します。

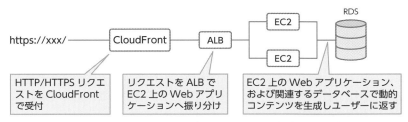

図 7.4-3 CloudFront からロードバランサーの ALB を経由し、EC2 上の
Web アプリケーション等から動的コンテンツを配信するイメージ

A. Lambda@Edge は CloudFront の機能の1つであり、CloudFront 上で Lambda を実行します。Lambda 関数は、ユーザーが Web ブラウザ等でリクエストした場所に近いロケーションで実行されるので、リクエストに対する待ち時間の

短縮にはなりますが、データ転送コストの削減は見込めません。

B. リザーブドインスタンスは、EC2 インスタンス自体の費用削減には効果的ですが、データ転送コストの削減には効果がありません。

C. S3 Transfer Acceleration は、S3 を利用するクライアントと S3 との間の通信を高速化するサービスです。設問の AWS 構成では S3 が利用されていないため不適切です。

[答] D

問 5

あなたの会社では、複数の EC2 上でアプリケーションを運用しており、EC2 上で処理されたデータは、S3 に転送し格納しています。ソリューションアーキテクトであるあなたは、最近の稼働実績を調査したところ、EC2 は常時起動しているがアプリケーションは長い間実行されていないことがわかりました。コストと稼働率を最適化するソリューションはどれですか。（1つ選択してください）

A. アプリケーション処理のロジックを Lambda に移行し、処理が必要な場合は SQS 経由でイベントドリブン型で非同期実行する。

B. EC2 を Auto Scaling グループとして再構成する。

C. EC2 にリザーブドインスタンスを適用する。

D. EC2 にスポットインスタンスを適用する。

解説

Lambda は、Java や Python などのプログラムコードをデプロイするだけで実行できるサーバーレスのサービスです。Lambda は呼び出された後、プログラムが実行される時間分に対してのみ課金されるため、EC2 のように起動中は常時課金されるサービスとは異なり、不定期かつ短時間でアプリケーションを実行する要件に向いています。したがって、A が正解です。

一般的にはキューイングサービスである SQS と組み合わせて、Lambda を呼び出す必要がある場合にのみ SQS 経由でキューを連携し、それをトリガーに Lambda を起動します。

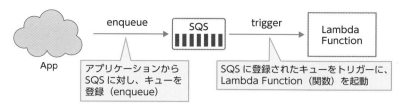

図 7.4-4 SQS を経由した Lambda を呼び出す場合の処理イメージ

B、C、D. アプリケーションが実行されていない場合でも EC2 起動中は課金が発生するため、コストと稼働率の観点から不適切です。

[答] A

7

問6

ある会社は、データセンターにあるオンプレミスのシステムと AWS をネットワークでセキュアに接続したいと考えています。ネットワーク要件として、高速な回線を用意する必要はなく、少量のデータを転送できればよいことになっています。コストが最適で、かつ、すぐに構築できるソリューションはどれですか。（1つ選択してください）

A. サイト間 VPN を設定する。

B. Direct Connect をオンプレミスと AWS 間で構築する。

C. VPC ピアリングを設定する。

D. Transit Gateway を設定する。

解説

サイト間 VPN（Site-to-Site VPN）は、AWS とオンプレミス間を VPN でセキュアに接続できるサービスです。インターネット経由のため、高速かつ安定した通信は期待できませんが、すぐに構築でき、構築費や運用費も安価であるため、この設問の要件においては適切なソリューションです。したがって、A が正解です。

B. Direct Connect は高品質の専用線サービスですが、構築と設定に時間がかか

るため、この設問の場合はコストが最適とはいえません。

C. VPC ピアリングは、異なる VPC 間を接続するサービスです。オンプレミスとの接続には使用できません。

D. Transit Gateway は、VPC 間のハブ機能を提供する Gateway サービスであり、複数の VPC を簡易に接続し管理を行います。Transit Gateway は単体ではオンプレミスと接続できず、Direct Connect や VPN 接続と組み合わせる必要があります。

[答] A

第 **8** 章

模擬試験

　ここでは、模擬試験問題を解いて頂きます。AWS 認定ソリューションアーキテクト－アソシエイト試験では、130 分間という限られた時間の中で 65 問の問題に取り組む必要があります。また、試験では AWS の基本的な事柄から新しい AWS サービスまで幅広く出題されますので、短時間で正答を導き出すためには、効率的に学習し、確かな知識をあらかじめ身に付けておくことが必要です。

　本章では実際の試験を想定して 130 分以内に解答し、全問解き終わった後で正答をチェックしてください。そして、必要に応じて、これまでの章の内容を確認し、理解をさらに深めて頂けたらと思います。

8.1 模擬試験問題

問1　ある保険会社では、個人情報を含む秘匿性の高いデータを取り扱っています。データの消失を避けるため、データのコピーを地理的に離れた複数の異なる場所に保管する必要があります。個人に紐付く情報は、過去 90 日分はすぐに参照できる必要があります。しかし、それよりも古い情報は、数時間以内に取り出すことができれば運用上問題ありません。データは最低 10 年間保管しておく必要があります。これを実現するためにソリューションアーキテクトは何を推奨しますか。（1つ選択してください）

A. クロスオリジンリソースシェアリング（CORS）を有効にして S3 を使用する。ライフサイクルポリシーを使用して、90 日後にデータを S3 Glacier Flexible Retrieval に移動する。

B. 同一リージョンレプリケーションを有効にして S3 を使用する。ライフサイクルポリシーを使用して、90 日後にデータを S3 Glacier Deep Archive に移動する。

C. クロスリージョンレプリケーションを有効にして S3 を使用する。ライフサイクルポリシーを使用して、90 日後にデータを S3 Glacier Flexible Retrieval に移動する。

D. S3 Transfer Acceleration を有効にして S3 を使用する。ライフサイクルポリシーを使用して、90 日後にデータを S3 Glacier Flexible Retrieval に移動する。

問2　あなたは、スタートアップ企業でソリューションアーキテクトとして働いています。スタートアップ企業では決済サービスを提供しており、サードパーティの支払いサービスを使用して、支払いを処理します。システムは EC2 のサーバー群で稼働しており、ELB でサーバーへの振り分けを行います。また、支払いサービスにはインターネット経由で接続する必要があり、一度に許可される IP アドレスは最大 5つです。これらの要件を満たす最もセキュアなソ

リューションはどれですか。(1つ選択してください)

A. パブリックサブネットに ELB を配置し、プライベートサブネットに EC2 を配置する。パブリックサブネットに NAT ゲートウェイを配置し、プライベートサブネットのルートテーブルを変更して EC2 からのインターネットアクセスを NAT ゲートウェイ経由に設定する。

B. パブリックサブネットに ELB と EC2 を配置する。セキュリティグループに支払いサービスに接続可能な IP アドレスを定義し、EC2 にアタッチする。

C. パブリックサブネットに ELB を配置し、プライベートサブネットに EC2 を配置する。パブリックサブネットにカスタマーゲートウェイを配置し、プライベートサブネットのルートテーブルを変更して EC2 からのインターネットアクセスをカスタマーゲートウェイ経由に設定する。

D. パブリックサブネットに ELB と EC2 を配置する。ネットワーク ACL に支払いサービスへの通信を許可する IP アドレスを定義し、それ以外のインターネット向け通信をブロックする。

問3 ある企業は、全社的に利用しているアプリケーションのデータベースとして、RDS for MySQL をシングル AZ 構成で利用しています。社内の特定部署による読み取り要求が増えており、ソリューションアーキテクトは読み取り要求を分散させたいと考えています。ソリューションアーキテクトは、最も費用対効果が高いアーキテクチャを実現するために、どうすればよいですか。(1つ選択してください)

A. 既存の RDS for MySQL からデータを移行し、読み取り専用の RDS for MySQL を新規で作成する。読み取り要求を新規で作成した RDS for MySQL に振り分ける。

B. 既存の RDS for MySQL で、既存の RDS for MySQL と同一スペックのリードレプリカを作成する。読み取り要求をリードレプリカに振り分ける。

C. 既存の RDS for MySQL で、既存の RDS for MySQL の半分のスペックのリードレプリカを作成する。読み取り要求をリードレプリカに振り分ける。

D. 既存の RDS for MySQL を 1 つのスタンバイを備えたマルチ AZ 構成に変更する。

問 4　EC2 で稼働するアプリケーションがあり、開発環境と本番環境にデプロイされています。開発環境は営業日にしか利用されませんが、本番環境は 24 時間 365 日サービスを提供する必要があります。あなたは、管理者として EC2 の利用料を削減するようにいわれており、開発環境は可用性よりもコストを優先したいと考えています。最もコスト効率が高いソリューションはどれですか。（1つ選択してください）

　A. 開発環境にスポットインスタンスを使用し、本番環境にリザーブドインスタンスを使用する。

　B. 開発環境にリザーブドインスタンスを使用し、本番環境にスポットインスタンスを使用する。

　C. 開発環境にオンデマンドインスタンスを使用し、本番環境にスポットインスタンスを使用する。

　D. 開発環境にオンデマンドインスタンスを使用し、本番環境にリザーブドインスタンスを使用する。

問 5　複数の AZ にデプロイされた EC2 インスタンス上で稼働するアプリケーションを構築しています。セキュリティポリシーでは、EC2 内のデータとバックアップデータの暗号化が定められています。また、プロジェクト予算に限りがあるため、できるだけ低コストで暗号化を実現したいと考えています。これらの要件を満たす最適なソリューションはどれですか。（1つ選択してください）

　A. AWS 管理の KMS キーで EBS 暗号化を構成する。EBS スナップショット取得後にバックアップジョブでスナップショットを暗号化する。

　B. アプリケーションでデータを暗号化し、EC2 へ書き込む。

　C. デフォルトで EBS および EBS スナップショットが暗号化される。

　D. KMS でカスタマー管理キーを作成し、作成したキーで EBS 暗号化を有効にする。EBS スナップショットは自動で暗号化される。

問6　あるベンチャー企業が、ユーザーの写真をアップロードして世界中の
ユーザーと共有できる Web サービスを開始しました。アプリケーションは
EC2 をオリジンサーバーとして、CloudFront を利用してコンテンツを高速
に配信しています。この企業から、アプリケーションの可用性をなるべく高め
たいという要望がありました。ソリューションアーキテクトが推奨すべきソ
リューションはどれですか。(1つ選択してください)

A. CloudFront のコンテンツキャッシュ時間を長くする。

B. オリジンサーバーとして、別の AZ に別の EC2 インスタンスを追加する。

C. オリジンサーバーと CloudFront の間に ALB を追加する。

D. CloudFront に Lambda@Edge を使用する。

問7　あなたは、所属する会社で AWS を使用して、プロジェクト用 AWS アカウ
ントにシステムを構築しました。システムは運用チームのガイドラインに従っ
て構築されている必要があります。運用ガイドラインでは、ログは別の運用
チーム用 AWS アカウントに集約するように指定されており、運用チームでは
ログから障害を検知した際に、システムが構築された AWS アカウントを閲覧
することがあります。最小権限の原則に従って運用チームにアクセス権限を付
与する方法はどれですか。(1つ選択してください)

A. アクセスが必要な運用チームメンバー用に新しく IAM ユーザーを作成す
る。

B. EC2 を立ち上げ、IAM ロールを使用して必要な権限を EC2 へ適用する。
運用チーム用 AWS アカウントと VPC ピアリングで接続する。運用チー
ムは、この EC2 へ SSH でアクセスし、AWS CLI を利用して必要な情報を
閲覧できる。

C. IAM ロールを利用して、運用チームのアカウントを信頼ポリシーに追加す
る。

D. 運用チーム用 AWS アカウントから、プロジェクト用 AWS アカウントに
対してアクセス許可を依頼する申請を行う。申請が許可されるとアクセス
が可能になる。

問 8　ある会社は、クラウド上で数千の HPC（High Performance Computing）を動作させています。HPC は Linux インスタンスで構成されており、処理結果を共有ファイルストレージに出力します。HPC から共有ファイルストレージへのアクセスはミリ秒単位のレスポンスが求められています。また、オンプレミスのサーバーからも出力結果にアクセスする必要があります。ソリューションアーキテクトは、どのようなアーキテクチャを提案すればよいですか。（1つ選択してください）

A. FSx for Lustre を作成して、すべての HPC および出力結果にアクセスするオンプレミスのサーバーへマウントして利用する。

B. EBS ボリュームを作成して、すべての HPC および出力結果にアクセスするオンプレミスのサーバーへアタッチして利用する。

C. EFS を作成して、すべての HPC および出力結果にアクセスするオンプレミスのサーバーへマウントして利用する。

D. S3 バケットを作成して、すべての HPC および出力結果にアクセスするオンプレミスのサーバーから利用する。

問 9　ある会社が DynamoDB を利用してイベント応募 Web サイトを構築しようとしています。この Web サイトは、イベントの応募が始まるとトラフィックが急激に増える特徴を持っています。ただし、応募開始日や期間はイベント主催者が好きなタイミングに設定できるため、会社では、いつイベント応募が始まり、トラフィックが増えるのか予測できません。会社はデータベースの運用コストを懸念しており、できるだけコストを抑えたいと思っています。適切なソリューションはどれですか。（1つ選択してください）

A. テーブルの作成時にプロビジョニングキャパシティモードで作成して、Auto Scaling を有効にする。

B. DynamoDB Accelerator（DAX）を有効にしてデータをキャッシュする。

C. テーブルの作成時にオンデマンドキャパシティモードで作成する。

D. グローバルテーブルを有効にする。

問 10 あなたの会社では、IT 部門全員に AWS アカウントへのアクセス権限を与えることにしました。社内システムでは認証にオンプレミスの LDAP（Lightweight Directory Access Protocol）ディレクトリサービスを利用しています。AWS マネジメントコンソールへは、社内システムと同じ認証を利用してシングルサインオンできるようにしたいと考えています。どのようにすれば実現できますか。（2つ選択してください）

A. IAM ロールを使用して、ID プロバイダー（IdP）からフェデレーションされたユーザーのアクセス許可を設定する。

B. SAML 2.0 を使用した ID フェデレーションでシングルサインオンを有効にする。

C. 認証情報連携用の EC2 を起動し、オンプレミスの LDAP と資格情報を連動するように設定する。

D. 組織の IdP で、組織のユーザーまたはグループを IAM ユーザーにマッピングする。

E. Cognito とオンプレミスの LDAP ディレクトリサービスを連携させる。

問 11 大規模なユーザー基盤を持つ Web 企業が、ユーザーの行動をリアルタイムで収集、分析できるシステムを設計しています。BI ツールを導入し、BI ツールからはデータベースに対し標準の SQL クエリを発行して、情報の集約と分析を行います。使用するデータベースには高可用性と、大容量のデータを扱えるパフォーマンス、そしてデータ量の増大に対応可能なスケーラビリティが求められています。データベースを選定するにあたり、同企業はソリューションアーキテクトに助言を求めました。ソリューションアーキテクトは、迅速にデータベースを構築するために、どのデータベースソリューションを推奨しますか。（1つ選択してください）

A. マルチ AZ 設計で Neptune データベースを使用する。

B. マルチ AZ 設計で Aurora PostgreSQL データベースを使用する。

C. EBS プロビジョンド IOPS SSD を使用する EC2 インスタンスに MySQL をデプロイする。

D. DynamoDB Accelerator（DAX）を使用する。

問 12　あなたの会社は、オンプレミス環境にあるアプリケーションとデータを AWS に移行しようとしています。300TB のアプリケーションデータを S3 に移動させる必要があります。小規模の会社であるため、会社で利用しているネットワークの帯域幅は広くありません。普段の業務に影響を与えず、かつ最もコスト効率の高いソリューションはどれですか。（1つ選択してください）

- **A.** Storage Gateway のファイルゲートウェイを利用して、S3 にデータを転送する。
- **B.** Snowmobile にデータを入れて AWS に搬送し、S3 にデータをアップロードする。
- **C.** Snowball Edge にデータを入れて AWS に搬送し、S3 にデータをアップロードする。
- **D.** インターネットを利用して、S3 にデータを転送する。

問 13　VPC 内に存在する EC2 インスタンスから S3 にアクセスします。パブリックサブネット内の EC2 からのアクセスには読み取りのみを許可し、プライベートサブネット内の EC2 からのアクセスには、読み取りに加えて更新も許可したいと考えています。なお、VPC 内の EC2 から S3 へはゲートウェイ VPC エンドポイント経由でアクセスします。これを実現するには、どのようにすればよいですか。（1つ選択してください）

- **A.** バケットポリシーで aws:SourceIp 条件を利用し、プライベートサブネットからのアクセスに対する更新の許可、パブリックサブネットからのアクセスに対する読み取り専用の許可を設定する。
- **B.** パブリックサブネットからは VPC エンドポイントを介さずにインターネット経由で S3 に接続するようにルートテーブルで設定する。
- **C.** VPC エンドポイントを読み取り専用と更新用とで 2 つ作成し、各サブネットで利用する VPC エンドポイントを分ける。各エンドポイントのポリシーで、読み取り専用エンドポイントには S3 の読み取りアクションを許可し、更新用エンドポイントには S3 の読み取りおよび更新アクションを許可する設定とする。
- **D.** プライベートサブネット内の EC2 インスタンスのセキュリティグループに、作成した VPC エンドポイントへのアウトバウンドトラフィックの許

可ルールを追加する。

問 14 ある会社が、AWS の複数リージョンを使ってアプリケーションの DR サイトを構築しました。アプリケーションはウォームスタンバイで実行されており、ECS とその前段の ALB で構成されます。現在、ALB のフェイルオーバーは手動による対応であり、DR 発動時は DR サイトの URL を別のリージョンのスタンバイ ALB を指定するように名前解決する必要があります。フェイルオーバーを自動化するには、どの手段が有効ですか。（1つ選択してください）

A. Route 53 のレイテンシーベースルーティングを有効にする。
B. ALB のヘルスチェックを有効にする。
C. Route 53 の加重レコードを有効にする。
D. Route 53 のヘルスチェックを有効にする。

問 15 あなたは AWS アカウントを作成後、ルートユーザーでリソース操作を開始していましたが、セキュリティ管理者からセキュリティリスクの指摘を受けました。セキュリティリスクを解消することができるのはどれですか。（2つ選択してください）

A. 利用目的に沿った権限を持つ IAM ユーザーを作成する。
B. ルートユーザーを削除してログイン機能を無効化する。
C. ルートユーザーに多要素認証（MFA）を設定する。
D. ルートユーザーのアクセスキーとシークレットキーを使用して AWS CLI から操作する。
E. EC2 キーペアを使用してマネジメントコンソールから操作する。

問 16 ある企業は、アプリケーションを利用して画像ファイルのような静的コンテンツを S3 に保存したいと考えています。静的コンテンツはアップロードされてから 90 日間は頻繁にアクセスされることが予想されますが、アクセスパターンは未知数です。また、静的コンテンツはアプリケーションからのアクセス要求があった場合、ミリ秒単位のアクセスを実現させる必要があります。同

279

社は、最も運用負荷が少ないアーキテクチャで実装することを求めています。これらの要件を最もコスト効率よく満たすために、ソリューションアーキテクトは何をすべきですか。（1つ選択してください）

A. S3 Intelligent-Tiering ストレージクラスに静的コンテンツをアップロードさせる。

B. S3 Standard ストレージクラスに静的コンテンツをアップロードさせる。S3 ライフサイクルの Transition アクションを利用して、アップロードから 90 日経過したオブジェクトを S3 Glacier Instant Retrieval ストレージクラスに移動するように設定する。

C. S3 Glacier Instant Retrieval ストレージクラスに静的コンテンツをアップロードさせる。

D. S3 Standard ストレージクラスに静的コンテンツをアップロードさせる。Lambda を利用して、アップロードから 90 日経過した静的コンテンツを S3 Glacier Instant Retrieval ストレージクラスに移動するように設定する。

問 17　ある会社は、顧客向けアプリケーションを運営しています。負荷状況から、通常時には 4 つの EC2 インスタンスで稼働し、ピーク時には最大 16 の EC2 インスタンスにスケールアウトさせて稼働しています。縮退運転時、最低 2 つの EC2 インスタンスでも稼働します。アプリケーションは会社のコアビジネスを担っており、可能な限り高可用性の構成でシステム全体のダウンを回避する必要があります。AZ 障害時には縮退運転を許容します。極力、不要な EC2 インスタンスを利用せずこれらの要件を満たすのは、どのソリューションですか。（1つ選択してください）

A. EC2 Auto Scaling グループを使用して EC2 インスタンスをデプロイする。インスタンスの最小数を 8 に、最大数を 16 に設定し、4つのインスタンスを 1つの AZ に、4つのインスタンスを別の AZ に配置する。

B. EC2 Auto Scaling グループを使用して EC2 インスタンスをデプロイする。インスタンスの最小数を 8 に、最大数を 16 に設定し、8つのインスタンスすべてを同じ AZ に配置する。

C. EC2 Auto Scaling グループを使用して EC2 インスタンスをデプロイする。インスタンスの最小数を 4 に、最大数を 16 に設定し、2つのインス

タンスを 1つの AZ に、2つのインスタンスを別の AZ に配置する。

D. EC2 Auto Scaling グループを使用して EC2 インスタンスをデプロイする。インスタンスの最小数を 4 に、最大数を 16 に設定し、4つのインスタンスすべてを同じ AZ に配置する。

問 18　あなたは、社内システムをオンプレミスから AWS へ移行しています。社内システムで利用する EBS の利用料金を低く抑えたいと考えています。社内システムの EBS ボリュームの性能はどれだけ低くても問題ありません。最も安価な EBS のボリュームタイプはどれですか。なお、保存されている容量は常に一定とします。（1つ選択してください）

A. gp3

B. gp2

C. io2

D. sc1

問 19　ある会社では、事業部ごとの複数の AWS アカウントを管理するために AWS Organizations を構成する必要があります。ソリューションアーキテクトが、メンバーアカウントが利用するサービスを制御するために、以下のサービスコントロールポリシー（SCP）を Organizational Unit（OU）に対して付与しました。

```
{
    "Version": "2012-10-17",
    "Statement": {
        "Effect": "Allow",
        "Action": ["ec2:*", "rds:*"],
        "Resource": "*"
    }
}
```

OU 配下のメンバーアカウントの IAM ユーザーは EC2 インスタンスを作成できましたが、RDS インスタンスは作成できませんでした。RDS インスタンスを作成するために必要な対応はどれですか。（1つ選択してください）

A. SCP の代わりに IAM ポリシーを OU に設定する。

B. AWS アカウントのルートユーザーを利用し、RDS インスタンスを作成する。

C. IAM ユーザーに RDS インスタンスを作成可能な IAM ポリシーを設定する。

D. OU の SCP に RDS インスタンスの作成権限を明示的に設定する。

問 20　ある企業は、EC2 Auto Scaling を利用してアプリケーションをデプロイしています。同社は、CPU 使用率と IOPS が両方とも閾値を超過したら通知するよう、設定を行いたいと考えています。具体的には、CPU 使用率が 50% を超え、かつ IOPS が設定値の 80% を超えた場合に通知するようにします。ソリューションアーキテクトは、この要件を満たすためにどうすればよいですか。（1つ選択してください）

A. CloudWatch でダッシュボードを作成する。CPU 使用率および IOPS が閾値を超過していないか手動で監視する。

B. 閾値を超過した際に ALARM 状態となるアラートを、CPU 使用率を閾値として 1つ、IOPS を閾値として 1つの合計 2つ設定する。CloudWatch の複合アラームを、CPU 使用率と IOPS がいずれも ALARM 状態であった場合に通知のためのアクションを実行するように設定する。

C. CloudWatch Logs Insights を使用して CPU 使用率と IOPS を監視し、閾値を超えた場合に通知のためのアクションを実行するように設定する。

D. EC2 インスタンスに Systems Manager Agent をインストールし、CPU 使用率および IOPS の閾値が超過した場合に通知のためのアクションを実行するように設定する。

問 21　2つの AZ にまたがって構成した VPC があります。VPC には片方の AZ に 1つのパブリックサブネットと、それぞれの AZ にプライベートサブネットがあります。プライベートサブネットからはパブリックサブネットの NAT ゲートウェイを使用してインターネットに接続します。プライベートサブネットにはインターネットに接続するインスタンスが複数あり、1つの AZ に障害が発生した際に、すべてのインスタンスがインターネットと通信できなくな

る事態を避ける必要があります。これらの要件を満たす最も可用性の高いソリューションはどれですか。（1つ選択してください）

A. パブリックサブネットをもう片方の AZ に新たに作成し、NAT ゲートウェイを配置する。各 AZ のプライベートサブネットから、同じ AZ の NAT ゲートウェイへ通信するよう設定する。

B. パブリックサブネットに NAT インスタンスを作成する。NAT ゲートウェイと NAT インスタンスの間でトラフィックを分散させる。

C. パブリックサブネットに NAT インスタンスを作成する。NAT ゲートウェイを NAT インスタンスに置き換え、NAT インスタンスがトラフィックに応じてスケールアウトするようスケーリングポリシーを設定する。

D. NAT ゲートウェイを配置している AZ にパブリックサブネットを追加し、新しく NAT ゲートウェイを配置する。プライベートサブネットからのトラフィックが既存の NAT ゲートウェイと追加した NAT ゲートウェイで分散されるよう設定する。

8

問 22　ソリューションアーキテクトであるあなたは、ある企業が AWS 上で稼働させているアプリケーションのコスト最適化の取り組みを支援しています。このアプリケーションは、EC2 インスタンス、Fargate、および Lambda を使って稼働しています。

　EC2 インスタンスではデータ処理が稼働しており、データ処理が発生するのは取引先からデータが送付されてきたタイミングのため予測ができません。なお、データ処理は、いつ中断されてもよいように設計されています。また、アプリケーションのフロントエンドは Fargate 上で実行され、フロントエンドから呼び出される API は Lambda で実行されています。今後 1 年間における、このフロントアプリケーションへのユーザーアクセス数は、すでに予測できています。

　このアプリケーションをホストするために、どの購入オプションを組み合わせると最も費用対効果の高いソリューションになりますか。（2つ選択してください）

A. データ処理レイヤーにスポットインスタンスを使用する。

（選択肢は次ページに続きます。）

B. データ処理レイヤーにオンデマンドインスタンスを使用する。

C. データ処理レイヤーに Compute Savings Plans を使用する。

D. フロントエンドおよび API レイヤーに Compute Savings Plans を使用する。

E. フロントエンドおよび API レイヤーに EC2 Instance Savings Plans を使用する。

問 23 ある企業で実行されているアプリケーションは、通信を暗号化するため、EC2 で SSL/TLS 終端処理を行っています。最近、ソリューションアーキテクトは、EC2 での SSL/TLS 終端処理の負荷が高まっていることを発見しました。同社は、EC2 で行われている SSL/TLS 終端処理の負荷を低減させたいと考えています。ソリューションアーキテクトは、最も運用負荷が低いアーキテクチャを実現するために、どうすればよいですか。（1つ選択してください）

A. 新しい SSL/TLS 証明書を ACM で作成する。ACM で作成された証明書を利用して、EC2 で SSL/TLS 終端処理を行う。

B. 新しい SSL/TLS 証明書を ACM で作成する。EC2 の前段に ELB を作成する。ACM で作成された証明書を利用して、ELB で SSL/TLS 終端処理を行う。

C. EC2 のインスタンスタイプを大きなタイプに変更する。

D. 既存の SSL/TLS 証明書を ACM にインポートする。EC2 の前段に ELB を作成する。ACM にインポートされた証明書を利用して、ELB で SSL/TLS 終端処理を行う。

問 24 あなたは、S3 バケットの一覧を取得する API を呼び出す Lambda 関数を設計しています。最も安全に Lambda へ必要な権限を与える方法はどれですか。（1つ選択してください）

A. Lambda 用に必要な権限を設定した IAM ユーザーを作成する。IAM アクセスキーとシークレットキーを作成し、Lambda 関数に保存する。

B. すべての S3 バケットをリストする権限を持つ IAM ユーザーを利用して、Lambda 関数を作成する。

C. Lambda 用に必要な権限を設定した IAM ユーザーを作成する。IAM ア

クセスキーとシークレットキーを作成し、暗号化された RDS に保存する。Lambda 関数から RDS 内の IAM アクセスキーとシークレットキーを取得して利用する。

D. すべての S3 バケットをリストする権限を持つ IAM ロールを作成して、Lambda 関数へアタッチする。

問 25 ある会社は、オンプレミスの Oracle データベースを東京リージョンの RDS for Oracle に移行したいと考えています。最高技術責任者（CTO）は、東京リージョンでデータベースが使用できなくなった場合に備えて、シンガポールリージョンでデータベースを継続的に利用するディザスタリカバリ計画を考えています。リカバリは、RTO（目標復旧時間）が 3 時間、RPO（目標復旧時点）が 4 時間以内である必要があります。これらの要件を満たしつつダウンタイムを最小にするためには、どのようにすべきですか。（1つ選択してください）

8

A. 東京リージョンとシンガポールリージョンに存在する VPC を指定し、マルチマスタークラスターを有効化した RDS をプロビジョニングする。

B. RDS の自動スナップショットを作成し、4 時間ごとにシンガポールリージョンにコピーする。リカバリ時には、最新のスナップショットを利用してシンガポールリージョンに RDS をプロビジョニングする。

C. RDS のリードレプリカをシンガポールリージョンに作成する。リカバリ時には、シンガポールリージョンのリードレプリカをマスターに昇格させる。

D. RDS のマルチリージョン配置を有効にし、シンガポールリージョンにスタンバイインスタンスをプロビジョニングする。リカバリ時には、シンガポールリージョンのスタンバイインスタンスが自動的にマスターに昇格する。

問 26 ある調査会社は、世界の各都市の交通量のデータを AWS 上に収集しています。各都市のサイトに数分単位でデータをアップロードし、毎日収集されるデータ総量は 500GB です。各都市から収集されたデータは、最寄りの AWS リージョンの S3 に集約され、各リージョンで交通量予想を分析します。分析結果を各リージョンの S3 に格納します。この処理に適したコスト効率のよい方法はどれですか。（1 つ選択してください）

A. S3 Transfer Acceleration を有効にしたバケットを利用する。サイトデータを宛先のバケットに直接アップロードする。

B. Snowball ジョブを日次実行するようにスケジューリングし、最も近いリージョンにデータを転送する。

C. S3 クロスリージョンレプリケーションを使用して、オブジェクトを宛先のバケットにコピーする。

D. 最も近いリージョンの EC2 インスタンスにデータをアップロードし、データを EBS ボリュームに保存した後、S3 にコピーする処理を毎日実行する。

問 27　セキュリティグループとネットワーク ACL について述べた以下の表において、空欄に当てはまる言葉として適切なものはどれですか。（1つ選択してください）

セキュリティグループ	ネットワーク ACL
(ア)　レベルで動作	(イ)　レベルで動作
ルールの　(ウ)　設定可能	ルールの許可と拒否を設定可能
(エ)　：アウトバウンドルールに関係なくインバウンドに対して返されたトラフィックが自動的に許可される	(オ)　：返されたトラフィックに対してアウトバウンドルールでの許可が必要
すべてのルールを評価してトラフィックの許可を決定	最も小さい番号のものから順番にルールを評価し、条件に合致した場合は後続のルール評価は行われない
インスタンス起動時や後で明示的にセキュリティグループを関連付けた場合に、対象のインスタンスに適用される	関連付けられているサブネット内に存在するすべてのインスタンスに適用される

A. ア - インスタンス、イ - サブネット、ウ - 許可、エ - ステートフル、オ - ステートレス

B. ア - サービス、イ - サブネット、ウ - 許可、エ - ステートレス、オ - ステートフル

C. ア - サブネット、イ - インスタンス、ウ - 許可と拒否、エ - ステートフル、オ - ステートレス

D. ア - インスタンス、イ - サブネット、ウ - 許可と拒否、エ - ステートフル、オ - ステートレス

問 28 ある証券会社が、ミッションクリティカルな Web アプリケーションを設計しています。アプリケーションは、ALB を経由して、複数の AZ に冗長化された EC2 インスタンス上で稼働し、リレーショナルデータベースを利用します。データベースは高可用性と耐障害性を備えている必要があります。ソリューションアーキテクトが推奨すべきデータベースサービスはどれですか。(1つ選択してください)

A. Redshift

B. DynamoDB

C. Aurora MySQL

D. Athena

問 29 ある企業は、ECS 上に業務アプリケーションをホストしています。月曜日から金曜日まで毎朝、業務を開始する 9 時から 9 時 30 分までの 30 分間、業務アプリケーションからのレスポンスが遅い事象が発生しています。当事象に対して最もコストパフォーマンスと運用性に優れた対応として、ソリューションアーキテクトはどのような提案を行う必要がありますか。(1つ選択してください)

A. Auto Scaling でターゲット追跡スケーリングポリシーを設定する。

B. Auto Scaling でスケジュールにもとづくスケーリングポリシーを設定する。

C. 月曜日から金曜日の毎朝 9 時前に ECS のタスク数を手動スケーリングする。

D. 月曜日から金曜日の毎朝 9 時から 9 時 30 分までの負荷に耐えられる ECS のタスク数を常に起動しておく。

8

問30　あなたの会社では、オンプレミスで基幹システムを運用しています。可用性を高めるために、DR（Disaster Recovery）サイトを AWS で構築している最中です。オンプレミスにあるデータを AWS 上の DR サイトに数日かけて移行したいと考えています。データは 15TB あり、オンプレミスのデータセンターは 1.5Gbps のインターネット回線を保有しています。会社のセキュリティポリシー上、データ転送時にネットワーク暗号化が必須となります。コストの観点で最も適切なソリューションはどれですか。（1つ選択してください）

A. AWS とオンプレミスの間に Direct Connect 回線を敷設する。

B. AWS とオンプレミスの間で VPN を設定し接続する。

C. FTP を用いて、オンプレミスのサーバーから AWS にデータを転送する。

D. Kinesis を用いて、オンプレミスのサーバーから AWS にデータを転送する。

問31　ある企業では、アプリケーションサーバーとして EC2 インスタンスを使用し、データベースとして DynamoDB を使用しています。データベースのデータは日次でバックアップを取得する必要があり、なおかつ最低 3 年間は保持しなければなりません。この要件を満たす最も効率的なソリューションはどれですか。（1つ選択してください）

A. 新たな EC2 インスタンスを起動し、インスタンス内に DynamoDB のバックアップを取得するプログラムを配置する。cron を用いて、プログラムを日次で実行する。

B. DynamoDB のバックアップを取得し、S3 に格納するようにコーディングした Lambda を作成する。EventBridge を使用し、日次で Lambda を実行する。また、S3 ライフサイクルを設定する。

C. AWS Backup を使用し、DynamoDB のスケジュールバックアップとリテンションポリシーを作成する。

D. DynamoDB のポイントインタイムリカバリを手動実行する。

問32　あなたは、CLB と EC2 で構成した Web アプリケーションを公開しています。AWS WAF を有効にする方法はどれですか。（1つ選択してください）

A. 現在の構成のまま AWS WAF を有効にする。

B. CLB を ALB に置き換えて AWS WAF を有効にする。

C. CLB を NLB に置き換えて AWS WAF を有効にする。

D. EC2 を ECS に置き換えて AWS WAF を有効にする。

問 33 あるベンチャー企業には、EC2 インスタンスで実行されているカスタムア プリケーションがあります。カスタムアプリケーションでは、大量のデータを S3 から読み取って、複数のステップによる分析処理を実行後、DynamoDB へ処理結果を書き込んでいます。アプリケーションは、分析処理を実行中、サ イズの大きなテンポラリファイルを大量に作成し、ストレージに一時保存しま す。分析処理のパフォーマンスは、ストレージのパフォーマンスによって異な ります。テンポラリファイルを保持するのに最もよいストレージオプションは どれですか。（1つ選択してください）

A. S3 Transfer Acceleration を有効にした複数の S3 バケット

B. EBS 最適化されたプロビジョンド IOPS による複数の EBS

C. Network File System バージョン 4.1 を利用した複数の EFS

D. ソフトウェア RAID 0 による複数のインスタンスストアボリューム

問 34 あなたは、CloudFront を使用して日本国内向けの Web アプリケーション サービスを展開しています。配信コンテンツへのアクセス元を日本国内のみに 制限する方法はどれですか。（1つ選択してください）

A. セキュリティグループで日本国内の GeoIP を追加する。

B. ネットワーク ACL で日本国外の GeoIP をすべて拒否する。

C. S3 バケットポリシーの地理的ディストリビューション機能を有効にして ホワイトリストに日本を追加する。

D. CloudFront の地理的ディストリビューション機能を有効にしてホワイト リストに日本を追加する。

問 35　ある企業は、BtoB のアプリケーションを AWS でホストする予定です。アプリケーションは高可用性であり、またインフラストラクチャの管理のための人員をなるべく減らしたいと考えています。この要件を満たすアーキテクチャはどれですか。（1つ選択してください）

A. Fargate を使用する。ECS サービスで単一のサブネットを指定し、ECS タスクを 2つ起動する。

B. EC2 上で ECS を使用する。ECS タスク定義内で 2つのコンテナを定義し、起動する。

C. Fargate を使用する。ECS サービスで AZ が異なる複数のサブネットを指定する。

D. ECS に最適化された Amazon Linux 2 AMI から EC2 を起動し、複数の AZ にまたがった EC2 Auto Scaling グループを設定する。

問 36　以下のような 3 層構造のシステムにおいてセキュリティグループを設定します。

Web 層：
　インターネット上のユーザーから Web アクセスを受け付ける。セキュリティグループ web-sg を関連付ける。
ロジック層：
　RESTful API を実行するサーバー群。Web 層のサーバー群から HTTPS アクセスを受け、データ層にリクエストを送信する。セキュリティグループ logic-sg を関連付ける。
データ層：
　PostgreSQL サーバー。ロジック層から 5432 ポートを利用してアクセスがある。セキュリティグループ db-sg を関連付ける。

　各セキュリティグループに設定するルールとして正しい組み合わせはどれですか。（3つ選択してください）

A. web-sg のインバウンドルールに送信元 0.0.0.0/0 からポート番号 80 および 443 を追加

B. web-sg のインバウンドルールに送信元 logic-sg からポート番号 80 および 443 を追加

C. logic-sg のインバウンドルールに送信元 db-sg からポート番号 1024-65535 を追加

D. logic-sg のインバウンドルールに送信元 web-sg からポート番号 443 を追加

E. db-sg のインバウンドルールに送信元 logic-sg からポート番号 5432 を追加

F. db-sg のアウトバウンドルールに送信先 web-sg からポート番号 5432 を追加

問 37 あるタクシー会社は、ドライブレコーダーで録画したデータを S3 に格納しています。すべてのデータはいつでもダウンロードできる必要があります。同社は、録画データの合計サイズが大きくなってきたためコストを抑えたいと考えています。可用性は 1 年で 99.9% 以上である必要があります。トラブルがあった際に録画データをダウンロードするために、どのファイルがどの程度アクセスされるかは不明瞭です。コストを抑えるためには、どうすればよいですか。（1つ選択してください）

A. S3 Glacier Deep Archive にデータを保存する。

B. S3 One Zone-IA にデータを保存する。

C. S3 Intelligent-Tiering を利用する。

D. S3 Transfer Acceleration を利用する。

問 38 あなたは、オンプレミスと AWS 間の安全な接続設定を求められています。本番環境を一刻も早く利用できるよう求められているため、すぐに設定を終えなければなりません。また、オンプレミスと AWS 間のデータのやりとりは一部の時間帯に限られるため、広帯域幅を確保する必要はありません。最も費用対効果の高いソリューションはどれですか。（1つ選択してください）

A. クライアント VPN の実装

（選択肢は次ページに続きます。）

B. AWS Site-to-Site VPN (サイト間 VPN) 接続の実装

C. Direct Connect の構築

D. 踏み台サーバーとして EC2 インスタンスの構築

問 39　ソリューションアーキテクトは、AWS で稼働する写真管理アプリケーション
を設計しています。アプリケーションは、ユーザーが S3 に写真をアップロー
ドするたびに、自動的に写真のタグ情報を抽出し、DynamoDB 内のテーブル
にタグ情報を挿入する必要があります。タグ情報を挿入するのに最適なサービ
スはどれですか。(1つ選択してください)

A. Lambda@Edge

B. Lambda

C. Amazon API Gateway

D. EC2 インスタンス

問 40　あなたの会社は、EC2 で社内システムを運用しようとしています。このシ
ステムは、毎日ピークの時間があり、ピーク時には最大 6,000 IOPS を必要
とします。ソリューションアーキテクトであるあなたは、ピーク時に十分なパ
フォーマンスを発揮し、コスト効率が高いストレージを選択する必要がありま
す。最適なストレージタイプはどれですか。(1つ選択してください)

A. EBS 汎用 SSD (gp2)

B. EBS コールド HDD (sc1)

C. EBS プロビジョンド IOPS SSD (io1)

D. EBS スループット最適化 HDD (st1)

問 **41**　ある企業は、ディザスタリカバリのために、オンプレミスで稼働している
システムのデータを AWS にバックアップしたいと考えています。現在、シス
テムのデータをオンプレミスのサーバーメッセージブロック（SMB）ファイル
共有ストレージにバックアップするスクリプトを利用して、バックアップを作
成しています。スクリプトの処理中にエラーが発生した場合は、運用チームが
リカバリのためのバックアップを手動で作成します。このとき、共有ストレー
ジの大量のファイルを高速に更新する必要があります。このバックアップスク
リプトを流用しつつ AWS にファイルをバックアップするには、どのソリュー
ションが適切ですか。（1つ選択してください）

A. バックアップスクリプトのデータコピー先を SMB ファイル共有ストレー
ジから Storage Gateway のファイルゲートウェイに変更する。

B. バックアップスクリプトのデータコピー先を SMB ファイル共有ストレー
ジから Snowball Edge に変更する。

C. バックアップスクリプトのデータコピー先を SMB ファイル共有ストレー
ジから S3 に変更する。

D. バックアップスクリプトのデータコピー先を SMB ファイル共有ストレー
ジから EBS ボリュームに変更する。

問 **42**　ある会社は、数十万人の顧客が利用するアプリケーションを運営していま
す。社内のレポート担当者は、アプリケーションのデータベースに対して月次
で大規模なレポート作成を実行する必要があります。レポート作成の際は複雑
な読み取り専用クエリが発行され、データベースの RDS インスタンスの応答
が著しく遅くなり、アプリケーションのパフォーマンスが低下することが判明
しています。アプリケーションのパフォーマンス低下を回避しつつレポートを
作成するには、どのような対応が必要ですか。（1つ選択してください）

A. RDS インスタンスのストレージを拡張する。

B. RDS インスタンスのマルチ AZ 配置を有効にする。

C. リードレプリカを追加し、そのリードレプリカを使ってレポート作成を実
施する。

D. リードレプリカを追加し、そのリードレプリカにアプリケーションを接続
する。

問 43　あなたは、作成した見積り書類を期間限定で顧客と共有するため、署名付き URL によるファイル共有を検討しています。S3 上にアップロードしたファイルの署名付き URL を作成してリンクからアクセスしましたが、ファイルをダウンロードできませんでした。理由として考えられるものはどれですか。（1つ選択してください）

A. ダウンロード用の IAM ユーザーを作成していなかった。

B. ファイルを配置するバケットに public-read を付与していなかった。

C. 署名付き URL の有効期限が切れていた。

D. 署名付き URL を作成したユーザーが S3 上のオブジェクトの所有者ではなかった。

問 44　あなたの会社では、ECS を利用して画像処理のアプリケーションを運用しています。画像は S3 バケットに格納しています。画像を読み出す ECS は 2つのプライベートサブネットにあり、各々のプライベートサブネット上にある NAT インスタンス経由でインターネット越しに S3 にアクセスしています。
　最近のコスト調査で、インターネット経由のネットワーク通信コストが高くなっていると指摘されています。コストが最適なアーキテクチャに変更するには、どのソリューションが適切ですか。（1つ選択してください）

A. プライベートサブネットから S3 へのアクセス経路を、ゲートウェイ型の VPC エンドポイント経由に変更する。

B. ECS をパブリックサブネットに配置する。

C. NAT インスタンスを NAT ゲートウェイに変更する。

D. ECS を EC2 に変更する。

問 45　ある企業は、Amazon API Gateway と Lambda で REST API を構築しています。データは、RDS for PostgreSQL に保存する予定です。ソリューションアーキテクトは、アクセスが増加した際のデータベースの接続数について心配しています。API の実装のために、どのようなアーキテクチャが求められますか。（1つ選択してください）

A. Lambda と RDS の間に RDS Proxy を作成する。Lambda で RDS Proxy へ接続するよう設定を変更する。

B. Amazon API Gateway の手前に CloudFront ディストリビューションを作成する。

C. API のリクエストデータを SQS の FIFO キューに格納する。SQS をポーリングして RDS へ接続するよう Lambda のコードを修正する。

D. RDS のマルチ AZ 配置を有効化する。

問 46 ある企業は、EC2 と ELB を使用してインターネットに公開する小規模なシステムを構築しています。セキュリティ要件としてネットワークレイヤー (L3) とトランスポートレイヤー(L4) への DDoS 攻撃緩和が求められています。要件を満たす最も費用対効果が高い解決方法はどれですか。（1つ選択してください）

A. AWS Shield Advanced を有効にする。

B. GuardDuty を有効にする。

C. AWS Shield Standard によってすでに要件を満たしているため対応は不要。

D. AWS Security Hub を有効にする。

問 47 ある会社で、Auto Scaling グループにプロビジョニングされている EC2 インスタンス数の見直しを行っています。現在、Auto Scaling グループは 2つの AZ を利用し、最小 2、最大 6 のインスタンスが設定されています。CloudWatch のメトリクスを確認すると、定常的に CPU 使用率が低いことがわかりました。アプリケーションの可用性を維持したままコストを最適化するソリューションはどれですか。（1つ選択してください）

A. CPU 使用率を高めるため、インスタンス起動数の最小値を減らす。

B. CPU 使用率を高めるため、インスタンス起動数の最大値を減らす。

C. Auto Scaling グループのスケーリングポリシーのメトリクスを CPU 使用率に変更する。

D. Auto Scaling グループの起動設定で、大きいインスタンスタイプを設定する。

問 48　あなたが構築中の AWS 上のシステムでは、機密データを扱うためデータ
の暗号化が必須であり、暗号鍵について以下の管理要件があります。

・シングルテナントで管理されていること
・FIPS 140-2 レベル 3 を満たす暗号モジュールであること

　上記の要件を満たす最適なソリューションはどれですか。（1つ選択してく
ださい）

A. 暗号鍵を KMS で管理する。

B. 暗号鍵を CloudHSM で管理する。

C. 暗号鍵をオンプレミスで管理する。

D. 暗号鍵を KMS で管理し、CloudTrail で監査を行う。

問 49　ある企業は、1 台の EC2 上でアプリケーションおよび MySQL データベー
スを実行しています。アプリケーションは、コンテナ上で動作するステートレ
スアプリケーションです。同社は、アプリケーションとデータベースを分離す
ること、およびデータベースの高耐久性を求めています。ソリューションアー
キテクトは、最も運用負荷が低いアーキテクチャを実現するために、どうすれ
ばよいですか。（2つ選択してください）

A. Aurora MySQL DB クラスターを作成して、既存の MySQL データベー
スを移行する。

B. RDS for MySQL インスタンスを作成して、既存の MySQL データベース
を移行する。

C. MySQL を新規の EC2 インスタンスにインストールして、既存の MySQL
データベースを移行する。

D. アプリケーションがデプロイされている EC2 インスタンスから、既存の
MySQL データベースを削除した後、EC2 インスタンスを AMI 化する。
AMI を利用して起動テンプレートを作成する。Auto Scaling を設定し、
ELB のターゲットに指定する。

E. アプリケーションがデプロイされている EC2 インスタンスから、既存の
MySQL データベースを削除した後、EC2 インスタンスを AMI 化する。

AMI を利用して起動設定を作成する。EC2 Auto Scaling を設定し、ELB のターゲットに指定する。

問 50　現在、オンプレミス上で稼働している複数のアプリケーションがあり、これらを AWS に移行することを検討しています。そのアプリケーションは、複数のホスト上から同じファイルに同時にアクセスすることにより大容量のファイルを処理しています。処理で扱うファイルは最大 100GB であり、どのアプリケーションからも高速にファイルを読み込む必要があります。ソリューションアーキテクトは、移行コストを抑えつつ高パフォーマンスを実現するアーキテクチャを構築する必要があります。どのアーキテクチャを推奨しますか。（1つ選択してください）

A. アプリケーションを複数の Lambda 関数で実装する。データを SQS へキューイングし、各アプリケーションからリクエストする。

B. アプリケーションを複数の Lambda 関数で実装する。データを保存するために、プロビジョンド IOPS SSD を使用して EBS ボリュームを作成し、EC2 インスタンスにアタッチする。

C. すべてのアプリケーションを同じインスタンスで同時に実行するように、1つの EC2 インスタンスを設定する。データを保存するために、プロビジョンド IOPS SSD を使用して EBS ボリュームを作成し、EC2 インスタンスにアタッチする。

D. それぞれのアプリケーションを実行するように、複数の EC2 インスタンスを設定する。データを保存するために、プロビジョンドスループットモードで EFS を構成する。

問 51　オンライン上で実施するグローバルイベントの主催者が、静的コンテンツを公開したいと考えています。このページは、世界中のユーザーから数百万回参照されることが見込まれています。あなたは、静的コンテンツを格納するための効率的かつ費用対効果の高いソリューションの設計を依頼されました。静的 HTML ファイルの格納先として S3 バケットの利用を検討しています。どのような対応を行えばよいですか。（1つ選択してください）

A. Route 53 の地理的近接性ルーティングポリシーを適切に設定する。

B. CloudFront を構築し、S3 バケットをオリジンとして使用する。

C. HTML ファイルに対して事前署名された URL を生成する。

D. すべてのリージョンへのクロスリージョンレプリケーションを使用する。

問 52　ある企業が S3 を利用したデータレイクを構築しています。データは、機密情報を含むため保存時に暗号化されることが求められています。また、暗号化には、セキュリティチームから提供された暗号鍵を利用する必要があります。これらの要件を満たすソリューションはどれですか。（2つ選択してください）

A. S3 のサーバーサイド暗号化（SSE-S3）を構成する。

B. ユーザーの暗号鍵による暗号化（SSE-C）を構成する。

C. KMS に保存されているカスタマー管理キーによる暗号化（SSE-KMS）を構成する。

D. S3 は、ユーザーの暗号鍵による暗号化はサポートしていない。

E. 暗号鍵をバケットにアップロードし、バケットの暗号化を有効にする。

問 53　あるベンチャー企業は、AWS 上で Web アプリケーションを運用しています。Web アプリケーションは、us-east-1 リージョンにて複数の AZ にまたがって ALB の背後で複数の EC2 インスタンスで実行されています。同社は拠点拡大を計画しており、アプリケーションを新たに us-west-1 リージョンにて実行することを考えています。あなたは、拠点拡大にともない低遅延と高可用性を備えたソリューションを要求されています。これに応えるために何をすべきですか。（1つ選択してください）

A. us-west-1 にて ALB の背後で EC2 インスタンスを実行する。ALB の設定でクロスゾーン負荷分散を設定する。

B. us-west-1 にて ALB の背後で EC2 インスタンスを実行する。両方のリージョンのロードバランサーエンドポイントを含むエンドポイントグループを使用するアクセラレーターを、Global Accelerator で作成する。

C. us-west-1 にて EC2 インスタンスを実行する。ALB を NLB に切り替え

て、リージョン間の負荷分散を実現する。

D. us-west-1 にて ALB の背後で EC2 インスタンスを実行する。加重ルーティングポリシーを使用して Route 53 を設定する。ALB を指すエイリアスレコードを Route 53 に作成する。

問 54　あなたの会社では Web サイトを運用しています。サーバー負荷が急激に上昇したためログを確認したところ、特定のアドレスから大量のアクセスが発生していることがわかりました。一時的な対処として、早急にこれらのアクセスをブロックするためには、どのようにしたらよいですか。（1つ選択してください）

A. Web サーバーのセキュリティグループのインバウンドルールから、HTTP、HTTPS アクセスを削除する。

B. Web サーバーのセキュリティグループのインバウンドルールで、特定のアドレスからの HTTP、HTTPS アクセスを拒否する。

C. パブリックサブネットのネットワーク ACL で、特定のアドレスからの HTTP、HTTPS アクセスを拒否する。

D. サイト内の全 Web サーバーの OS のファイアウォールに、特定のアドレスからのアクセスを拒否する設定を加える。

問 55　あるスタートアップ企業が Web アプリケーションを構築しています。フロントエンドは静的コンテンツで構成され、また、アプリケーションレイヤーはマイクロサービスで構成されます。ユーザーデータは JSON 形式で、低レイテンシーでアクセスできる必要があります。アプリケーションへのトラフィックは通常時は多くありませんが、新しい機能をローンチしたタイミングで一時的にトラフィックが増えることが予想されています。スタートアップ企業の開発チームは、維持管理コストを最小にしたいと思っています。どのソリューションが適していますか。（1つ選択してください）

A. フロントエンドに S3 静的サイトホスティングを使用し、アプリケーションレイヤーには Elastic Beanstalk を使う。ユーザーデータは DynamoDB に保存する。

（選択肢は次ページに続きます。）

B. フロントエンドに S3 静的サイトホスティングを使用し、アプリケーションレイヤーには EKS を使う。ユーザーデータは RDS に保存する。

C. フロントエンドに S3 静的サイトホスティングを使用し、アプリケーションレイヤーには Lambda を使う。ユーザーデータは DynamoDB に保存する。

D. フロントエンドに S3 静的サイトホスティングを使用し、アプリケーションレイヤーには Lambda を使う。ユーザーデータは RDS に保存する。

問 56 ある会社では、オンプレミス上にあるデータベースシステムを AWS に移行したいと考えています。管理者によると、データベースは EC2 上に構築します。データベースで利用するストレージのスループットは 32,000 IOPS 必要です。また、日次でストレージのバックアップを取得する必要があります。管理者は、単一のストレージを使用してデータベースインスタンスをホストしたいと考えています。要件を満たす最適なソリューションはどれですか。(1つ選択してください)

A. S3 をデータベースインスタンスのストレージとして使用する。

B. 2つの EBS プロビジョンド IOPS SSD ボリュームをプロビジョニングし、それぞれに 16,000 IOPS を割り当てる。2つの EBS ボリュームを、同一の EC2 インスタンスにマウントする。

C. EC2 インスタンスストアを使用して IOPS 要件を達成する。

D. EBS プロビジョンド IOPS SSD ボリュームが接続された EC2 インスタンスを起動する。32,000 IOPS になるようにボリュームを構成する。

問 57 ソリューションアーキテクトは、起動中の RDS インスタンスを暗号化する方法を検討しています。最も適切な方法はどれですか。(1つ選択してください)

A. DB インスタンスのスナップショットを取得する。「暗号化を有効化」オプションを選択してスナップショットをコピーする。コピーしたスナップショットから DB インスタンスを復元する。

B. DB インスタンスのスナップショットを取得する。スナップショットから「暗号化を有効化」オプションを選択して DB インスタンスを復元する。

C. 「暗号化を有効化」オプションを選択して DB インスタンスのスナップ
ショットを取得する。スナップショットから DB インスタンスを復元する。

D. DB インスタンスを停止する。「暗号化を有効化」オプションを選択して
DB インスタンスを起動する。

問 58 ある会社は、オンプレミスアプリケーションを迅速にリカバリするため、
オンプレミスデータベースサーバー用にバックアップストレージソリュー
ションを必要としています。バックアップストレージソリューションには、耐
久性が求められ、バックアップしたデータへのアクセスが保証される必要があ
ります。これらの要件を満たす最適なソリューションはどれですか。（1つ選
択してください）

A. Storage Gateway ファイルゲートウェイをオンプレミスにデプロイし、
S3 バケットに関連付ける。

B. データベースバックアップファイルを、EC2 インスタンスに接続されたイ
ンスタンスストアボリュームに転送する。

C. データベースを Storage Gateway ボリュームゲートウェイにバックアッ
プし、S3 API を使用してアクセスする。

D. データベースを Snowball デバイスに直接バックアップし、ライフサイク
ルルールを使用してデータを S3 Glacier Deep Archive に移動する。

問 59 あなたの会社では、静的コンテンツ中心の Web サイトを構築しています。
Web サイトはカスタムドメイン名を利用する予定で、Web サイトへのアク
セスは低レイテンシーである必要があります。また、サーバーの構築・運用コ
ストを削減するため、サーバーレスで運用したいと考えています。どの AWS
サービスを利用するのが適切ですか。（1つ選択してください）

A. ELB

B. ECS Fargate

C. EBS

D. CloudFront

問 60　あなたが担当するアプリケーションは、複数リージョンの EC2 で実行されており、EC2 インスタンスは開始時に S3 バケットから機密性の高い構成をロードし、DynamoDB をデータベースとして使用しています。セキュリティチームは、セキュリティを向上させるため、パブリックエンドポイントを使用して AWS サービスにアクセスする代わりにプライベートネットワークを使用するように、あなたにアドバイスしました。この指摘に対応するための有効な変更はどれですか。（2つ選択してください）

A. ゲートウェイ VPC エンドポイントを S3 に対して作成する。インターフェイス VPC エンドポイントを DynamoDB に対して作成する。

B. インターフェイス VPC エンドポイントを S3 に対して作成する。ゲートウェイ VPC エンドポイントを DynamoDB に対して作成する。

C. インターフェイス VPC エンドポイントを S3、DynamoDB に対して作成する。

D. セキュリティグループを作成し、S3、DynamoDB に対する通信を許可するルールを設定する。

E. ルートテーブルを変更し、DynamoDB に対する通信を VPC エンドポイントにルーティングする。

問 61　あなたの所属するオペレーションチームは S3 バケットを管理しています。バケットは、バケット内に新しいオブジェクトが作成されたときに SQS キューに通知するように設定されています。あなたは社内のサービス開発チームから、バケットが更新されたときサービス開発チームがイベントを受信できるようにしてほしいと相談を受けました。既存のワークフローを変更することはできません。サービス開発チームの要望に応えるためには、どうすればよいですか。（1つ選択してください）

A. サービス開発チーム用の新しい SQS キューを作成する。バケット内の更新をフックして、サービス開発チーム用の SQS キューにイベントを追加する。

B. サービス開発チーム用の新しい SQS キューを作成する。新しい SQS キューは S3 のみがアクセスできるように設定する。バケット内の新規オブジェクト作成をフックして、サービス開発チーム用の SQS キューにイベントを追加する。

C. サービス開発チーム用の新しい SQS キューと SNS トピックを作成する。バケット内の更新をフックして、サービス開発チーム用に作成した SNS トピックにイベントを追加する。既存の SQS キューと新しい SQS キューは SNS をポーリングするように変更する。

D. サービス開発チーム用の新しい SQS キューと SNS トピックを作成する。バケット内の更新をフックして、サービス開発チーム用に作成した SNS トピックにイベントを追加する。既存の SQS キューと新しい SQS キューは SNS をサブスクライブする。

問 62 ある企業は、カスタマーサービスで蓄積された大量データへの全文検索が可能なスケーラブルな検索システムを構築する予定です。この検索システムを活用して、カスタマーサービスの向上を図りたいと考えています。同社は、運用コストや開発コストをなるべく抑えたアーキテクチャにしたいと考えています。これらの要件を満たすには、どうすればよいですか。（1つ選択してください）

A. OSS（Open Source Software）版の Elasticsearch をインストールした EC2 インスタンスに、カスタマーサービスで蓄積されたデータをインポートする。Elasticsearch の機能を利用して、カスタマーサービスで蓄積されたデータへの柔軟なアクセスを提供する。

B. OpenSearch Service にカスタマーサービスで蓄積されたデータをインポートする。OpenSearch Service の機能を利用して、カスタマーサービスで蓄積されたデータへの柔軟なアクセスを提供する。

C. S3 にカスタマーサービスで蓄積されたデータをインポートする。S3 のデータに対して Athena からクエリを利用して、カスタマーサービスで蓄積されたデータへの柔軟なアクセスを提供する。

D. RDS にカスタマーサービスで蓄積されたデータをインポートする。カスタム検索アプリを作成して、カスタマーサービスで蓄積されたデータへの柔軟なアクセスを提供する。

問 63　あなたは、ある企業のソリューションアーキテクトです。担当するシステムでは、RDS（MySQL）を利用していますが、RDS に格納されたデータを暗号化する要件があります。また、データを暗号化する暗号鍵は毎年ローテーションする必要があります。これらの要件を満たすソリューションはどれですか。（2 つ選択してください）

A.　AWS が管理する暗号鍵で RDS のデータ暗号化を有効化する。AWS が管理する暗号鍵は自動的にローテーションが行われる。

B.　RDS データ暗号化用のカスタマー管理キーを KMS に作成し、作成したキーで RDS のデータ暗号化を有効化する。カスタマー管理キーの自動ローテーションを有効化する。

C.　RDS データ暗号化用のカスタマー管理キーを KMS に作成し、作成したキーで RDS のデータ暗号化を有効化する。カスタマー管理キーはデフォルトでローテーションされる。

D.　AWS が管理する暗号鍵で RDS のデータ暗号化を有効化する。AWS が管理する暗号鍵のローテーションを有効化する。

E.　RDS データ暗号化用のカスタマー管理キーを KMS に作成し、当該キーで RDS のデータ暗号化を有効化する。カスタマー管理キーの自動ローテーションを有効化し、ローテーション間隔を 365 日に設定する。

問 64　あなたのチームが担当しているサービスは、毎月請求書を PDF で利用者に提供しています。発行された当月の請求書は経理チームから頻繁にアクセスされますが、過去の請求書へのアクセス頻度は低く、顧客から再発行の要求があったときのみアクセスされます。この再発行の要求に対して、8 時間以内に請求書を提供する必要があります。最近、顧客が増えて保存コストが上昇したため、チームリーダーはコストを考慮したソリューションを提案するように、あなたに要請しました。最適なソリューションはどれですか。（1つ選択してください）

A.　当月の請求書を S3 に保存し、過去の請求書はライフサイクルポリシーを使用して S3 Glacier Flexible Retrieval に移動する。再発行の要求があった場合は、標準オプションを利用して取り出す。

B.　当月の請求書を S3 に保存し、過去の請求書もそのまま保管する。再発行

の要求があった場合は、即座に取り出す。

C. 当月の請求書を S3 に保存し、過去の請求書はライフサイクルポリシーを使用して S3 Glacier Flexible Retrieval に移動する。再発行の要求があった場合は、迅速オプションを利用して取り出す。

D. 当月の請求書を S3 に保存し、過去の請求書はライフサイクルポリシーを使用して S3 Glacier Deep Archive に移動する。再発行の要求があった場合は、標準オプションを利用して取り出す。

問 65 あなたの部署では、オンプレミスで分析アプリケーションを運用しています。データベースには MySQL を採用しています。あなたは、アプリケーションを AWS に移行する計画を立てています。移行にかけられるコストと移行後の運用コストが限られているため、データベースの保守運用工数を下げること、および将来のユーザー数の増加を見越して特定のインスタンスクラスを選択せずに構築できることが要件となっています。これらの要件を満たす AWS サービスはどれですか。（1 つ選択してください）

8

A. DynamoDB

B. RDS for MySQL

C. Aurora MySQL

D. Aurora Serverless for MySQL

8.2　模擬試験問題の解答と解説

問1　　　　　　　　　　　　　　　　　　　　　　　　　　　　　　　　　　[答] C

　適切なデータバックアップとアーカイブ方法を選択する問題です。ここでは、地理的に離れた複数の場所にバックアップを保管することと、10 年間アーカイブを保管するが、90 日以上前のデータは取得までに数時間かかることを許容する、という要件があります。

　この要件に照らすと、複数のリージョンでデータをコピーする S3 クロスリージョンレプリケーションを有効にし、ライフサイクルポリシーを利用して、低コストのストレージである S3 Glacier Flexible Retrieval へアーカイブするのが最適です。したがって、C が正解です。

- **A.** クロスオリジンリソースシェアリング（CORS）は、ブラウザで実行されるアプリケーションにおいて異なるドメインへのリクエストを許可する仕組みです。今回の要件とは関係ありません。
- **B.** 同一リージョンレプリケーションの場合、地理的に離れた複数の場所に保管するという要件を満たせません。また、S3 Glacier Deep Archive はデータの取り出しに標準取り出しで最大 12 時間、大容量取り出しで最大 48 時間かかるため、こちらも要件を満たしません。
- **D.** S3 Transfer Acceleration は、クライアントと S3 バケット間の通信を高速化する機能です。今回の要件とは関係ありません。

問2　　　　　　　　　　　　　　　　　　　　　　　　　　　　　　　　　　[答] A

　支払いサービスに接続可能な IP アドレス数に制限があるため、NAT ゲートウェイを利用し、パブリック IP アドレスを固定化します。これにより、EC2 サーバー数の制限がなくなります。また、EC2 サーバー群をパブリックサブネットに配置することはセキュリティ面で推奨される構成ではないため、A が正解です。

　図 8.2-1 は、NAT ゲートウェイを利用した VPC の構成例です。プライベートサブネットに配置した EC2 からのインターネットへのアクセスは NAT ゲートウェイを

経由して行います。

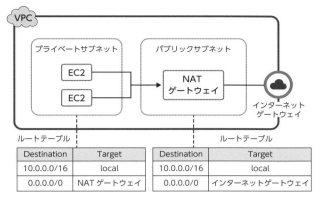

図 8.2-1　NAT ゲートウェイを利用した VPC 構成

B、D. EC2 のサーバー数に制限があることと、パブリックサブネットに EC2 を
配置しており、A と比較してセキュリティレベルが低い構成であることから、
不適切です。

C. カスタマーゲートウェイは、VPN 接続を行うために用いられるサービスです。
EC2 からのインターネットアクセスを目的として利用されるわけではないの
で不適切です。

問3　　　　　　　　　　　　　　　　　　　　　　　　　　　　　　　　[答] B

RDS for MySQL ではリードレプリカを利用することにより、読み取り頻度の高い
データベースのワークロードに対して、別の RDS for MySQL インスタンスを作成
する場合よりも費用対効果が高く、読み取り要求を分散することができます。RDS
for MySQL のリードレプリカインスタンスタイプはソース DB と同等か、それ以上
のインスタンスタイプが推奨されています。したがって、B が正解となり、C は間違
いです。

A. 移行コストや、移行後のデータ同期などのコストが発生し、B よりも費用対効
果が低いです。

D. 1 つのスタンバイを備えたマルチ AZ 構成にした場合、スタンバイ側のインス
タンスはホットスタンバイとなり、読み取りおよび書き込みができません。

問4　　　　　　　　　　　　　　　　　　　　　　　　　　　　　　[答] A

　開発環境は、営業日にしか利用されず、可用性よりもコストを優先するためスポットインスタンスが適しています。一方、本番環境は、24 時間 365 日稼働しているのでリザーブドインスタンスが適しています。したがって、A が正解です。

B. 開発環境は営業日にしか利用していないため、リザーブドインスタンスでは非営業日分の無駄なコストが発生します。また、本番環境にスポットインスタンスを利用すると、AWS によって強制的にインスタンスが停止されて、可用性が低下するおそれがあります。

C、D. オンデマンドインスタンスは、リザーブドインスタンスやスポットインスタンスに比べるとコスト効率が高い料金モデルとはいえません。設問では、開発環境は可用性よりもコストを優先することが要件となっているため、より低価格なスポットインスタンスが適しています。

問5　　　　　　　　　　　　　　　　　　　　　　　　　　　　　　[答] D

　EBS 暗号化を構成するためには、EC2（EBS）の構成時に暗号化を有効にする必要があります。EBS 暗号化を有効にすると、EBS スナップショットも自動的に暗号化されるため、バックアップデータの暗号化要件を満たすことができます。したがって、D が正解です。

　EBS 暗号化は、AWS 管理の KMS キー、もしくは KMS で作成したカスタマー管理キーを暗号鍵として指定可能です。

A. EBS 暗号化を有効にすることで、EBS スナップショットも自動的に暗号化されるため、バックアップジョブで暗号化する必要はありません。

B. アプリケーションによる暗号化で要件を満たすことができますが、アプリケーションで明示的に処理を行う必要があり、自動で暗号化を行う EBS 暗号化と比較するとコスト面で最適とはいえません。

C. EBS は、デフォルトでは暗号化されません。

問6　　　　　　　　　　　　　　　　　　　　　　　　　　　　　　[答] B

　CDN（Content Delivery Network）サービス利用時において、アプリケーションを冗長化して可能な限りサービス断を回避する方法を選択する問題です。オリジンサーバーを複数の AZ に冗長化することで、アプリケーションの可用性を高めるこ

とができます。したがって、B が正解です。

- **A.** CloudFront のコンテンツキャッシュ時間を長くしても、アプリケーションの可用性を高めることはできません。
- **C.** ALB を追加しただけではアプリケーションの可用性は変化しません。
- **D.** Lambda@Edge を利用することで、CloudFront 経由のアクセスに対して、ユーザーに近いロケーションでコードを実行できます。アプリケーションの機能を Lambda@Edge にオフロードしてアプリのパフォーマンスを最適化できますが、これによりアプリケーションの可用性が高まるわけではありません。

問7　　　　　　　　　　　　　　　　　　　　　　　　　　　[答] C

　別の AWS アカウントからアクセスできるようにするためには、IAM ロールを使用してクロスアカウントアクセスを設定することが推奨されています。IAM ロールには、最小権限の原則に従いアクセス許可ポリシーを設定します。昇格されたアクセス許可の使用は、特定のタスクに必要なときのみに制限されます。IAM ロールを使用すると、機密性の高い環境が誤って変更されるのを防ぐことができます。

　クロスアカウントアクセスには IAM ロールの信頼ポリシーを利用し、特定の AWS アカウントからの AssumeRole を許可します。どの AWS アカウントからアクセスできるかは、信頼ポリシー内の Condition として外部 ID を指定することで制御します。

　以上より、C が正解です。

8

- **A、B.** 別の AWS アカウントのユーザーにアクセス許可を与える際、クロスアカウントのアクセス許可を使用せずに別の方法で実施しているため不適切です。
- **D.** アクセス許可を申請するような機能は用意されていないため不適切です。

問8　　　　　　　　　　　　　　　　　　　　　　　　　　　[答] A

　FSx for Lustre は、高性能な共有ファイルストレージサービスです。HPC アプリケーションに必要なミリ秒単位のレスポンスを提供することができます。また、オンプレミスからのアクセスもサポートしているため、A が正解となります。

- **B.** EBS ボリュームは、オンプレミスサーバーへアタッチすることができません。
- **C.** EFS は永続的な共有ストレージですが、ミリ秒単位のレスポンスが必要な HPC アプリケーションには適していません。

D. S3 はオブジェクトストレージですが、ミリ秒単位のレスポンスが必要な HPC アプリケーションには適していません。

問9　　　　　　　　　　　　　　　　　　　　　　　　　　　　　　　　[答] C

オンデマンドキャパシティモードは、特別な設定がなくても、トラフィック量によってテーブルのスケーリングを DynamoDB 側で迅速に行います。利用料金も、発生したトラフィックの量に応じて支払いする形となっているので、トラフィックの発生が予測不可能なときに選択できる適切なソリューションです。したがって、C が正解です。

A. Auto Scaling を利用しても、トラフィックの変化に対応することは可能です。しかし、トラフィック処理量を上げるためにはオンデマンドキャパシティモードよりも時間がかかるという制約があります。Auto Scaling は、予測可能なトラフィックの変化（例：日中と夜間でトラフィックが変化するなど）には適合しています。

B. DynamoDB Accelerator（DAX）はフルマネージド型のインメモリキャッシュサービスで、キャッシュよりもテーブルのレスポンスのスピードを上げることができます。

D. グローバルテーブルは複数のリージョンにテーブルをレプリケーションする機能であり、テーブルの可用性を高めることは可能ですが、急増するトラフィックには対応できません。

問10　　　　　　　　　　　　　　　　　　　　　　　　　　　　　　　[答] A、B

AWS IAM Identity Center の機能を利用して、SAML 2.0 を使用した ID フェデレーションによる AWS マネジメントコンソールへのシングルサインオン（SSO）を実現できます。SSO を利用すると、ユーザーが AWS マネジメントコンソールへログインし各種操作を実行するために、組織内の全員の IAM ユーザーを個別に作成する必要がなくなります。

オンプレミスの認証情報を利用して AWS マネジメントコンソールへの SSO を実現するためには、オンプレミスの ID プロバイダー（IdP）と AWS IAM Identity Center エンドポイントを利用します。ユーザーがポータルにアクセスすると、IdP はユーザーを認証し、ユーザーの認証情報や属性などが記述されたメタデータドキュメントである SAML アサーションを返します。ブラウザ等のクライアントが SAML アサーションを AWS IAM Identity Center エンドポイントに POST すると、

エンドポイントは STS から一時的な認証情報を取得します。エンドポイントはリダイレクト URL を生成して、クライアントへ AWS マネジメントコンソールの URL を返します。クライアントは、この URL を利用して AWS マネジメントコンソールへアクセスすることができます。AWS マネジメントコンソール上でのアクセス権限は、事前に SAML アサーションの属性に対応付けられた IAM ロールにより決定されます。したがって、A と B が正解です。

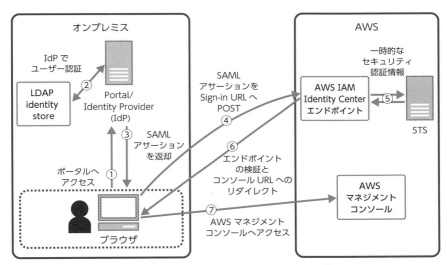

図 8.2-2 SAML 2.0 を利用した AWS コンソールへのシングルサインオン

C. このような機能は AWS では提供されていません。

D. IAM ユーザーではなく IAM ロールにマッピングされます。

E. Cognito では、AWS マネジメントコンソールへのシングルサインオンはサポートされていません。

問11　　　　　　　　　　　　　　　　　　　　　　　　　　　　[答] B

　データ分析基盤に利用する適切なデータベースを選定します。標準の SQL を使用できること、高可用性であること、データ量の増大に耐えうるスケーラビリティを備えていることが要件として示されています。マルチ AZ で Aurora PostgreSQL を構成すると、SQL による処理で高可用性を実現できます。また、スケールアップも行えるので、B が正解です。

A. Neptune は、フルマネージド型のグラフデータベースです。グラフデータベースは、たとえばソーシャルネットワーキングサービスにおけるユーザー間の関係のように、データ同士の関係を明確にして管理するためのデータベースです。

C. EC2 上に MySQL をデプロイしてもデータベースシステムを構築できますが、高可用性を実現するためのマスター・スレーブの構成を自身で構築する必要があります。一方、Aurora は、フルマネージドで高可用性の構成を簡単に構築することができます。

D. DynamoDB は、Key-Value 型の NoSQL データベースであり、標準の SQL クエリを使用することができません。

問12 [答] C

　Snowball Edge は、物理デバイスを利用して AWS にデータを転送できるサービスです。データを保存できる物理デバイスが AWS から送られてくるので、デバイスをローカルネットワークに接続し、データを入れて AWS に返送します。このサービスを活用すれば、ネットワーク帯域幅が逼迫することなくデータを AWS に転送できます。問題文には、ネットワークの帯域幅は広くないと書かれているので、Snowball Edge を利用する方法が、普段の業務に影響を与えずにデータを移行できる適切なソリューションです。なお、A のように Storage Gateway を利用すると、普段のネットワークの帯域幅では業務に影響を与えてしまうので帯域の増設が必要となり、またデータの移動が終わった際に元の帯域に戻す作業とコストが発生します。したがって、C が正解です。

A. Storage Gateway は、インターネットを利用して S3 にファイルを転送する必要があるため、ネットワーク帯域幅を多く使用します。

B. Snowmobile は、エクサバイト規模のデータを AWS に移行する際に利用するサービスであるため、設問の要件に合いません。

D. インターネットを利用した転送はネットワーク帯域幅を多く使用します。

問13 [答] C

　エンドポイントポリシーに S3 の特定バケットへのアクセス制限を設定することができます。また、経由するエンドポイントをサブネットごとに分けることで、異なるアクセス許可設定を適用できます。したがって、C が正解です。

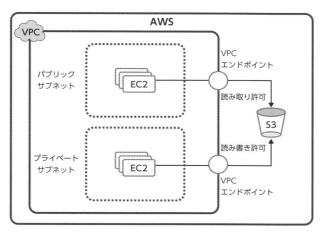

図 8.2-3 異なる VPC エンドポイント経由での S3 への接続

A. VPC エンドポイント経由で S3 にアクセスする場合、バケットポリシーの aws:SourceIp 条件を使用することはできません。

B、D. B は、パブリックサブネットからの接続経路をインターネット経由に切り替える手順です。また、D は、プライベートサブネットの EC2 インスタンスから VPC エンドポイントに接続するための手順です。いずれも S3 への読み書きおよび更新のコントロールはできません。

問14 [答] D

ALB のフェイルオーバーの自動化は、Route 53 のヘルスチェックを有効にすることで実現可能となるので D が正解です。なお、ヘルスチェックを有効にする際、ルーティングポリシーをフェイルオーバーに設定し、プライマリレコードとセカンダリレコードを設定する必要があります。

A. Route 53 のレイテンシーベースルーティングはアプリケーションの遅延を低減しますが、フェイルオーバーには対応していません。

B. ALB のヘルスチェックはターゲット（今回の場合は ECS タスク）の正常性を確認しますが、別のリージョンへのフェイルオーバーには対応していません。

C. 加重レコードはフェイルオーバーに対応していません。

問15　　　　　　　　　　　　　　　　　　　　　　　　[答] A、C

　ルートユーザーに多要素認証（MFA）を設定後、普段のオペレーションには IAM を使用することがベストプラクティスとされています。AWS アカウントの初期設定後、基本的にルートユーザーでログインすることはありません。また、ルートユーザーに設定した MFA デバイスと認証情報は厳重に保管します。したがって、A と C が正解です。

- **B.** ルートユーザーを削除することはできません。
- **D.** ルートユーザーのアクセスキーとシークレットキーの使用は、特別な理由がない限り、セキュリティ上推奨されていません。
- **E.** EC2 キーペアは EC2 起動時にログイン認証で使用します。EC2 キーペアでリソースの操作を行うことはできません。

問16　　　　　　　　　　　　　　　　　　　　　　　　　　[答] A

　S3 Intelligent-Tiering ストレージクラスは、パフォーマンスへの影響、取り出し費用、運用上のオーバーヘッドなしに、アクセス頻度にもとづいてデータを最も費用対効果の高いアクセス階層に自動的に移動することにより、ストレージコストを削減できます。したがって、A が正解です。

- **B.** S3 ライフサイクルの Transition アクションを利用することで、S3 Glacier Instant Retrieval ストレージクラスに移動させることは可能ですが、アクセスパターンの変化によって S3 ライフサイクルのルールを変更する運用が発生します。
- **C.** S3 Glacier Instant Retrieval ストレージクラスは主に、アクセスされることがほとんどないデータを保管するためのストレージクラスであり、取り出し費用も発生するので不適切です。
- **D.** Lambda を利用して、アップロードから 90 日経過した静的コンテンツをコスト効率のよい別のストレージクラスに移動させることは可能ですが、運用負荷が増加します。

問17　　　　　　　　　　　　　　　　　　　　　　　　　　[答] C

　通常時には 4 つの EC2 インスタンス、ピーク時には最大 16 の EC2 インスタンスが必要となるため、インスタンスの最小数は 4、最大数は 16 になります。高可用性

にするには、異なる AZ にインスタンスを配置します。縮退運転では、最低限 2 つの EC2 インスタンスで稼働するので、効率的に EC2 インスタンスを利用している C が正解です。

A. 最小数が 8 に設定されているため、通常でも 8 つの EC2 インスタンスが稼働しており、正解の C と比べて不要なリソースが発生します。

B, D. 同じ AZ にすべてのインスタンスを配置しているため、AZ 障害時、異なる AZ にインスタンスを配置した場合と比較して可用性が劣ります。

問18　　　　　　　　　　　　　　　　　　　　　　　　　　　　　　[答] D

最も安価なボリュームタイプを選択する問題です。2023 年 6 月時点のボリュームタイプごとの価格（東京リージョン）は以下のとおりです。
- ・gp3：汎用 SSD 1 か月あたり 0.08USD/GB
- ・gp2：汎用 SSD 1 か月あたり 0.1USD/GB
- ・io2：プロビジョンド IOPS SSD 1 か月あたり 0.125USD/GB
- ・sc1：Cold HDD 1 か月あたり 0.015USD/GB

したがって、最も安価なのは Cold HDD（sc1）であり、D が正解です。

問19　　　　　　　　　　　　　　　　　　　　　　　　　　　　　　[答] C

SCP には、RDS へのアクセス権限が与えられています。RDS インスタンスを作成できない要因として、IAM ユーザーに必要な許可が与えられていない可能性があるため、C が正解です。

A. OU には IAM ポリシーを設定できません。

B. ルートユーザーで RDS インスタンスを作成できる可能性はありますが、ベストプラクティスとしてルートユーザーの利用は推奨されていません。

D. SCP ではサービス単位の利用可否は設定可能ですが、サービス内の特定操作の利用可否は設定できません。

問20　　　　　　　　　　　　　　　　　　　　　　　　　　　　　　[答] B

CloudWatch の複合アラームは、複数のアラームの状態を監視して、それらの状態をもとに通知などのアクションを実行することができます。したがって、B が正解です。

A. CloudWatch でダッシュボードを作成することによって、CPU 使用率および IOPS が閾値を超過したことを視覚的に確認できますが、運用作業コストや検知までのタイムラグが発生する上に、アラームの見落としリスクが生じます。

C. CloudWatch Logs Insights は CloudWatch Logs に保管されたログデータを可視化、検索、フィルタリング、および分析する機能ですが、通知などのアクションを実行することはできません。

D. Systems Manager Agent では、CPU 使用率および IOPS が閾値を超過した場合に通知のためのアクションを実行することはできません。

問21　　　　　　　　　　　　　　　　　　　　　　　　　　[答] A

　プライベートサブネットからインターネット接続を行う際に、最も可用性が高くなる構成を選択する問題です。NAT ゲートウェイはサービスとして冗長性を持たせて実装されており、NAT インスタンスに比べて可用性が高いです。図 8.2-4 のように、2 つの AZ のパブリックサブネットに NAT ゲートウェイを配置し、各 AZ のインスタンスがそれぞれの AZ の NAT ゲートウェイを利用することで、AZ 障害時に他の AZ に影響が出ないアーキテクチャになります。したがって、A が正解です。

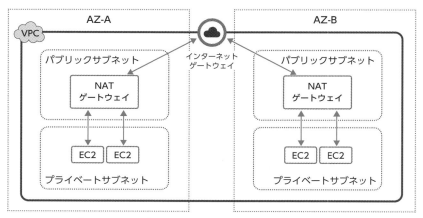

図 8.2-4　プライベートサブネットからインターネット接続を行う際の高可用性の構成

B、D. 同じ AZ 内に複数の NAT ゲートウェイを配置しても、AZ に障害が発生した場合、その AZ に配置された NAT ゲートウェイは通信できなくなるため、AZ 障害に対応できません。

C. NAT ゲートウェイを NAT インスタンスに変更しているため、最も可用性の高いソリューションとはいえません。

問22 [答] A、D

EC2 には、以下の購入オプションが用意されています。

- **オンデマンドインスタンス**：通常の購入オプション。インスタンスの起動時間に対して、秒単位で課金される。
- **Savings Plans**：1 年または 3 年の期間、1 時間あたりの利用料を予約することで、割引価格が適用される。
- **リザーブドインスタンス**：1 年または 3 年の期間、インスタンスタイプやリージョンなどをあらかじめ指定してインスタンスの利用を予約することで、割引価格が適用される（オンデマンド料金と比較して最大 72% 割引）。
- **スポットインスタンス**：AWS 環境内で使われていない余剰の EC2 インスタンスをリクエストすることで割引価格が適用される（オンデマンド料金と比較して最大 90% 割引）。

上記の購入オプションのうち Savings Plans では、次の 3 種類のプランが提供されています。

- **Compute Savings Plans**：EC2、Fargate、Lambda に適用される（最大 66% 割引）。
- **EC2 Instance Savings Plans**：EC2 のみ（最大 72% 割引）。
- **Amazon SageMaker Savings Plans**：SageMaker のみ（最大 64% 割引）。

問題文から、EC2 上で稼働しているのはデータ処理で、使用量が予測不可能なため事前に予約することはできず、かつ、いつでも中断可能であることがわかります。このようなワークロードの場合、スポットインスタンスが最も費用対効果が高い選択肢となります。したがって、1 つめの正解は A です。

次に、Fargate と Lambda について検討します。Compute Savings Plans は、インスタンスファミリー、サイズ、AZ、リージョン、OS、テナントに関係なく、対象サービスの使用時に自動的に適用され、Fargate と Lambda の使用にも適用されます。したがって、2 つめの正解は D です。

- **B.** オンデマンドインスタンスは通常の購入オプションであり、割引がないため、他の選択肢と比較して費用対効果が高いとはいえません。
- **C.** Compute Savings Plans は最大 66% の割引が適用されますが、問題文のように中断可能なワークロードでは、スポットインスタンスのほうがより費用対効果が高いです。

E. フロントエンドは Fargate、API レイヤーは Lambda で稼働しています。EC2 Instance Savings Plans は EC2 のみを対象としており、Fargate や Lambda には適用されません。

問23　　　　　　　　　　　　　　　　　　　　　　　　　　[答] B

ACM は、AWS サービスと内部接続リソースで使用する SSL/TLS 証明書をプロビジョニングし、管理することができます。ACM で作成された証明書を利用して、ELB で SSL/TLS 終端処理を行うことで EC2 の負荷を低減できます。また、ACM で作成された証明書は、自動ローテーションすることが可能なため、運用負荷が低くなります。したがって、B が正解です。

A. EC2 から ACM の証明書を直接利用することはできません。

C. EC2 のインスタンスタイプを大きくしても SSL/TLS 終端処理の負荷低減にはつながりません。

D. 既存の SSL/TLS 証明書を ACM にインポートして利用した場合、SSL/TLS 証明書ローテーションの運用作業が発生します。

問24　　　　　　　　　　　　　　　　　　　　　　　　　　[答] D

Lambda 関数に AWS のリソースへのアクセス権限を付与するためには、AWS Identity and Access Management（IAM）の IAM ロールを利用します。IAM ロールの詳細なアクセス権限は、アクセス許可設定を記載した IAM ポリシーをアタッチすることで実現できます。したがって、D が正解です。

A、C. IAM アクセスキーとシークレットキーをソースコードやデータベース内に保持することになり、セキュリティ面で推奨されません。

B. Lambda を作成したユーザーの権限は、作成された Lambda へは適用されません。

問25　　　　　　　　　　　　　　　　　　　　　　　　　　[答] C

クロスリージョンでリードレプリカを作成し、障害発生時にマスターに昇格させることで、ディザスタリカバリを実現できます。したがって、C が正解です。

A. マルチマスタークラスターは、Aurora では同一リージョン内で使用できます

が、RDS for Oracle では使用できません。

B. スナップショットをコピーし、それを利用すれば、リカバリは可能です。しかし、スナップショットからの復元は、C と比較するとダウンタイムが長くなってしまいます。

D. RDS にはマルチ AZ 配置の設定はありますが、マルチリージョン配置でスタンバイインスタンスをプロビジョニングする設定はありません。

問26　　　　　　　　　　　　　　　　　　　　　　　　　　[答] A

各都市のデータをアップロードする際、S3 Transfer Acceleration を有効にしたバケットを利用すると、エッジロケーションを経由して高速にアップロードできます。したがって、A が正解です。

B. Snowball は、機器を使ってデータをオンプレミスから AWS に転送するサービスです。データ転送のために機器を搬送する必要があり、数日かかります。

C. S3 のクロスリージョンレプリケーションを使うと、AWS 内のグローバルネットワークを利用して、リージョン間の S3 データを高速にコピーできますが、最初に各サイトから S3 バケットにアップロードする際には利用できません。

D. EC2 インスタンスにある EBS ボリュームにデータをアップロードする必要はなく、S3 バケットにデータを直接アップロードするほうが低コストです。

問27　　　　　　　　　　　　　　　　　　　　　　　　　　[答] A

設問の表の空欄について、上から順に見ていきます。まず、セキュリティグループは、「（ア）インスタンス」の仮想ファイアウォールとして機能するものであり、1 つのインスタンスに複数割り当てることができます。一方、ネットワーク ACL は、サブネットへのトラフィックを制御するファイアウォールであり、「（イ）サブネット」に対して 1 つ設定することができます。

また、セキュリティグループが指定できるのは「（ウ）許可」ルールのみですが、ネットワーク ACL は、許可に加えて拒否のルールも指定することができます。

セキュリティグループもネットワーク ACL も、インバウンドトラフィックルールとアウトバウンドトラフィックルールを個別に指定できます。セキュリティグループは「（エ）ステートフル」であり、許可されたインバウンドトラフィックに対する応答（戻りのトラフィック）は、アウトバウンドルールに関わらず通過することができます。また、アウトバウンドルールで許可されたインスタンスからのリクエスト送信に対するレスポンスも、インバウンドルールに関わらず通過することができ

ます。一方、ネットワークACLは「(オ) ステートレス」であり、インバウンドトラフィックに対する応答が通過できるようにするには、アウトバウンドルールに許可の指定を行う必要があります。

　以上より、Aが正解です。

問28　　　　　　　　　　　　　　　　　　　　　　　　　[答] C

　Auroraは、MySQLおよびPostgreSQLと互換性を持ち、高可用性と耐障害性を備えたリレーショナルデータベースです。Auroraのデータは標準で複数のAZにまたがってレプリケーションされ、ストレージの物理障害時は自動的にデータの復旧が行われます。また、障害発生時におけるインスタンスのフェイルオーバーも通常30秒以内で完了します。したがって、Cが正解です。

- **A.** Redshiftは、データウェアハウス用途のリレーショナルデータベースです。ペタバイトクラスのデータを一括で保存し、分析のために大量に読み出す処理に最適化されているため、継続的な更新と参照が発生するWebアプリケーションのバックエンドには適しません。
- **B.** DynamoDBはKey-Value型のNoSQLデータベースであり、リレーショナルデータベースではありません。
- **D.** AthenaはS3内のデータに対してクエリを発行し、データ分析を行うサービスであり、リレーショナルデータベースではありません。

問29　　　　　　　　　　　　　　　　　　　　　　　　　[答] B

　Auto Scalingでターゲット追跡スケーリングポリシーを設定することでレスポンスが改善する可能性はありますが、今回のように過負荷が発生している時間が明確な場合は、スケジュールにもとづくスケーリングポリシーを設定するほうが有用です。したがって、Bが正解です。

- **A.** ターゲット追跡スケーリングポリシーは過負荷が発生する時間が不明確な場合や不定期に発生する場合に有用で、今回のケースでは一定の効果は得られますが、問題を解決しきれない可能性があります。たとえば、9時ちょうどにスパイクでアクセスが集中してサーバーが高負荷になった場合、スケールアウトが完了するまではレスポンスが遅い事象を解決できない可能性が高いです。
- **C.** 毎朝、負荷が上昇する前に手動スケーリングすることでレスポンスの改善は可能ですが、運用性に優れていないため不適切です。

D. 毎朝、負荷に耐えられる ECS のタスク数を常に起動しておくことでレスポンスの改善は可能ですが、コストパフォーマンスに優れていないため不適切です。

問30　　　　　　　　　　　　　　　　　　　　　　　　　　　　　　[答] B

Direct Connect や VPN 接続では、ネットワークレイヤーで暗号化を行うことができます。しかし、設問のケースでは数日以内に 15TB のデータ移行が必要であるため、敷設に時間とコストがかかる Direct Connect は不適切です。

そこで、VPN 接続を検討します。AWS とオンプレミス間でインターネット回線（1.5Gbps）経由での VPN 接続を設定し、セキュアなデータ転送を行うことができます。したがって、B が正解です。

A. 前述のように、今回のケースでは Direct Connect は不適切です。
C. FTP でデータを転送することは可能ですが、その前にネットワークレイヤーにおいて暗号化を行う必要があります。
D. Kinesis はデータストリーミングに関連するサービスであり、設問のデータ移行要件には適しません。

問31　　　　　　　　　　　　　　　　　　　　　　　　　　　　　　[答] C

AWS Backup を使用すると、DynamoDB などの AWS サービスのバックアップの取得・保管をフルマネージドで実施可能です。また、AWS Backup のリテンションポリシーによって、世代（バックアップの取得間隔）と保存期間を設定することもできます。したがって、C が正解です。

A. EC2 インスタンスを新たに起動するとランニングコストが増大するため、効率的とはいえず不適切です。また、EC2 インスタンス内にプログラムを配置すると、プログラムの可視性が低いため保守効率は低下する傾向にあります。
B. A と比較すると、マネージドサービスである Lambda と EventBridge を使用しているため保守性は高いです。しかし、その一方で、Lambda のコードについてユーザー側で品質担保を行う必要があるため、AWS Backup を使用する C と比較して保守効率が劣ります。
D. DynamoDB のポイントインタイムリカバリでも要件を満たせますが、手動実行の場合は運用コストがかさむため、他の選択肢と比較すると効率性が劣ります。

問32 [答] B

　AWS WAF は、この機能に対応した AWS サービスに転送される HTTP(S) リクエストをモニタリングできる Web アプリケーションファイアウォールです。AWS WAF に対応しているロードバランサー(Load Balancer) タイプは、ALB（Application Load Balancer）のみです。CLB（Classic Load Balancer）は AWS WAF に対応していないため、これを ALB に置き換える必要があります。したがって、B が正解です。

- **A、C.** CLB（Classic Load Balancer）と NLB（Network Load Balancer）は、AWS WAF には未対応です。
- **D.** ECS は、サービス単体で AWS WAF を利用することはできません。

問33 [答] D

　テンポラリファイルを高速に保存できるストレージを選択します。インスタンスストアは、EC2 に付属するストレージのため EBS のようなネットワーク間のやりとりによる遅延がなくパフォーマンスが高い一方で、EC2 を停止すると保存されたファイルが削除される仕様を持つストレージです。今回のようなテンポラリファイルの格納先として問題なく、また、RAID 0 構成を組むことにより、複数のディスクへの書き込みが可能となりパフォーマンスがさらに向上します。したがって、D が正解です。

- **A.** S3 バケットはデータ分析に使用されるストレージではなく、大容量のファイルの書き込みに適していません。
- **B.** EBS は、高スループットを求められるアプリケーションには適していますが、大量のデータを書き込む処理には向いていません。
- **C.** EFS は EBS よりもパフォーマンスが劣り、EC2 のストレージ性能としても悪くなるため、本問のケースにおいて適切なソリューションとはいえません。

問34 [答] D

　CloudFront の地理的ディストリビューション機能により、国単位のアクセス制限を行うことができます。リクエスト元の GeoIP でアクセス元の地域を特定して、許可または拒否のアクションを選択できます。したがって、D が正解です。

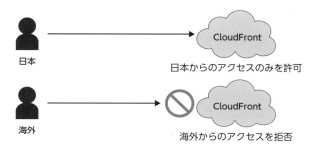

図 8.2-5　地理的ディストリビューション機能による国単位のアクセス制限

A、B. セキュリティグループとネットワーク ACL は、いずれも配信コンテンツのアクセス制限方法ではありません。

C. S3 バケットポリシーに地理的ディストリビューション機能はなく、また、S3 は配信コンテンツのアクセス制限方法とは無関係です。

問35　　　　　　　　　　　　　　　　　　　　　　　　　　　　**[答]** C

Fargate を使用することで、コンテナが実行されるインフラストラクチャの管理から解放されます。Fargate はサーバーレスのコンテナ実行環境であり、ホストマシンを意識せずコンテナを動作させることができます。

また、本問では「高可用性」という要件を満たすために、異なる AZ のサブネットにコンテナをデプロイする必要があります。したがって、C が正解です。

A. Fargate を使用することでインフラストラクチャの管理工数は抑えられます。しかし、ECS サービスで単一のサブネットのみを指定しており、単一 AZ 障害でサービスがダウンしてしまうため不適切です。

B. EC2 上で ECS を使用する場合は、インフラストラクチャの管理が必要となります。また、タスク定義で 2 つのコンテナを定義しても、可用性には影響しません。

D. EC2 を使用しているため、インフラストラクチャの管理が必要となります。

問36　　　　　　　　　　　　　　　　　　　　　　　　　　**[答]** A、D、E

接続要件に沿って設定します。まず、web-sg は、インターネット（すべての送信元 0.0.0.0/0）から HTTP（ポート 80）および HTTPS（ポート 443）のインバウンドアクセスを許可する必要があるので、A は正しい設定です。

　次に、logic-sg は、web-sg が関連付けられているサーバー群（送信元セキュリティ
グループ web-sg）から HTTPS（ポート 443）のインバウンドアクセスを許可する必
要があるので、D は正しい設定です。

　また、db-sg は、logic-sg が関連付けられているサーバー群（送信元セキュリティグ
ループ logic-sg）からポート 5432 へのインバウンドアクセスを許可する必要がある
ので、E は正しい設定です。

　セキュリティグループのルールは、送信元にセキュリティグループを指定するこ
とが可能です。なお、セキュリティグループはステートフルなので、インバウンド
トラフィックの応答を許可するためのアウトバウンドルールの設定は不要です。

　以上より、正解は A、D、E になります。

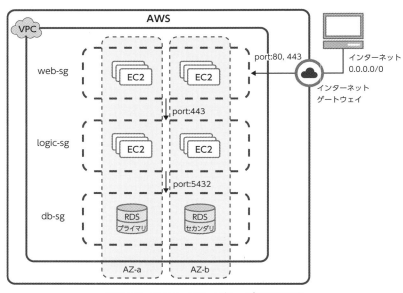

図 8.2-6　各セキュリティグループの通信要件

問37　　　　　　　　　　　　　　　　　　　　　　　　　　　　　　　[答] C

要件に適した S3 の設定を選択する問題です。

　S3 Intelligent-Tiering を利用すると、アップロード直後のファイルは高頻度アク
セス階層に保存されます。その後、ファイルへのアクセスがない期間が 30 日間続く
と、ファイルのストレージクラスが自動的に低頻度アクセス（IA）階層に変更されま
す。アクセスがない期間が 90 日間（低頻度アクセス階層に変更されてから 60 日間）

続くと、アーカイブインスタントアクセス階層に変更されます。ファイルへのアクセスがあった場合、ファイル保存場所は高頻度アクセス階層に変更されます。アクセスとみなされる操作は getObject のようなデータ本体を取得するものが対象です。listObject のようなメタデータを取得する操作はアクセスとはみなされません。

いずれのアクセス階層も S3 Standard ストレージクラスを使うよりもコストが安く、即座にダウンロードすることができ、可用性は 99.9% 以上なので C が正解です。

なお、S3 Intelligent-Tiering には別途アクセス状況のモニタリング費用がかかるため、ほとんどのファイルが 30 日以内にアクセスされ、常に高頻度アクセス階層が使われるようなケースでは、逆にコストが高くなる可能性があります。

- **A.** S3 Glacier Deep Archive は取り出しに時間がかかるため、「いつでもダウンロードできる」という要件に適していません。
- **B.** S3 One Zone–IA は 1 つの AZ にのみファイルを保存する方式であり、可用性は 99.5% なので設問の要件を満たしません。また、AZ 障害が発生するとデータが消失する可能性があります。
- **D.** S3 Transfer Acceleration はファイル転送速度を上げる仕組みで、コストとは関係ありません。

問38　　　　　　　　　　　　　　　　　　　　　　　　　　　　　　　　[答] B

この設問では、オンプレミスと AWS 間の接続で「すぐに設定を終える」ことと「最も費用対効果が高い」ことが求められています。

AWS サイト間 VPN は、IPsec トンネル経由でオンプレミスと VPC のエンドポイントを接続するソリューションとして利用できます。広帯域幅が不要という要件と合わせて考えると、B が最適なソリューションとなります。

- **A.** クライアント VPN は、エンドユーザーが使用する PC などのクライアント PC から AWS に安全に接続するために用いられます。オンプレミスで接続が必要となる全 PC にセットアップしなければならないので、「すぐに設定を終える」という要件に合いません。
- **C.** Direct Connect を利用してもオンプレミスと AWS 間の接続は可能ですが、構築するのに時間と専用線の設置費用がかかるため不適切です。
- **D.** 踏み台サーバーの構築は、クライアント PC から接続する手段としては有用ですが、通信がないときも EC2 の利用料がかかるので、費用対効果の高いソリューションとはいえません。

問39　　　　　　　　　　　　　　　　　　　　　　　　　　　[答] B

S3 にファイルが保存されたことをトリガーとして処理を実行するには、Lambda が適しています。したがって、B が正解です。

- **A.** Lambda@Edge は、CloudFront の機能の 1 つであり、CloudFront が配信する コンテンツに対して、カスタマイズされた関数を実行します。今回の設問で は、CloudFront を使っていません。
- **C.** Amazon API Gateway は、クライアントアプリケーションから REST API および WebSocket API で送られてきたリクエストを受信するサービスです。 Amazon API Gateway のみを使ってもイベントドリブン式で処理を実行でき ません。
- **D.** EC2 インスタンスを使っても、S3 の画像データから写真のタグ情報を抽出す ることは可能ですが、イベントドリブン式で動く Lambda よりも処理が複雑 になります。

問40　　　　　　　　　　　　　　　　　　　　　　　　　　　[答] A

EBS にはさまざまなストレージタイプがあるので、システム要件に合わせて適切 なタイプを選ぶ必要があります（P.243 の表 7.1-3、表 7.1-4 参照）。

この設問の場合、最大 6,000 IOPS が必要であり、HDD タイプの sc1 と st1 は要件 を満たすことができません。SSD タイプである gp2 と io1 は、いずれも要件を満た すことができるので、料金がより安い gp2 を選ぶとよいでしょう。したがって、A が正解です。

- **B.** EBS コールド HDD（sc1）は、最大 IOPS が 250 なので設問の要件を満たしま せん。
- **C.** EBS プロビジョンド IOPS SSD（io1）は、最大 IOPS の要件は満たしますが、 EBS 汎用 SSD（gp2）と比較して利用料金が高いです。
- **D.** EBS スループット最適化 HDD（st1）は、最大 IOPS が 500 なので設問の要件 を満たしません。

問41　　　　　　　　　　　　　　　　　　　　　　　　　　　[答] A

オンプレミスシステムからクラウドシステムへのデータバックアップに関する問 題です。ここでは、既存のスクリプトを流用でき、かつ、データコピーおよびリカ

バリ時にファイルへの高速アクセスが可能なサービスを選択します。

Storage Gateway のファイルゲートウェイは、オンプレミスシステムとクラウドシステムの接続に利用するサービスです。オンプレミス環境にソフトウェアアプライアンスという形で VM を導入することで、Network File System（NFS）や SMB プロトコルを使って S3 ストレージをマウントすることができます。また、オンプレミス環境の VM にデータをローカルキャッシュするため、低レイテンシーでのデータアクセスが可能となります。したがって、A が正解です。

- **B.** Snowball Edge は、専用のハードウェアを使って AWS へテラバイトクラスの大規模なデータ転送を行うサービスです。継続的なデータバックアップ先としては不適切です。
- **C.** S3 は、オンプレミスシステムから直接、SMB ファイル共有ストレージのようにマウントすることができず、リカバリ時の高速なファイル更新には適していません。
- **D.** EBS ボリュームは、マルチアタッチを利用することで複数の EC2 インスタンスにアタッチできますが、XFS、EXT3、EXT4、NTFS などの標準ファイルシステムがサポートされておらず、EBS そのものを SMB ファイル共有ストレージの代わりとして使用することはできません。

問42　　　　　　　　　　　　　　　　　　　　　　　　　　　　[答] C

読み取り専用のリードレプリカインスタンスを追加し、それを使ってレポートを作成することで負荷を分散させ、アプリケーションのパフォーマンス低下を避けることができます。したがって、C が正解です。

- **A.** ストレージ容量を拡張してもピーク時の読み取り速度には影響しません。
- **B.** マルチ AZ 配置ではスタンバイインスタンスが追加されますが、アクティブなのはプライマリインスタンスのみです。スタンバイインスタンスにクエリを投げることはできないので、パフォーマンスは変化しません。
- **D.** リードレプリカにアプリケーションを接続した場合、アプリケーションによるデータベースへの書き込みができません。

8

問43 [答] C

　署名付き URL を作成し、オブジェクトにアクセスするための期限付きの許可を相手に付与することができます。署名付き URL を受け取った相手は誰でもそのオブジェクトにアクセスできるようになります。

　オブジェクトにアクセスするための IAM ユーザーは必要ありません。よって、ファイルをダウンロードできない理由として A は不適切です。また、オブジェクトやバケットはプライベートの状態であればよく、public-read になっている必要はありません。よって、B も不適切です。

　有効なセキュリティ認証情報を持つすべてのユーザーは、署名付き URL を作成することができます。しかし、正常にアクセスするには、署名付き URL で実行しようとしている処理に対する権限を持つユーザーが、署名付き URL を作成する必要があります。この場合、URL を作成するユーザーはオブジェクトの所有者でなくてもよいので、D も不適切です。

　以上より、ファイルをダウンロードできなかった理由として考えられるのは、C の「署名付き URL の有効期限が切れていた」になります。

問44 [答] A

　VPC 内に配置された EC2 や ECS から、グローバルサービスである S3 にアクセスする場合は、通常、インターネットを経由してアクセスする必要があります。しかし、ゲートウェイ型の VPC エンドポイントを利用すれば、VPC 内のプライベートネットワークからインターネットを経由せずに、AWS 内のネットワークを経由してS3 へ直接アクセスできるようになります。この場合、インターネットへのアウトバウンドの通信費用や、NAT ゲートウェイ、NAT インスタンス等のコストを節約できます。したがって、A が正解です。

B、C、D. インターネットを経由するアウトバウンドの通信費用がかかるため、ネットワーク通信コスト削減の観点から適切ではありません。

問45 [答] A

　Lambda と RDS や Aurora などのリレーショナルデータベースサービスを同時に使用する場合には、接続数の問題を考慮する必要があります。Lambda は水平スケーリングするサービスであるため、アクセスが増加するとデータベースへの接続数も増加します。リレーショナルデータベースには最大同時接続数の制限があり、また

接続数が多いほど必要な CPU やメモリなどのリソースも増加します。接続数増加により リソースが圧迫され、処理ができなくなることを防ぐため、Lambda とリレーショナルデータベースを組み合わせる場合には RDS Proxy を使用することが一般的です。RDS Proxy は、接続プールの共有などの管理をマネージドで行ってくれるため、水平スケールした Lambda からのデータベースアクセスに対応することができます。したがって、A が正解です。

- **B.** CloudFront は CDN サービスであり、Amazon API Gateway のパフォーマンスを向上させることができます。今回のケースでは、Lambda と RDS の接続とは関係がないため不適切です。
- **C.** FIFO キューとは先入れ先出しのキューのことであり、キューに格納された時系列を守ってデータがポーリングされます。SQS は Lambda の前段に配置されており、SQS を FIFO キューにしたとしても、Lambda から RDS への接続数には関係がないため不適切です。
- **D.** マルチ AZ 配置を有効化すると可用性が向上しますが、接続数の問題には影響しません。

問46　　　　　　　　　　　　　　　　　　　　　　　　　**[答] C**

AWS Shield Standard によって、EC2 と ELB に対するネットワークレイヤー (L3) およびトランスポートレイヤー (L4) への DDoS 攻撃が自動的に緩和されます。AWS Shield Standard は AWS 上で自動的に提供される機能なので、ユーザーによる追加の対応は必要ありません。また、追加料金等もなく無料で利用することができます。したがって、C が正解です。

- **A.** AWS Shield Advanced でも要件を満たしますが、これを利用するには有償のサブスクリプション契約が必要です。無料の AWS Shield Standard で要件を満たすことができるため、費用対効果の面で本設問には適していません。
- **B.** GuardDuty は、AWS 上の驚威となるアクティビティを検出するセキュリティサービスです。DDoS 緩和機能はありません。
- **D.** AWS Security Hub は、AWS リソースに対して継続的にセキュリティチェックを行うサービスです。DDoS 緩和機能はありません。

問47　　　　　　　　　　　　　　　　　　　　　　　　[答] C

　定常的に CPU 使用率が低いということは、スケーリングポリシーにより、CPU 使用率が高まる前にインスタンス数が増やされていることを意味します。

　CPU 使用率がある程度まで上がった場合にだけインスタンスを追加するよう、CPU 使用率にもとづいたスケーリングポリシーを設定することで、リソース使用率を高めることができます。したがって、C が正解です。

- **A.** この設問では、インスタンス起動数の最小値は 2 です。インスタンス起動数の最小値を減らすと、最小値は 1 となり、シングル AZ 構成になるので可用性が維持されません。
- **B.** インスタンス起動数の最大値を減らすことで、最大にスケールアウトしているタイミングでは CPU 使用率が高まることが期待できますが、インスタンス数が少ない時間帯は稼働率が向上しません。
- **D.** インスタンスタイプを大きくすると、CPU 使用率がさらに低下してしまいます。

問48　　　　　　　　　　　　　　　　　　　　　　　　[答] B

　ここでは、シングルテナント、および FIPS 140-2 レベル 3 の要件を満たす暗号鍵管理が求められています。暗号鍵を管理するサービスは KMS および CloudHSM ですが、設問の要件を満たすのは CloudHSM なので、B が正解です。

　FIPS 140-2 とは、暗号化モジュールの米国連邦政府標準規格です。レベル別にセキュリティ要件が定義されており、KMS はレベル 2、CloudHSM はレベル 3 を満たします。

- **A、D.** KMS は、マルチテナントであり、FIPS 140-2 レベル 3 を満たしていない（KMS はレベル 2 までを満たす）ため不適切です。
- **C.** 設問の要件を満たす構成をオンプレミスで構築することは可能ですが、AWS サービスの中に要件を満たす CloudHSM があるため、同サービスを使う手法のほうが、より最適です。

問49　　　　　　　　　　　　　　　　　　　　　　　　[答] A、D

　Aurora MySQL は、デフォルトでデータのコピーを 3 つの AZ に合計 6 つ保持します。また、ストレージは 10GB 単位で自動拡張および自動縮小され、使用しているストレージに対してのみ料金が発生します。起動テンプレートを作成して、Auto

Scaling を設定すると、EC2 を自動でスケールさせることが可能です。したがって、A と D が正解です。

B. RDS for MySQL は、マルチ AZ 配置オプションを選択しない場合、複数の AZ にデータをコピーしません。また、Aurora MySQL とは異なり、ストレージの自動縮小は行われません。ストレージの縮小を行う場合、ストレージサイズの小さい RDS for MySQL DB インスタンスを新たに作成し、新しく作成したインスタンスに元のデータベースの内容を移行する運用作業が発生します。

C. MySQL を新規の EC2 インスタンスにインストールした場合、A や D のように RDS を利用するのと比較して、バックアップ・パッチ適用・監視・スケーリングなどの運用負荷が増加します。

E. 起動設定は、起動テンプレートの前身にあたる機能です。現在は利用が推奨されていません。

問50 [答] D

要件に合うストレージを選択する問題です。大容量のファイルに対し、高速かつ同時に複数の EC2 インスタンスからアクセス可能なアーキテクチャで、移行コストを抑制でき、パフォーマンスの高いものを推奨する必要があります。

EFS は分散型のストレージで、複数の EC2 から同時にアクセスすることにより、全体のスループットを高めることができます。もともとオンプレミス上では、複数のアプリケーションから同じファイルにアクセスする設計になっており、これと同じ設計のまま AWS へ移行することが可能です。したがって、D が正解です。

A. SQS はメッセージキューイングサービスであり、大容量のファイル処理には向いていません。

B. Lambda 関数のデータの保存先がプロビジョンド IOPS SSD の EBS ボリュームとなっていますが、Lambda 関数から直接 EC2 にアタッチした EBS へデータを保存することはできません。また、アプリケーションを Lambda 関数で実装すると移行コストが高くなります。

C. 複数のホストで稼働していたアプリケーションを1つの EC2 インスタンスに載せ替えており、アプリケーションの移行にコストがかかります。また、1つの EC2 にアタッチされたプロビジョンド IOPS SSD の EBS ボリュームよりも、複数の EC2 インスタンスから並列アクセスを行う EFS のほうがスループットがスケールします。

問51 [答] B

　本ケースの静的コンテンツは、世界中のユーザーからの数百万回の参照が発生します。このような場合、CDN サービスである CloudFront の利用が適切です。したがって、B が正解です。

　AWS では、世界中の主要都市のほとんどにエッジサーバーが存在します。CloudFront は各エッジサーバーにコンテンツを配信し、ユーザーからのアクセスには最寄りのエッジサーバーが利用されます。これにより高速なアクセスを実現できます。また、CloudFront は従量課金制であり、使用した分の料金しかかからないため、費用対効果の面でも優れています。

A. Route 53 の地理的近接性ルーティングポリシーを設定することで、アクセス元の場所にもとづいてトラフィックを効率的にルーティングすることができますが、世界中のユーザーからのアクセスに対応するためには、HTML ファイルを複数のリージョンの S3 バケットに置く必要があります。よって、効率および費用対効果の面で B に劣ります。

C. 事前署名された URL とは、HTML ファイルへのアクセスが可能な期限を設定するなど、アクセス制限を施すための設定を指します。これはグローバルアクセスの効率化とは無関係です。

D. S3 バケットのクロスリージョンレプリケーションとは、バックアップのために異なるリージョンのバケットへコンテンツを複製するための設定です。HTML ファイルを複製できますが、これはグローバルアクセスの効率化とは無関係です。

問52 [答] B、C

　既存の暗号鍵を用いて S3 へ保存するオブジェクトの暗号化を実現する手段は、SSE-C と SSE-KMS の 2 つです。したがって、B と C が正解です。SSE-C は、ユーザーが管理する暗号鍵を用いて、S3 へのアップロード時に鍵とデータを同封し暗号化する構成です。一方、SSE-KMS は、KMS に暗号鍵をインポートし、インポートした暗号鍵で S3 の暗号化を構成する手法です。

A. SSE-S3 は、AWS が管理する暗号鍵を利用して、データの保存時に暗号化を行います。セキュリティチームから提供された暗号鍵を利用できないため、要件に合いません。

D. S3 は、ユーザーが管理する暗号鍵による暗号化機能を有しています。

E. S3 の暗号化を構成するために、暗号鍵を S3 バケットにアップロードする必要はありません。

問53　　　　　　　　　　　　　　　　　　　　　　　　　　　　　[答]　B

　この設問では、複数リージョンにまたがるシステムを低遅延かつ高可用性で実行するソリューションが問われています。Global Accelerator でアクセラレーターを作成すると、us-west-1 で実行される EC2 インスタンスの数が拡張された場合でも、環境に変更を加えることなくバックエンドでトラフィックを最適化し、利用可能なエンドポイントに自動的に再ルーティングしてくれます。したがって、B が正解です。

A. クロスゾーン負荷分散は、複数の AZ にまたがって登録された EC2 インスタンスに均等に負荷を分散するサービスです。リージョン間の負荷分散ではありません。

C. ALB を NLB に変更しています。NLB は、通信の遅延を抑えながら秒単位で大量のリクエストを処理でき、かつスパイク負荷にも対応できるよう最適化されたソリューションです。リージョン間の負荷分散を最適にするソリューションではありません。

D. us-west-1 で実行される EC2 インスタンス数が拡張された場合に、加重ルーティングポリシーを変更する必要があり、ネットワーク構成の修正にコストがかかります。

問54　　　　　　　　　　　　　　　　　　　　　　　　　　　　　[答]　C

　ネットワーク ACL により、特定の不正なアドレスからの拒否ルールを設定することができます。追加された拒否ルールは、サブネット内の全サーバーに適用されます。なお、拒否ルールにマッチしないアドレスからのアクセスは引き続き受け付けることができます。したがって、C が正解です。

A. セキュリティグループのインバウンドルールを削除してしまうと、不正ではないアクセスまでブロックされてしまいます。

B. セキュリティグループでは、拒否の設定を行うことはできません。

D. 一時的な対処法として、全 Web サーバーに対して変更作業を実施するよりも、ネットワーク ACL の拒否ルールで対応するほうが、この場合は適しています。

問55

静的コンテンツは S3 に格納し、Web サイトホスティングを有効にします。アプリケーションレイヤーはマイクロサービスで構成されるため、EKS または Lambda が適しています。また、ユーザーデータなどマスターデータは、RDS より Key-Value ストアである DynamoDB を利用したほうが低レイテンシーでのアクセスが可能になり、一時的なトラフィック増加にも低コストで対応できます。したがって、C が正解です。

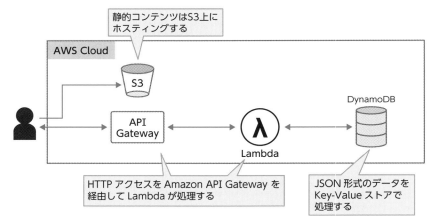

図 8.2-7　選択肢 C のアーキテクチャ構成

A. Elastic Beanstalk は、マイクロサービスに最適な構成ではありません。サーバーレスサービスである Lambda の場合、マイクロサービスのような小さな単位でコード実行環境を構築でき、一時的にトラフィックが増加しても自動でスケールするので運用コストも小さくなります。Elastic Beanstalk で一時的なトラフィック増加に対応するには、Auto Scaling を設定し、利用者が適切に運用する必要があり、この点でも最適とはいえません。

B. RDS に格納する場合、一時的にトラフィックが増加したときにスケールアップが必要になります。また、JSON 形式のユーザーデータは Key-Value ストアと相性がよく、RDS よりも DynamoDB のほうが最小のコストで低レイテンシーアクセスを実現できます。

D. B と同様に、設問のワークロードには RDS よりも DynamoDB のほうが最小のコストで要件を満たします。

問56   [答] D

　この設問では、単一の EC2 インスタンス上にデータベースを構築します。そして、32,000 IOPS の性能が出てバックアップを取得できるストレージをアタッチします。

　EBS のうちプロビジョンド IOPS は、32,000 IOPS の性能が出てバックアップの取得が可能なストレージです。よって、単一の EBS で EC2 インスタンスを使用する D が正解です。

- **A.** S3 はオブジェクトストレージであるため、データベースインスタンスのストレージとしては不適切です。
- **B.** 「単一のストレージを使用する」という要件があるので、複数のストレージ構成は不適切です。
- **C.** インスタンスストアは 32,000 IOPS の性能を出せますが、揮発性のストレージなので、ストレージのバックアップ取得ができません。

問57   [答] A

　起動中の RDS インスタンスで暗号化機能を有効化することはできませんが、取得したスナップショットのコピーを暗号化することは可能です。スナップショットのコピー時に「暗号化を有効化」オプションを選択します。これにより、コピーしたスナップショットから、暗号化されたインスタンスを復元することができます。したがって、A が正解です。

　スナップショットのコピー時以外のタイミングで「暗号化を有効化」オプションを選択することはできないので、その他の選択肢 (B、C、D) は誤りです。

問58   [答] A

　オンプレミスのデータベースのバックアップには Storage Gateway のファイルゲートウェイを設置します。そして、バックアップファイルを AWS の S3 に取得することにより、最も耐久性があり、かつデータへのアクセス制御ができる構成となります。したがって、A が正解です。

- **B.** インスタンスストアボリュームは、EC2 のホストコンピュータに物理的にアタッチされたディスク上に作成され、非常に高いスループット性能を持ちますが、データは揮発性です。EC2 インスタンスの停止や障害によってデータが失われてしまうため、耐久性が求められるデータの保存には適しません。

C. ボリュームゲートウェイは、オンプレミスにあるボリュームデータのスナップショットを S3 に格納するサービスです。データベースバックアップファイルをバックアップするのには適していません。また、S3 API では、バックアップデータに直接アクセスすることができません。

D. Snowball デバイスは、オンプレミスのデータを外部の物理デバイスにバックアップし、AWS に移行するサービスです。また、Glacier にデータを保管すると、データへのアクセスを頻繁には行えなくなります。

問59　　　　　　　　　　　　　　　　　　　　　　　　　　　[答] D

　静的コンテンツ中心の Web サイトは、通常 S3 に静的コンテンツを配置し、CloudFront で配信することで、サーバーレスかつ低レイテンシーで Web コンテンツを配信する構成を構築できます。CloudFront はコンテンツを配信する CDN サービスであり、大容量のファイルをキャッシュしながら比較的低コストで利用できます。したがって、D が正解です。

A. ELB はロードバランサーであり、通常、EC2 や ECS の手前に配置して負荷分散の目的で利用します。

B. ECS では Web サーバーを構築・運用する必要があるので、サーバーレスの観点から不適切です。

C. EBS は EC2 インスタンスにアタッチして使用するブロック型のストレージです。EC2 が必要になるため、サーバーレスの観点から不適切です。

問60　　　　　　　　　　　　　　　　　　　　　　　　　　[答] B、E

　この設問では、VPC エンドポイントを用いて、VPC 内から S3 および DynamoDB へのプライベート通信を構成することが問われています。VPC エンドポイントにはゲートウェイ型とインターフェイス型がありますが、S3 はインターフェイス型とゲートウェイ型の双方を、DynamoDB はゲートウェイ型のみをサポートするサービスなので、B が正解です。

　また、ゲートウェイ型の VPC エンドポイントを利用するためには、サブネットのルートテーブルを変更し、DynamoDB への通信を VPC エンドポイントにルーティングする必要があるので、E も正解です。

A、C. インターフェイス型の VPC エンドポイントを DynamoDB に利用しているので不適切です。

D. セキュリティグループは VPC エンドポイントの構成に必須ではないので不適
切です。

問61　　　　　　　　　　　　　　　　　　　　　　　　　　　[答] D

この設問では、S3 バケットの更新イベントを複数のチームで受け取る方法が問わ
れています。S3 から SNS トピックに通知を行い、その SNS トピックをサブスクラ
イブすることで、複数の SQS キューが通知を受け取ることができます。したがって、
D が正解です。

A. S3 のイベント通知は、1 つのイベントタイプにつき 1 つの通知先のみ選択可
能です。新しいオブジェクトが作成されたときに複数の SQS キューへ通知を
行うことはできません。

B. S3 のみがキューにアクセス可能な SQS を作成した場合、複数のチームでそ
れぞれイベント通知を受信するという要件を満たすことができません。

C. この設問では、「既存のワークフローを変更することはできない」という要件
があるため、SQS はポーリングではなくイベントを受け取る必要があります。

問62　　　　　　　　　　　　　　　　　　　　　　　　　　　[答] B

OpenSearch Service は、OpenSearch および従来の Elasticsearch OSS（バージョ
ン 7.10）をベースとした、全文検索やリアルタイム分析などの機能を提供する AWS
マネージドサービスです。OpenSearch Service を利用することで、インフラスト
ラクチャの管理などの運用コストや開発コストを低減させることが可能です。した
がって、B が正解です。

A. OSS 版の Elasticsearch を EC2 インスタンスへインストールして利用するこ
とも可能ですが、インフラストラクチャの運用コストや開発コストが B と比
較して高くなります。

C. S3 は、AWS マネージドのオブジェクトストアです。Athena で SQL を利用
したクエリを使って S3 に保存されたデータを検索することは可能ですが、全
文検索には向いていません。

D. RDS は、AWS マネージドのリレーショナルデータベースです。カスタム検索
アプリを作成して検索システムを構築することは可能ですが、カスタム検索
アプリの運用コストや開発コストが増加します。

問63　[答] A、B

　AWS が管理する暗号鍵とユーザーが作成したカスタマー管理キーは、いずれも保存時の暗号化を実装できます。AWS が管理する RDS 暗号鍵は毎年（約 365 日間隔で）ローテーションが行われます。また、カスタマー管理キーは自動ローテーションを有効化することで、毎年自動的にローテーションが実行されます。したがって、A と B が正解です。

C. KMS に作成したカスタマー管理キーは、デフォルトではローテーションされません。ローテーションするためには、手動で行うか、もしくは自動ローテーションを有効化する必要があります。

D. AWS が管理する暗号鍵は、ローテーション管理を行うことができません。

E. KMS に作成したカスタマー管理キーにローテーション間隔を設定することはできません。ローテーション有効化後、毎年（約 365 日間隔で）ローテーションされます。

問64　[答] A

　S3 Glacier Flexible Retrieval と S3 Glacier Deep Archive は、いずれも低コストでファイルを保管できますが、ファイルにアクセスするためにはファイルを取り出すための時間と料金が必要です。取り出し時間はオプションによって異なり、取り出し時間が短いほど料金も高くなります。問題文には、過去の請求書は当月の請求書に比べてアクセス頻度が低く、8 時間以内に再発行できればよいと書かれており、この場合、S3 よりも S3 Glacier にファイルを保存するほうがコスト効率は高いです。また、S3 Glacier Flexible Retrieval と S3 Glacier Deep Archive の選択では、「8 時間以内」という条件を満たすために S3 Glacier Flexible Retrieval を選ぶ必要があります。その際、コストを考慮し、S3 Glacier Flexible Retrieval の標準オプションを選択します。したがって、A が正解です。

B. S3 よりも S3 Glacier にファイルを保存するほうがコスト効率が高くなります。

C. S3 Glacier Flexible Retrieval の迅速オプションの取り出し時間は 1〜5 分です。しかし、標準オプションでも 3〜5 時間で取り出すことが可能なので、今回は標準オプションを選択したほうがコストを抑えることができます。

D. S3 Glacier Deep Archive の標準オプションの取り出し時間は、12 時間以内となっています。したがって、8 時間以内に取り出せない可能性があるので、ソリューションとして利用できません。

問65 [答] D

　この設問のポイントは、将来のユーザー数増加に備えて柔軟にスケールするサービスを選択することと、事前にインスタンスクラスを指定せずにインスタンスを起動できることです。

　D の Aurora Serverless は、処理負荷に応じて自動的にインスタンスクラスをスケールアップまたはスケールダウンしてくれるサービスです。管理工数を下げることができ、事前にインスタンスクラスを選択せずに構築できます。したがって、D が正解です。

- **A.** DynamoDB はリレーショナルデータベースではないため、オンプレミスの MySQL の移行先として適切ではありません。アプリケーションを改修すればデータモデルとしては可能になるかもしれませんが、「移行にかけられるコストが限られている」という要件に合いません。
- **B、C.** RDS と Aurora は MySQL（互換）のデータベースですが、事前にインスタンスクラスを設定する必要があるので要件に合いません。

8

監修者・著者プロフィール

■ **平山 毅**（ひらやま つよし）【本書監修。第1章第1節、第2章第1節執筆】

元アマゾンウェブサービス　ソリューションアーキテクト、
プロフェッショナルサービスコンサルタント

東京理科大学理工学部卒業。専攻は計算機科学と統計学。同学 SunSite ユーザーで電子商取引を研究。早稲田大学大学院経営管理研究科ファイナンス専攻修了（EQUIS、AACSB 認定 MBA）、ブロックチェーンファイナンスを研究。学生時代から GMO インターネット株式会社や株式会社サイバーエージェントでインターネット技術に親しむ。株式会社東京証券取引所、株式会社野村総合研究所にて、最先端ミッションクリティカル証券システムの企画開発運用に従事。2011年3月の東京リージョン開設直後より AWS の本格利用を開始し、Oracle Open World にて Oracle Enterprise Manager on AWS を講演し事例化。

2012年7月、アマゾンデータサービスジャパン株式会社（現アマゾンウェブサービス）に入社。エンタープライズソリューションアーキテクトとして、初期を代表するクラウドファーストプロジェクトの多くを担当。その間に、AWS 認定トレーニングコースである「Architecting on AWS」の講師を多数回に渡り担当。2014年5月よりプロフェッショナルサービスの立ち上げにともない、同社コンサルティング部門に異動。外国人ボスのもと、初期を代表する大規模グローバルでクラウドネイティブにカスタマイズするプロジェクトの多くを担当。2016年2月より日本 IBM 株式会社にて、ブロックチェーン、AI、アナリティクス、クラウドを担当し、2019年3月よりデジタルイノベーション事業開発部でエバンジェリスト、チーフアーキテクトを務め、2020年5月より Fintech スタートアップ企業の Chief Science Officer（最高科学責任者）も兼ねる。Data AI 事業、ガレージ事業、クライアントエンジニアリング事業を経て、エコシステムエンジニアリング事業部長を務め、Web3 プラットフォーム提供スタートアップのエンジニアリングリードも兼務。

著書：「AWS 認定ソリューションアーキテクト－アソシエイト問題集」（監修および著作）、「AWS 認定ソリューションアーキテクト－プロフェッショナル～試験特性から導き出した演習問題と詳細解説～」（監修および著作）、「AWS 認定アソシエイト3資格対策～ソリューションアーキテクト、デベロッパー、SysOps アドミニストレーター～」（監修および著作）、「ブロックチェーンの革新技術～Hyperledger Fabric によるアプリケーション開発」（以上、リックテレコム）、「絵で見てわかるクラウドインフラと API の仕組み」（翔泳社）、「絵で見てわかるシステムパフォーマンスの仕組み」（翔泳社）、「RDB 技術者のための NoSQL ガイド」（秀和システム）、「サーバ／インフラ徹底攻略」（技術評論社）

AWS Certified Solutions Architect – Professional

AWS Certified DevOps Engineer – Professional

その他、VMware vExpert 2017, 2018, 2019、Oracle 認定資格、IBM 認定資格、Cisco Systems 認定資格、Microsoft 認定資格、Red Hat 認定資格、SAP 認定資格、IT サービスマネージャ、応用情報技術者、基本情報技術者、等。

福垣内 孝造（ふくがうちこうぞう）

【本書監修。第 1 章、第 2 章、第 5 章、第 6 章、第 8 章執筆】

AWS グローバルのプレミアコンサルティングパートナー企業に所属。
クラウドソリューションアーキテクト

テクノロジーコンサルティング部門に所属。クラウドソリューションアーキテクトとして、エンタープライズ企業向けのクラウド化の企画フェーズから参画し、クラウド移行支援、マイクロサービスをベースとしたクラウドネイティブアーキテクチャの設計、構築等、クラウド案件のアーキテクチャ設計、ソリューション立案を幅広く担当。

著書：「AWS 認定ソリューションアーキテクト–アソシエイト問題集」（監修および著作）、「AWS 認定ソリューションアーキテクト–プロフェッショナル〜試験特性から導き出した演習問題と詳細解説〜」（監修）、「AWS 認定アソシエイト 3 資格対策〜ソリューションアーキテクト、デベロッパー、SysOps アドミニストレーター〜」（監修。以上、リックテレコム）

AWS Certified Solutions Architect – Professional

AWS Certified DevOps Engineer – Professional

その他、プロジェクト管理マネージャ、情報処理安全確保支援士、等。

■ 鳥谷部 昭寛 (とりやべ あきひろ)【本書監修。第 7 章、第 8 章執筆】

コンサルティング企業に所属。
コンサルタント

日系大手 SIer にてシステム基盤の設計・構築やクラウドに関わる調査・コンサルティングを
長年経験。IT 人材育成を目的とした Linux や AWS に関する著書や技術セミナー等も多数担
当。現在はコンサルティング企業に所属し、大企業向けのデジタルコンサルティングに従事。

著書：「徹底攻略 AWS 認定ソリューションアーキテクト‒アソシエイト教科書」、「徹底攻略
LPIC Level 1 問題集［Version 4.0］対応」、「徹底攻略 LPI 教科書 Level 1／Release3 対応」
（以上、インプレス）、「スマートコントラクト本格入門～FinTech とブロックチェーンが
作り出す近未来がわかる～」（技術評論社）、「AWS 認定ソリューションアーキテクト‒
アソシエイト問題集」、「AWS 認定ソリューションアーキテクト‒プロフェッショナル
～試験特性から導き出した演習問題と詳細解説～」、「AWS 認定アソシエイト 3 資格対
策～ソリューションアーキテクト、デベロッパー、SysOps アドミニストレーター～」（以
上、リックテレコム）、等。

保有資格

AWS Certified Solutions Architect – Professional
MCSE：Cloud Platform and Infrastructure
Google Cloud Certified Professional Cloud Architect
その他、Oracle Master、PMP、LPIC、等。

■ 堀内 康弘 (ほりうち やすひろ)【本書監修】

元アマゾンウェブサービス　テクニカルエバンジェリスト

慶應義塾大学大学院理工学研究科修士課程修了。
株式会社ブイキューブにて、学生時代から Web システム開発に携わり、卒業後は取締役と
して開発をリードする。その後、動画共有サービス「FlipClip」の立ち上げを経て、2009 年、
創業期の株式会社 gumi に参画。複数のソーシャルアプリの開発を手がけた後、2010 年、同
社取締役 CTO に就任。gumi にて AWS に出会い、スケーラブルでプログラマブルな AWS
の可能性に一目惚れ。以後、すべてのアプリケーションを AWS 上で運用する。
AWS の素晴らしさを日本のすべてのデベロッパーに知って欲しいという思いから、2012 年
3 月にアマゾンデータサービスジャパン株式会社（現アマゾンウェブサービス）入社。AWS の
普及のために、テクニカルエバンジェリストとして日本中を飛び回る日々を送る。2014 年
10 月、同社を退職しフリーに。複数のスタートアップの技術顧問やアドバイザーの他、トレノ
ケート株式会社で AWS 公式トレーニングの講師を務めた後、現在は個人投資家として活動。

著書：「AWS 認定ソリューションアーキテクト‒アソシエイト問題集」（監修）、「AWS 認定ソ
リューションアーキテクト‒プロフェッショナル～試験特性から導き出した演習問題と
詳細解説～」（監修）、「AWS 認定アソシエイト 3 資格対策～ソリューションアーキテクト、

デベロッパー、SysOps アドミニストレーター〜」（監修。以上、リックテレコム）、
「Amazon Web Services エンタープライズ基盤設計の基本」（日経 BP 社）、「FFmpeg で
作る動画共有サイト」（毎日コミュニケーションズ）

■ 澤田 拓也 （さわだ たくや）【第 5 章、第 6 章、第 8 章執筆】

AWS グローバルのプレミアコンサルティングパートナー企業に所属。
アプリケーション開発マネージャー

日系の大手 SIer で、大規模 EC サイトのリプレイスやさまざまな Web サービス開発プロ
ジェクトでアーキテクトとして活躍。その後、現在の所属企業に転職し、AWS を用いた基
幹システムのマイグレーションや AWS 上での API 基盤、認証基盤、IoT システム、データ
分析基盤、AI システムの構築など幅広い領域に携わる。

2022, 2023 Japan AWS All Certifications Engineer に選出。

著書：「AWS 認定ソリューションアーキテクト – アソシエイト問題集」、「AWS 認定ソリュー
ションアーキテクト – プロフェッショナル〜試験特性から導き出した演習問題と詳細解
説〜」、「AWS 認定アソシエイト 3 資格対策〜ソリューションアーキテクト、デベロッ
パー、SysOps アドミニストレーター〜」（以上、リックテレコム）

保有資格

AWS Certified Solutions Architect – Professional
AWS Certified DevOps Engineer – Professional
他、合計 12 種すべての AWS 認定資格を保有。
その他、応用情報技術者、等。

■ 中根 功多朗 （なかね こうたろう）【第 5 章、第 6 章、第 8 章執筆】

IT コンサルティング企業に所属。
クラウドソリューションアーキテクト

IT 技術者として、金融、官公庁、小売業、サービス業など幅広い業種で SI プロジェクトに
参画。また、スタートアップにおける自社プロダクト開発や、Web ベンチャーおよび金融機
関に対する DX 内製化支援にも従事。

著書：「AWS 認定ソリューションアーキテクト – アソシエイト問題集」（リックテレコム）

保有資格

AWS Certified Solutions Architect – Professional
AWS Certified DevOps Engineer – Professional
Google Cloud Certified Professional Cloud Architect
その他、応用情報技術者、等。

■ 村越 義親 (むらこし よしちか) 【第 5 章、第 6 章、第 8 章執筆】

AWS グローバルのプレミアコンサルティングパートナー企業に所属。
クラウドソリューションアーキテクト

電気通信事業社にて、BtoC 向けモバイルサービスの企画、設計、開発、運用を行う。2017 年より現職。オンプレミス基幹データベースのクラウド移行プロジェクトに参画し、テラバイトクラスのデータマイグレーションや、データベースアセスメントおよびチューニングを行う。また、直近では大規模なモバイルアプリケーションにおけるバックエンドサーバーのクラウドインフラ領域を担当し、フロントからバックエンドまで幅広くカバーしつつ設計、実装、運用も行うフルスタックエンジニアとして活躍中。

著書:「AWS 認定ソリューションアーキテクト – アソシエイト問題集」(リックテレコム)

保有資格

AWS Certified Solutions Architect - Professional
AWS Certified DevOps Engineer - Professional

■ 市川 雅也 (いちかわ まさや) 【第 5 章、第 6 章、第 8 章執筆】

AWS グローバルのプレミアコンサルティングパートナー企業に所属。
テクノロジーアーキテクト

2012 年より官公庁の業務用 Web サイトシステム基盤 (オンプレミス) の設計、構築、保守、運用、システム更改案件に従事。構築時における主な役割は HW から MW までのアーキテクチャの検討・設計・構築。2017 年よりクラウドおよび技術基盤専門チームに所属し、AWS などのパブリッククラウドのアーキテクチャを利用した案件に従事。医療保険システム、製造業の SCM システム、電気通信事業会社の ID 管理システム等の要件定義・設計・構築に携わる。

著書:「AWS 認定ソリューションアーキテクト – アソシエイト問題集」(リックテレコム)

保有資格

AWS Certified Solutions Architect – Associate

■ 杉原 雄介 (すぎはら ゆうすけ) 【第 5 章、第 6 章、第 8 章執筆】

AWS グローバルのプレミアコンサルティングパートナー企業に所属。
テクノロジーコンサルタント

流通小売業や情報通信業等の幅広い業種の基幹系システムを中心に基盤設計、構築、移行、運用の工程を一貫して経験。システム基盤の構築以外に、メインフレームのクラウド移行計画策定、DevOps 推進戦略の策定などのコンサルティングにも携わる。直近では、中期 IT

ロードマップの策定、アジャイル開発の推進、マルチベンダ開発のプロジェクトマネジメント等に従事。
著書：「AWS認定ソリューションアーキテクト–アソシエイト問題集」（リックテレコム）

保有資格

AWS Certified Solutions Architect – Professional
AWS Certified DevOps Engineer – Professional
その他、応用情報技術者、等。

■ 中野 沙耶 （なかの さや）【第2章、第5章、第6章、第8章執筆】

AWS グローバルのプレミアコンサルティングパートナー企業に所属。
クラウド基盤開発コンサルタント

製造業の顧客に対し、オンプレミスからクラウドへのシステム移行やクラウド推進組織の立ち上げ、クラウドセキュリティ基盤の導入などの支援に携わる。

保有資格

AWS Certified Solutions Architect – Associate
AWS Certified Security – Specialty
その他、情報処理安全確保支援士、等。

■ 積田 優生 （つみた ゆうき）【第5章、第6章、第8章執筆】

AWS グローバルのプレミアコンサルティングパートナー企業に所属。
ソリューションズアーキテクト

オンプレミスからクラウドへの移行、数百台規模のオンプレミスサーバー運用保守等、上流から下流まで幅広い工程を担当。直近は AWS 上での CI/CD パイプライン、シングルページアプリケーション配信基盤、API 連携基盤等のアーキテクトを担当。
2021, 2022, 2023 Japan AWS All Certifications Engineer、2023 Japan AWS Top Engineer、および 2023 AWS Ambassador に選出。

保有資格

AWS Certified Solutions Architect – Professional
AWS Certified DevOps Engineer – Professional
他、合計12種すべての AWS 認定資格を保有。
その他、ネットワークスペシャリスト、プロジェクトマネージャ、等。

◼ 星 幸平 (ほし こうへい)【第 4 章、第 8 章執筆】

日本 IBM 株式会社　IBM コンサルティング事業本部
クラウドインフラアーキテクト

クラウド専業 MSP、国内大手 SIer を経て現職。

パブリッククラウド上で提供するプロダクトのインフラ設計と構築、運用監視設計、障害対応等のトラブルシューティングに従事するインフラエンジニア。AWS、Azure 等のパブリッククラウドを活用した案件を幅広く経験。その他、CCoE としてクラウド最適化、普及活動やクラウド資格教育等のクラウド推進業務にも従事。

2019, 2021 APN AWS Top Engineer に選出。

2023 Japan AWS All Certifications Engineer に選出。

著書:「AWS 認定ソリューションアーキテクト – アソシエイト問題集」(リックテレコム)

保有資格

AWS Certified Solutions Architect – Professional

AWS Certified DevOps Engineer – Professional

他、合計 12 種すべての AWS 認定資格を保有。

その他、IBM Cloud 認定資格、Azure 認定資格、等。

◼ 山崎 まゆみ (やまざき まゆみ)【第 4 章執筆】

日本 IBM 株式会社　IBM コンサルティング事業本部
シニア・アドバイザリー・テクニカルスペシャリスト／マネージャー

IT 業界で 25 年以上の経験を持つ。金融業界等の企業、官公庁・自治体向けの IT システムの SI プロジェクト (インフラ構築、アプリケーション開発、データセンター移行、システム再構築) の成功に貢献。AWS の業務利用は約 5 年。

2023 Japan AWS Top Engineer および 2023 AWS Ambassador に選出。

保有資格

AWS Certified Solutions Architect – Professional

AWS Certified DevOps Engineer – Professional、等。

■ 榛葉 大樹（しんば たいき）【第4章、第8章執筆】

日本 IBM 株式会社　IBM コンサルティング事業本部
テクニカルスペシャリスト

製造、金融、農業、メディア、スポーツ等、幅広い業種・業界において、主にクラウドを利用したシステム構築に従事。現在はマルチクラウドの提案、構築を行う部署に所属し、AWS、IBM Cloud、Azure、Google Cloud 等、複数のクラウドの設計・開発を経験。
著書：「AWS 認定ソリューションアーキテクト－アソシエイト問題集」（リックテレコム）

保有資格

AWS Certified Solutions Architect – Professional
AWS Certified DevOps Engineer – Professional
他、合計5つの AWS 認定資格を保有。
その他、IBM Cloud 認定資格、Azure 認定資格、Google Cloud 認定資格、等。

■ 大西 孝高（おおにし よしたか）【第4章、第8章執筆】

日本 IBM 株式会社　IBM コンサルティング事業本部
アプリケーションエンジニア

大手 SIer において、アプリケーションアーキテクトとして主にアーキテクチャ設計やフレームワーク開発などアプリケーション基盤構築を担当。直近では、クラウドおよびコンテナにフォーカスし、それらを用いたプロジェクトにてアプリケーションとインフラストラクチャ設計の双方を担うフルスタック的な役割を務める。クラウド時代に必要とされるスキルはマルチクラウド＆フルスタックであると信じ、理想像を目指し邁進中。
2023 Japan AWS Top Engineer に選出。
著書：「AWS 認定ソリューションアーキテクト－アソシエイト問題集」（リックテレコム）

保有資格

AWS Certified Solutions Architect – Professional
AWS Certified DevOps Engineer – Professional
他、Specialty 資格を含む合計9つの AWS 認定資格を保有。
その他、Google Cloud Certified Professional Cloud Architect、Certified Kubernetes Administrator

■ 早川 愛（はやかわ あい）【第3章、第7章、第8章執筆】

AWS ジャパンのプレミアコンサルティングパートナー企業に所属。
エキスパートテクニカルエンジニア

金融系システムのインフラエンジニアとしてシステム基盤の設計・構築・エンハンス業務を担当。2016 年より金融を中心としたエンタープライズ企業向けにパブリッククラウド導入の技術支援に従事。セキュリティ・統制を考慮した AWS 利用時のガイドライン及び共通設計の作成を支援した。

2018 年、AWS Summit Tokyo で開催される、AWS に関する深い知識を問うクイズ大会「ウルトラクイズ」に勝ち抜き、ラスベガスで開催されるグローバルカンファレンス「AWS re:Invent」に招待された。その後も、FinTech に関する AWS ユーザー会「Fin-JAWS」の運営など、社内外のコミュニティを通して AWS に関する情報発信や AWS エンジニア育成に貢献している。2020 年より 4 年連続で AWS Ambassador に選出。

著書：「AWS 認定ソリューションアーキテクト－アソシエイト問題集」、「AWS 認定ソリューションアーキテクト－プロフェッショナル～試験特性から導き出した演習問題と詳細解説～」（以上、リックテレコム）、「要点整理から攻略する『AWS 認定 高度なネットワーキング－専門知識』」（マイナビ出版）

保有資格

AWS Certified Solutions Architect – Professional
AWS Certified DevOps Engineer – Professional
他、合計 12 種すべての AWS 認定資格を保有。
Microsoft Certified（Azure Administrator Associate／Azure Security Engineer Associate／Azure Data Scientist Associate／Azure Solutions Architect Expert）
Google Cloud Certified（Associate Cloud Engineer／Professional Cloud Architect）
その他、OLACLE MASTER Gold、LPIC Level 3、情報セキュリティスペシャリスト、ネットワークスペシャリスト、データベーススペシャリスト、等。

■ 姜 禮林（かん いぇりむ）【第3章、第7章、第8章執筆】

AWS ジャパンのプレミアコンサルティングパートナー企業に所属。
テクニカルエンジニア

社内クラウド利用推進チームで、社内 AWS ガイドライン準拠サービスの開発、サーバーレス環境での AWS Well-Architected 設計ポイントの整理や DevOps 環境構築などに従事。現在は社内システムインフラチームに移動し、AWS 環境のインフラ運用を担当している。

著書：「AWS 認定ソリューションアーキテクト－アソシエイト問題集」（リックテレコム）

保有資格

AWS Certified Solutions Architect – Professional
AWS Certified DevOps Engineer – Professional

AWS Certified Machine Learning – Specialty
Google Cloud Certified Professional Cloud Architect
その他、応用情報技術者、等。

■ 前原 良美 （まえはら よしみ）【第 3 章、第 7 章、第 8 章執筆】

AWS ジャパンのプレミアコンサルティングパートナー企業に所属。
テクニカルエンジニア

各種 OSS の QA サポートチームに所属し、技術検証を行うための AWS 環境の整備を担当。
現在は React 担当として、Web アプリケーション開発チームの設計・コーディング支援を
行っている。社内技術コミュニティの運営も行っており、ハッカソンや社内の技術勉強会を
開催している。
2023 Japan AWS Top Engineer（Services）に選出。

保有資格

AWS Certified Solutions Architect – Professional
AWS Certified DevOps Engineer – Professional
他、合計 12 種すべての AWS 認定資格を保有。
その他、Java Silver、応用情報技術者、等。

索引

©平山 毅、福垣内孝造、鳥谷部昭寛、
堀内康弘、澤田拓也、中根功多朗、
村越義親、市川雅也、杉原雄介、
中野沙耶、積田優生、星 幸平、
山崎まゆみ、榛葉大樹、大西孝高、
早川 愛、姜 禮林、前原良美 2023

AWS認定ソリューションアーキテクト
エーダブリューエスにんてい

-アソシエイト問題集 第2版
もんだいしゅうだい はん

2021年 8 月17日　第1版第1刷発行	
2021年11月 5 日　第1版第2刷発行	
2023年 9 月25日　第2版第1刷発行	
2024年 4 月10日　第2版第2刷発行	

著者・監修　　平山 毅、福垣内孝造、鳥谷部昭寛
監　　　修　　堀内康弘
著　　　者　　澤田拓也、中根功多朗、村越義親、
　　　　　　　市川雅也、杉原雄介、中野沙耶、
　　　　　　　積田優生、星 幸平、山崎まゆみ、
　　　　　　　榛葉大樹、大西孝高、早川 愛、
　　　　　　　姜 禮林、前原良美
発 行 人　　新関 卓哉
編 集 担 当　　古川美知子、塩澤 明
発 行 所　　株式会社リックテレコム
　　　　　　　〒 113-0034
　　　　　　　東京都文京区湯島 3-7-7
　　　　　　　振替　　00160-0-133646
　　　　　　　電話　　03（3834）8380（代表）
　　　　　　　URL　　https://www.ric.co.jp/
装　　　丁　　長久雅行
組　　　版　　株式会社トップスタジオ
印刷・製本　　シナノ印刷株式会社

●訂正等
本書の記載内容には万全を期しておりますが、
万一誤りや情報内容の変更が生じた場合には、
当社ホームページの正誤表サイトに掲載します
ので、下記よりご確認ください。

＊正誤表サイトURL

https://www.ric.co.jp/book/errata-list/1

●本書の内容に関するお問い合わせ
FAXまたは下記のWebサイトにて受け付けけま
す。回答に万全を期すため、電話でのご質問
にはお答えできませんのでご承ください。

・FAX：03-3834-8043

・読者お問い合わせサイト：
https://www.ric.co.jp/book/のページから
「書籍内容についてのお問い合わせ」をクリック
してください。

製本には細心の注意を払っておりますが、万一、乱丁・落丁（ページの乱れや抜け）がございましたら、
当該書籍をお送りください。送料当社負担にてお取り替え致します。

ISBN 978-4-86594-347-4